Rosner

# Optimale Vorbereitung auf das Abitur in Mathematik

*Verständliche Zusammenfassungen und Basisübungen*

*Baden-Württemberg*

Merkur
Verlag Rinteln

Wirtschaftswissenschaftliche Bücherei für Schule und Praxis
Begründet von Handelsschul-Direktor Dipl.-Hdl. Friedrich Hutkap †

**Der Autor:**

Stefan Rosner
Studienrat an der Kaufmännischen Schule in Schwäbisch Hall
Kontakt: stefan_rosner@hotmail.com



* * * * *

2. Auflage 2013



**Gesamtherstellung**

MERKUR VERLAG RINTELN Hutkap GmbH & Co. KG, 31735 Rinteln

E-Mail: info@merkur-verlag.de
lehrer-service@merkur-verlag.de

Internet: www.merkur-verlag.de

ISBN 978-3-8120-**0346-9**

*„Sie müssen das Buch so schreiben, dass alles drin ist, aber man es trotzdem versteht!“*
(Aufforderung einer Schülerin)

# Vorwort

**Liebe Schülerinnen und Schüler,**

in dem vorliegenden Abi-Vorbereitungsbuch werden die Themen Analysis, Anwendungsorientierte Aufgaben und Stochastik behandelt, welche insgesamt 75 von 90 Verrechnungspunkte im Abitur ergeben und verpflichtend bearbeitet werden müssen.
Natürlich kann das Buch auch schon zur Vorbereitung auf Klausuren während den Jahrgangsstufen 1 und 2 eingesetzt werden.
Durch Stoffzusammenfassungen können Sie sich die entsprechenden Inhalte innerhalb kurzer Zeit selbstständig aneignen. Alles wird möglichst einfach, übersichtlich und (wenn möglich) rezeptartig dargestellt. Zu Inhalten, bei denen viele Schülerinnen und Schüler Probleme haben, finden Sie verständliche Erklärungen und zahlreiche Tipps.
Durch Basisübungen, die teilweise innerhalb des Buches bearbeitet werden können, vertiefen Sie Ihr Verständnis schnell und zielgerichtet und bereiten sich auf Fragestellungen in Klausuren und im Abitur vor. Ausführliche Lösungen zu allen Aufgaben ermöglichen eine direkte Selbstkontrolle.
Auch das „Durchrechnen“ der Abituraufgaben der vergangenen Jahrgänge wird Ihnen durch das Buch erleichtert, da Sie hiermit ein Nachschlagewerk zur Verfügung haben.

**Liebe Fachkolleginnen und Fachkollegen,**

der Mathematikunterricht in den Jahrgangsstufen 1 und 2 ist aufgrund voller Lehrpläne, heterogener Klassen und häufigem Unterrichtsausfall mit hohem Zeitdruck verbunden. Oftmals ist eine eingehende Abiturvorbereitung im Unterricht zeitlich nicht durchführbar.
Das vorliegende Buch soll Ihnen die Möglichkeit geben, Ihre Schülerinnen und Schüler bei der eigenständigen Abiturvorbereitung zu unterstützen. Alle Inhalte aus dem Pflichtbereich des Abiturs können mithilfe der Zusammenfassungen selbstständig wiederholt und durch die Bearbeitung der zugehörigen Basisübungen (mit ausführlichen Lösungen) gezielt und prüfungsbezogen vertieft werden.
Auch ein unterrichtsbegleitender Einsatz des Buches ist möglich. Ihre Schülerinnen und Schüler erhalten hierdurch eine ausführliche Stoffübersicht und die Möglichkeit zur strukturierten Nachbereitung des Unterrichts. Die Basisübungen können während den Übungsphasen im Unterricht oder in Form von Hausaufgaben bearbeitet werden.
Das vorliegende Abi-Vorbereitungsbuch ist unabhängig vom eingeführten Schulbuch, an allen beruflichen Gymnasien in Baden-Württemberg einsetzbar und berücksichtigt sowohl den GTR als auch das CAS.
Für Anregungen und Vorschläge zur Verbesserung des Buches bin ich jederzeit dankbar.

Abschließend möchte ich mich bei Fee Bolwerk für die Bleistiftzeichnungen auf den Seiten 60 und 61 bedanken.
Bei meinen Kollegen Heike Leyh, Sven Götz und insbesondere bei Ralph-Magnus Dowerk bedanke ich mich für die fachliche Unterstützung beim Schreiben dieses Buches.
Zudem bedanke ich mich bei vielen Schülerinnen und Schülern der Kaufmännischen Schule in Schwäbisch Hall.

Stefan Rosner

# Inhaltsverzeichnis

## Übersicht: Das Abitur am beruflichen Gymnasium (ab 2014)

| Teil | Punkte | Thema | Auswahl |
|---|---|---|---|
| 1 | 45 | **Analysis** | **Keine Auswahlmöglichkeit** für LehrerIn bzw. SchülerIn |
| 2 | 15 | **Stochastik** | **SchülerIn** wählt **eine aus zwei** Aufgaben aus |
| 3 | 15 | **Anwendungsorientierte Aufgaben** | **SchülerIn** wählt **eine aus zwei** Aufgaben aus |
| 4 | 15 | **Wirtschaftliche Anwendungen** oder **Vektorielle Geometrie** oder **Lineare Optimierung** (In jedem Kurs wird nur eines dieser drei Themen behandelt.) | **Keine Auswahlmöglichkeit** für LehrerIn bzw. SchülerIn (Die Aufgabe gehört natürlich zu dem Thema, welches zuvor behandelt wurde.) |

# I. Zusammenfassung zur Analysis

## 1. Funktionen

**Wozu dienen Funktionen?**

Eine höhere Geschwindigkeit eines Autos führt zu einem längeren Bremsweg. Wie entwickelt sich der Bremsweg jedoch genau, wenn man schneller fährt? Mit Hilfe einer Funktion kann der Zusammenhang zwischen zwei Größen detailliert beschrieben werden. Das Schaubild der Funktion stellt den Zusammenhang grafisch im Koordinatensystem dar.

**Funktion :** $f(x) = 0,01x^2$

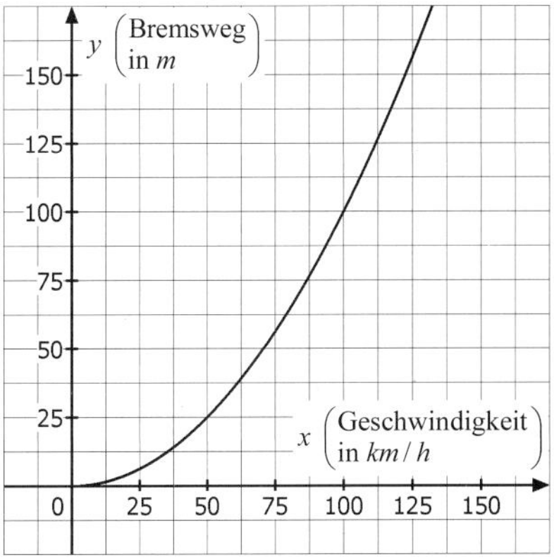

## 1.1 Ganzrationale Funktionen (Polynome)

### 1. Grades (Geraden)

**Hauptform:** $y = mx + b$

Steigung aus 2 Punkten: $m = \frac{y_2 - y_1}{x_2 - x_1}$

Punkt-Steigungs-Form (PSF):
$y = m \cdot (x - x_1) + y_1$

Steigungswinkel aus Steigung bestimmen:
$m = \tan(\alpha)$

Parallele Geraden:
$m_1 = m_2$ (gleiche Steigung)

Senkrechte (orthogonale) Geraden:
$m_2 = -1/m_1$ (Steigungen sind negative Kehrwerte voneinander) bzw. $m_1 \cdot m_2 = -1$

1. Winkelhalbierende: $y = x$
2. Winkelhalbierende: $y = -x$

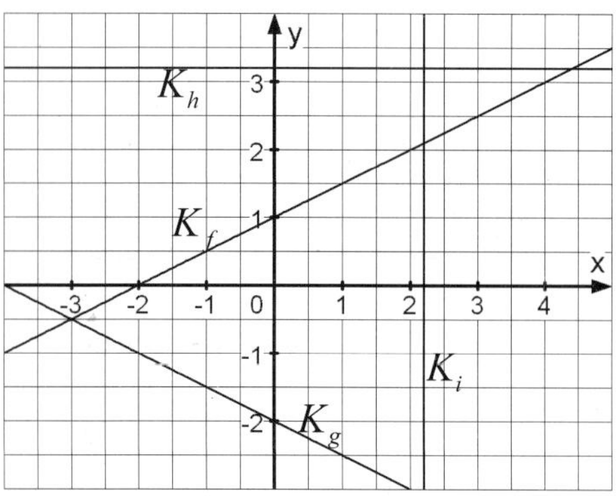


$K_f$: $y = 0{,}5x + 1$ $K_g$: $y = -0{,}5x - 2$
$K_h$: $y = 3{,}2$ $K_i$: $x = 2{,}2$

### 2. Grades (Parabeln)

**Allg. Ansatz:** $f(x) = ax^2 + bx + c$

Scheitelpunkt-Ansatz:
$f(x) = a \cdot (x - x_s)^2 + y_s$ mit $S(x_s \mid y_s)$

$a > 0$: nach oben geöffnet bzw. Verlauf von *II* nach *I*

$a < 0$: nach unten geöffnet bzw. Verlauf von *III* nach *IV*

Bei Symmetrie zur $y$-Achse:
$f(x) = ax^2 + c$ (nur gerade Hochzahlen)

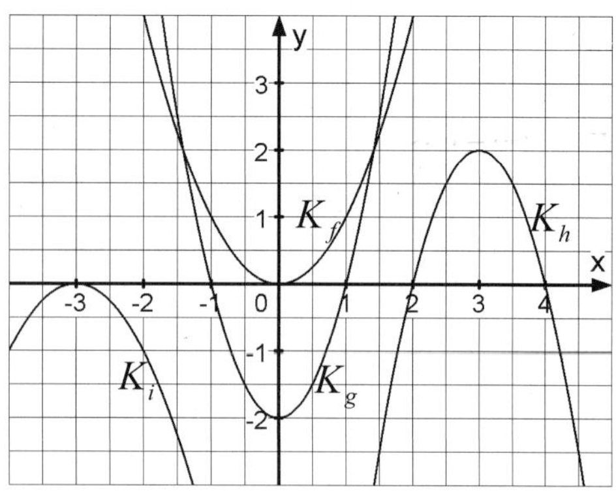


$K_f$: $f(x) = x^2$ $K_g$: $g(x) = 2x^2 - 2$
$K_h$: $h(x) = -2(x-3)^2 + 2$
$K_i$: $i(x) = -(x+3)^2$

| **3. Grades** | **4. Grades** |
| --- | --- |
| **Allg. Ansatz:** $f(x)=ax^3+bx^2+cx+d$ | **Allg. Ansatz:** $f(x)=ax^4+bx^3+cx^2+dx+e$ |
| $a>0$: Verlauf von *III* nach *I* | $a>0$: Verlauf von *II* nach *I* |
| $a<0$: Verlauf von *II* nach *IV* | $a<0$: Verlauf von *III* nach *IV* |
| Ansatz bei Symmetrie zum Ursprung:<br>$f(x)=ax^3+cx$ (nur ungerade Hochzahlen) | Ansatz bei Symmetrie zur $y$-Achse:<br>$f(x)=ax^4+cx^2+e$ (nur gerade Hochzahlen) |
| Besonderheiten:<br>Besitzt immer mindestens eine Nullstelle<br>Besitzt immer genau einen Wendepunkt (S. 49) und ist zu diesem punktsymmetrisch | |
| 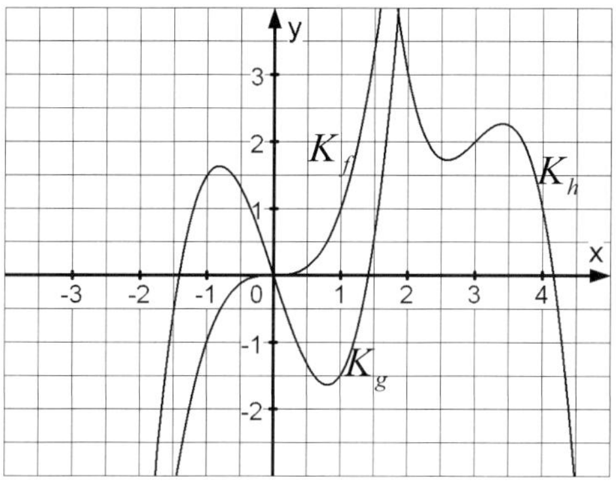<br> | 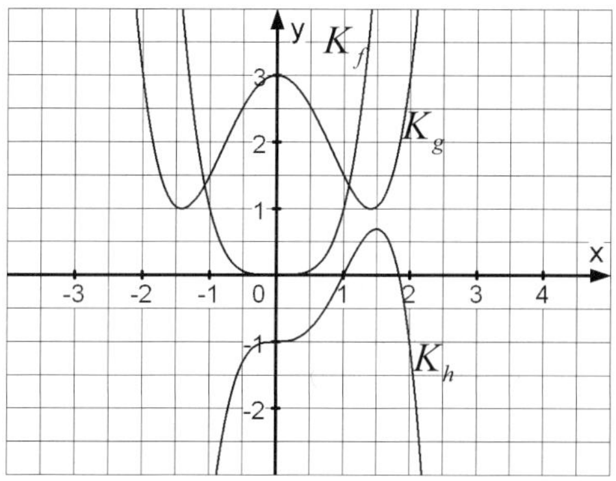<br> |
| $K_f$: $f(x)=x^3$<br>$K_g$: $g(x)=1{,}5x^3-3x$<br>$K_h$: $h(x)=-2x^3+18x^2-53x+53$ | $K_f$: $f(x)=x^4$<br>$K_g$: $g(x)=0{,}5x^4-2x^2+3$<br>$K_h$: $h(x)=-x^4+2x^3-1$ |

**Die Quadranten**

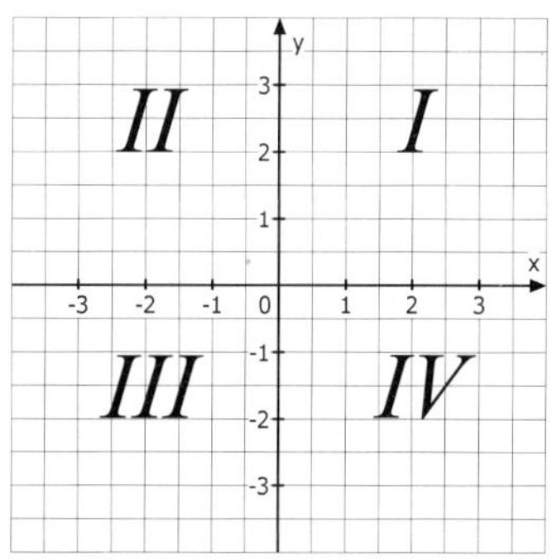

## 1.2 Der Nullstellenansatz und die Vielfachheit von Nullstellen

**Beispiele**

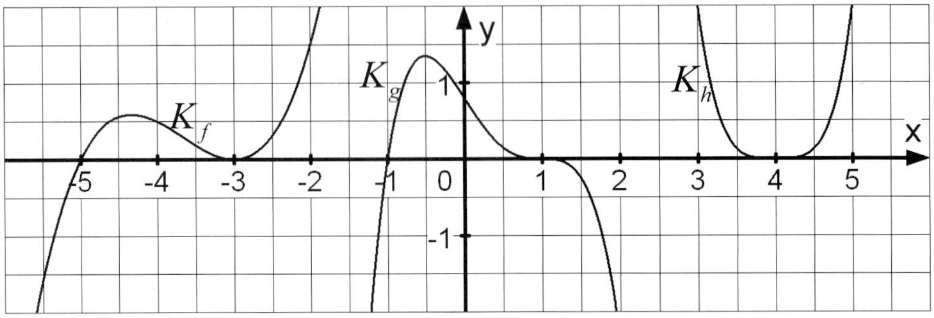


$K_f: f(x) = 0,5 \cdot (x+5) \cdot (x+3)^2$ $K_g: g(x) = -0,8 \cdot (x+1) \cdot (x-1)^3$ $K_h: h(x) = 2 \cdot (x-4)^4$

**Aufbau des Nullstellenansatzes** (am Beispiel)

$$g(x) = -0,8 \cdot (x+1) \cdot (x-1)^3$$

| | | |
|---|---|---|
| Verlauf von *III* nach *IV* | $x_0 = -1$ ist einfache Nullstelle | $x_{1/2/3} = +1$ ist dreifache Nullstelle |

**Übersicht (für ganzrationale Funktionen)**

| **Vielfachheit der Nullstelle** | **Faktor im Nullstellenansatz** | **Skizze** | **Beschreibung** |
|---|---|---|---|
| **Einfache** Nullstelle: $x_0$ | $f(x) = \ldots \cdot (x - x_0) \cdot \ldots$ | 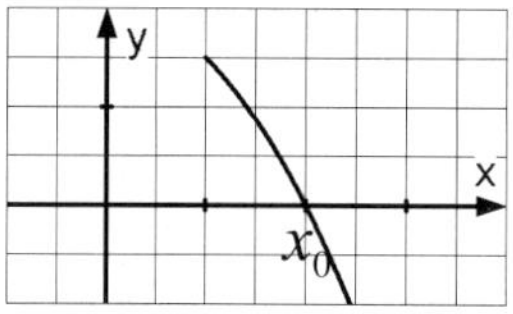 | Schaubild **schneidet** $x$-Achse |
| **Doppelte** Nullstelle: $x_0$ | $f(x) = \ldots \cdot (x - x_0)^2 \cdot \ldots$ | 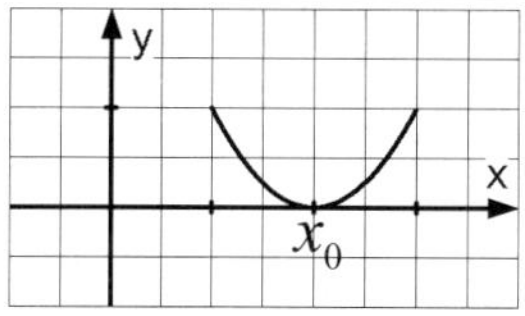 | Schaubild **berührt** $x$-Achse |
| **Dreifache** Nullstelle: $x_0$ | $f(x) = \ldots \cdot (x - x_0)^3 \cdot \ldots$ | 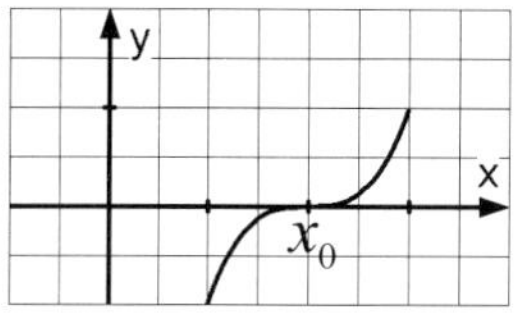 | Schaubild **schneidet** und **berührt** $x$-Achse |
| **Vierfache** Nullstelle: $x_0$ | $f(x) = \ldots \cdot (x - x_0)^4 \cdot \ldots$ | 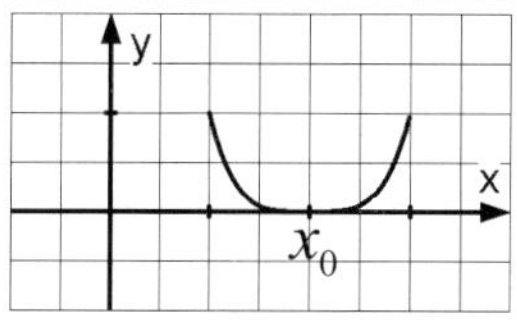 | Schaubild **berührt** $x$-Achse („breiter“ geformt als doppelte Nullstelle) |

## 1.3 Exponentialfunktionen

**1. Verlauf: $f(x)=e^x$**

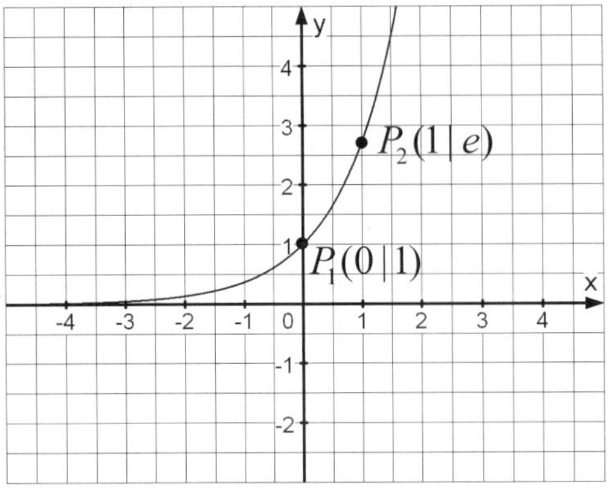


**2. Spiegelungen**

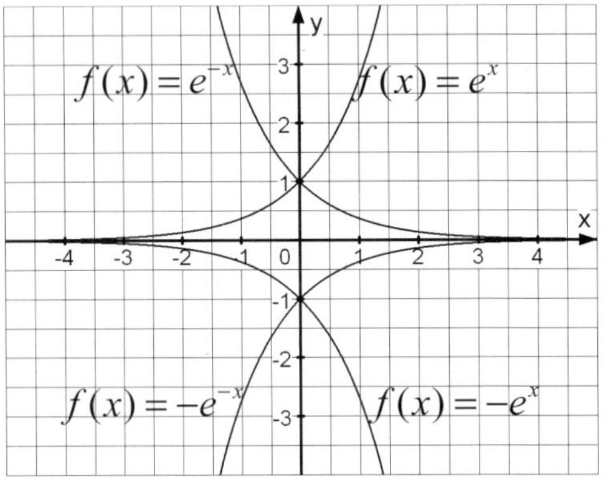


**3. Koeffizienten in: $f(x)=a\cdot e^{b\cdot(x-c)}+d$**

***a*** **- Streckung / Stauchung in *y*-Richtung**

$a>1$: „steiler“
$0<a<1$: „flacher“
($a<0$: an der $x$-Achse gespiegelt)

***b*** **- ansteigendes oder fallendes Schaubild**

$b>0$: ansteigendes Schaubild
$b<0$: fallendes Schaubild
(bzw. an der $y$-Achse gespiegelt)

***c*** **- Verschiebung in *x*-Richtung**

$c>0$: nach rechts
$c<0$: nach links

***d*** **- Verschiebung in *y*-Richtung**

$d>0$: nach oben
$d<0$: nach unten

**Vorsicht beim Koeffizienten *c***

Das Schaubild zu $f(x)=e^{x-3}$ wurde um 3 Einheiten nach *rechts* verschoben!
Der Koeffizient $c$ hat hier den Wert $+3$, das Minuszeichen kommt vom allgemeinen Ansatz der Funktion.

Entsprechend $f(x)=e^{x+2}$: Verschiebung um 2 nach *links*!

## 4. Asymptoten

**Begriffserklärung:** Eine Asymptote ist eine Gerade, die sich dem Schaubild einer gegebenen Exponentialfunktion unendlich nah annähert, ohne es jedoch zu „erreichen“. Beispielsweise nähert sich die $x$-Achse (Asymptotengleichung: $y = 0$) dem Schaubild der Funktion $f(x) = e^x$ bei negativen $x$-Werten ($x \to -\infty$) an.

| Beispielfunktion | Asymptote | Schaubilder |
|---|---|---|
| $f(x) = e^x$ | $y = 0$ ($x$ – Achse) für $x \to -\infty$ | 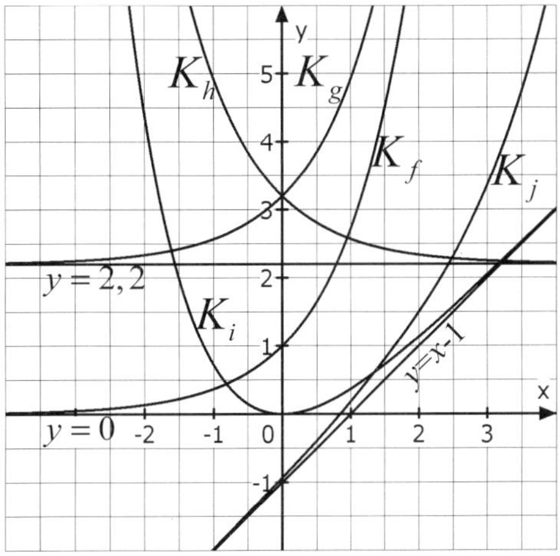 |
| $g(x) = e^x + 2{,}2$ | $y = 2{,}2$ für $x \to -\infty$ | |
| $h(x) = e^{-x} + 2{,}2$ | $y = 2{,}2$ für $x \to +\infty$ | |
| $i(x) = e^{-x} + x - 1$ | $y = x - 1$ für $x \to +\infty$ | |
| $j(x) = 0{,}5e^{x-2} + x - 1$ | $y = x - 1$ für $x \to -\infty$ | |

Ausgehend von einer gegebenen Exponentialfunktion kann die zugehörige Asymptotengleichung und die Richtung, in welcher die Annäherung stattfindet, schnell durch die folgenden beiden Regeln bestimmt werden.

**1. Regel (Asymptotengleichung): $y =$ „Exponentialgleichung ohne $e^x$“**
Man erhält die Asymptotengleichung, indem man die Funktionsgleichung der Exponentialfunktion schlicht übernimmt, jedoch hierbei auf den Summanden im Funktionsterm, der $e^x$ enthält (dieser strebt gegen 0), verzichtet.

**2. Regel (Annäherungsrichtung): Bei $e^{„+x“}$ für $x \to -\infty$** bzw. **Bei $e^{„-x“}$ für $x \to +\infty$**
Die Annäherungsrichtung wird durch den Summanden im Funktionsterm, der $e^x$ enthält, festgelegt: Steht vor dem $x$ im Exponenten ein Pluszeichen, so nähert sich die Asymptote für große negative $x$-Werte („links“ im Koordinatensystem) dem Schaubild an.
Steht hier hingegen ein Minuszeichen, so findet die Annäherung bei großen positiven $x$-Werten („rechts“ im Koordinatensystem) statt.

## 5. Anwendungen

Wachstumsvorgänge werden oft mit dem Typ $f(x) = e^{„+x“}$ modelliert, Zerfallsvorgänge hingegen mit $f(x) = e^{„-x“}$.

2 Rosner ISBN: 978-3-8120-0346-9

## 1.4 Trigonometrische Funktionen

### 1. Verlauf

$f(x) = \sin(x)$

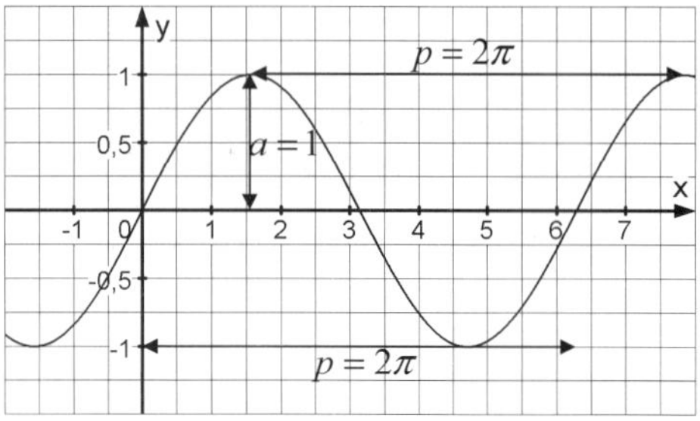


$f(x) = \cos(x)$

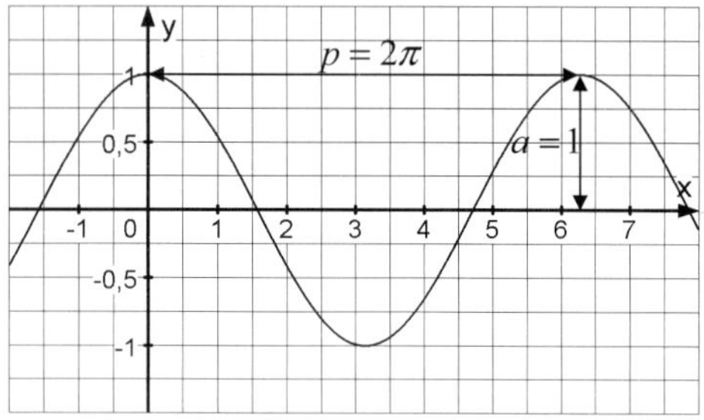


### 2. Koeffizienten: $f(x) = a \cdot \sin\left(b \cdot (x-c)\right) + d$ und $f(x) = a \cdot \cos\left(b \cdot (x-c)\right) + d$

***a* - Amplitude**
(„Zahl *a* ohne Vorzeichen" gibt den max. Abstand zur „Mittellinie" an)
(Streckung in *y*-Richtung)

$\left( a < 0: \text{ an der } x\text{-Achse gespiegelt} \right)$ $\left( a = \frac{y_{\max} - y_{\min}}{2} \right)$

***b* - entscheidet Periodenlänge**
(„Dauer eines Durchlaufes")

$b = \frac{2\pi}{p}$ ($p$ entspricht der Periodenlänge)

***c* - Verschiebung in *x*-Richtung**

$c > 0$: nach rechts
$c < 0$: nach links

***d* - Verschiebung in *y*-Richtung**
(„Höhe der Mittellinie")

$d > 0$: nach oben
$d < 0$: nach unten

$\left( d = \frac{y_{\max} + y_{\min}}{2} \right)$

**Vorsicht beim Koeffizienten *c***

Das Schaubild zu $f(x) = \sin(x-3)$ wurde um 3 Einheiten nach *rechts* verschoben!
Der Koeffizient $c$ hat den Wert $+3$, das Minuszeichen kommt vom allgemeinen Ansatz der Funktion.

Entsprechend $f(x) = \sin(x+2)$: Verschiebung um 2 nach *links*!

**Beispiel 1** (Zusätzlich ist das Schaubild von $f(x) = \sin(x)$ eingezeichnet.)

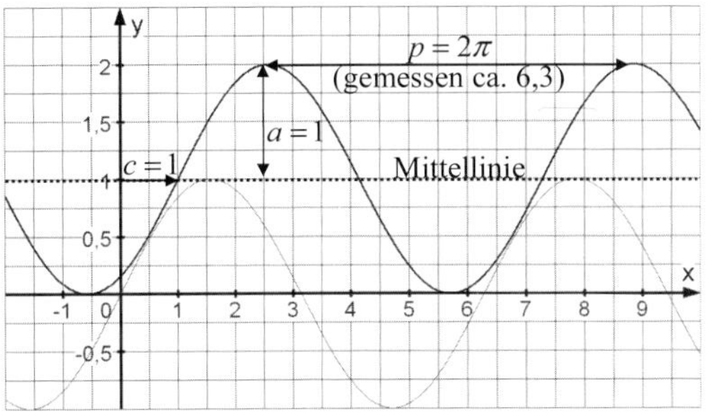


$\Rightarrow f(x) = \sin(x-1)+1$

$\left(\text{Alternativ: } f(x) = \cos(x-2{,}57)+1\right)$

Mit $\boldsymbol{f(x) = a \cdot \sin\left(b \cdot (x-c)\right) + d}$ **:**

- $d = 1$ Mittellinie auf Höhe $+1$ $\left(\text{oder mit } \frac{2+0}{2} = \frac{2}{2} = 1\right)$
- $a = 1$ (max. Abstand von 1 zur Mittellinie) $\left(\text{oder mit } \frac{2-0}{2} = \frac{2}{2} = 1\right)$
- $c = 1$ Verschiebung um 1 nach rechts
- $b = \frac{2\pi}{p} = \frac{2\pi}{2\pi} = 1$

**Beispiel 2**

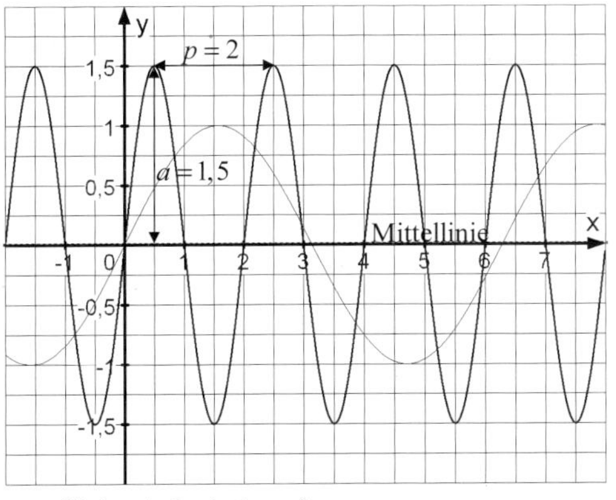


$\Rightarrow f(x) = 1{,}5 \cdot \sin(\pi \cdot x)$

$\left(\text{Alternativ: } f(x) = 1{,}5 \cdot \cos\left(\pi \cdot (x-0{,}5)\right)\right)$

Mit $\boldsymbol{f(x) = a \cdot \sin\left(b \cdot (x-c)\right) + d}$ **:**

- $d = 0$ Mittellinie auf Höhe 0 $\left(\text{oder mit } \frac{1{,}5+(-1{,}5)}{2} = \frac{0}{2} = 0\right)$
- $a = 1{,}5$ max. Abstand von 1,5 zur Mittellinie $\left(\text{oder mit } \frac{1{,}5-(-1{,}5)}{2} = \frac{3}{2}\right)$
- $c = 0$ keine Verschiebung bei sin
- $b = \frac{2\pi}{p} = \frac{2\pi}{2} = \pi$

**Tipp**

Arbeiten Sie die Koeffizienten in dieser Reihenfolge ab!

**Äußere** Koeffizienten regeln Eigenschaften, die an der $\boldsymbol{y}$**-Achse** gemessen werden.

$f(x) = a \cdot \sin\left(b \cdot (x-c)\right) + d$

$f(x) = a \cdot \cos\left(b \cdot (x-c)\right) + d$

**Merkhilfe**

**Innere** Koeffizienten regeln Eigenschaften, die an der $\boldsymbol{x}$**-Achse** gemessen werden.

**3. Anwendungen**

Periodische Vorgänge, also Vorgänge, die sich in gleichen Zeitabschnitten wiederholen, werden oft mit trigonometrischen Funktionen modelliert.

## 1.5 Abschnittsweise definierte Funktionen

Das sind Funktionen, die aus mehreren Teilfunktionen zusammengesetzt sind, welche jeweils in einem bestimmten Abschnitt gelten.

**Beispiel**

$$f(x)=\begin{cases} 2x^2 & \text{für} \quad x<0 \\ 0,25x & \text{für} \quad 0\le x\le 4 \\ \cos(2(x-4)) & \text{für} \quad x>4 \end{cases}$$

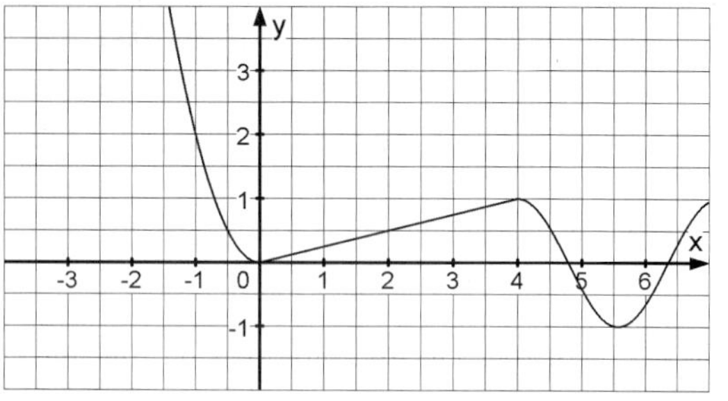


**Allgemein**

$$f(x)=\begin{cases} \textit{Funktion 1} & \text{für} \quad \textit{zugehörige x-Werte} \\ \textit{Funktion 2} & \text{für} \quad \textit{zugehörige x-Werte} \\ \textit{Funktion 3} & \text{für} \quad \textit{zugehörige x-Werte} \end{cases}$$

**Anwendung**

Hier ist die übliche „Mathe-Motivationskurve" von Schülern in der Zeit vor, während und nach dem Matheabitur dargestellt.

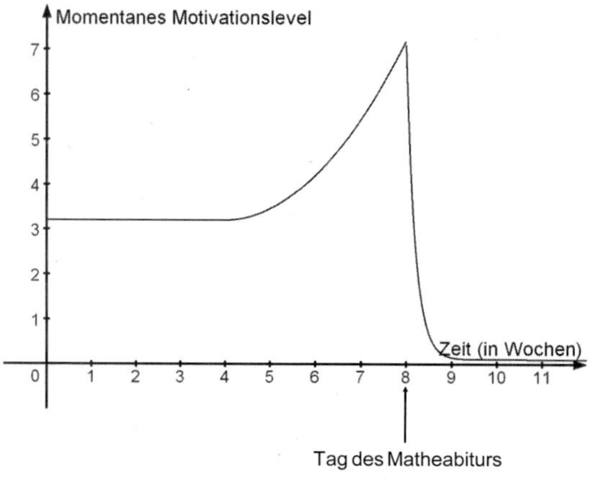

## 1.6 Symmetrie zur $y$-Achse bzw. zum Ursprung

Bei ganzrationalen Funktionen kann anhand der Hochzahlen (nur gerade bzw. ungerade Hochzahlen oder gemischt) entschieden werden, ob ein gegebenes Schaubild symmetrisch zur $y$-Achse bzw. zum Ursprung ist, oder ob keine dieser beiden Symmetriearten vorliegt.

Bei anderen Funktionstypen müssen hingegen die allgemeinen Kriterien zur Symmetrieuntersuchung verwendet werden.

### 1. Allgemeines Kriterium für Symmetrie zur $y$-Achse: $f(-x) = f(x)$

**Beispiel**

Ist das Schaubild zu $f(x) = e^{x^2} - 4$ symmetrisch zur $y$-Achse?

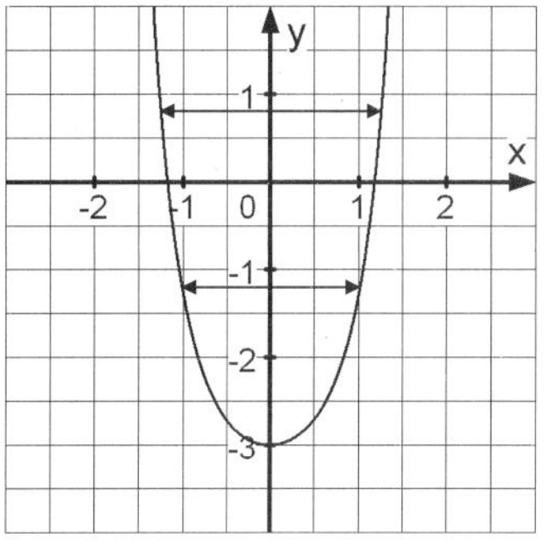


**Lösung**

$$\left.\begin{aligned} f(-x) &= e^{(-x)^2} - 4 = \underline{e^{x^2} - 4} \\ f(x) &= \underline{e^{x^2} - 4} \end{aligned}\right\} \begin{aligned} &\text{Es gilt:} \\ &f(-x) = f(x) \end{aligned}$$

$\Rightarrow$ Somit symmetrisch zur $y$-Achse!

### 2. Allgemeines Kriterium für Symmetrie zum Ursprung: $f(-x) = -f(x)$

**Beispiel**

Ist das Schaubild zu $f(x) = x \cdot e^{x^2}$ symmetrisch zum Ursprung?

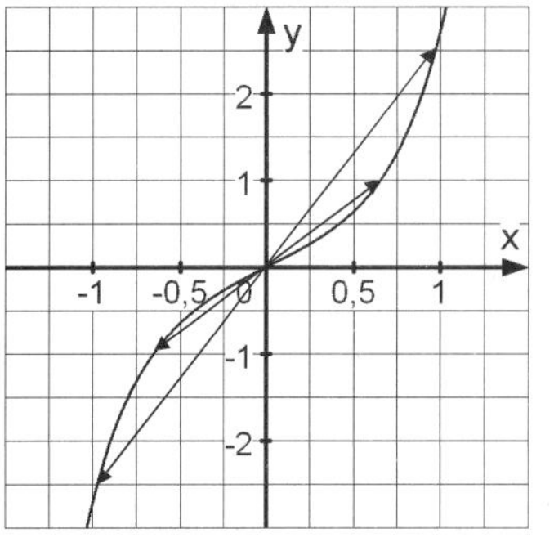


**Lösung**

$$\left.\begin{aligned} f(-x) &= (-x) \cdot e^{(-x)^2} = \underline{-x \cdot e^{x^2}} \\ -f(x) &= \underline{-x \cdot e^{x^2}} \end{aligned}\right\} \begin{aligned} &\text{Es gilt:} \\ &f(-x) = -f(x) \end{aligned}$$

$\Rightarrow$ Somit symmetrisch zum Ursprung!

**Bemerkung**

Die Symmetrieart eines Schaubildes „pendelt“ beim Ableiten (S. 38).

Beispiel: $f(x)$ ist symmetrisch zur $y$-Achse $\Rightarrow$ $f'(x)$ ist symmetrisch zum Ursprung $\Rightarrow f''(x)$ ist symmetrisch zur $y$-Achse $\Rightarrow$ ...

## 1.7 Funktionenscharen

### 1. Begriffserklärung

Eine Funktionenschar besteht aus vielen einzelnen Funktionen, welche durch eine gemeinsame Schargleichung $f_t(x)$ beschrieben werden können.
Man erhält eine bestimmte Funktion aus der Schar, indem man „ihren“ $t$-Wert (ihren Parameterwert) in $f_t(x)$ einsetzt.

**Beispiel**

Gleichung der Funktionenschar: $f_t(x) = x^2 + t \quad (t \in R)$

Einzelne Funktionen hieraus (z.B):
$t = 1$: $f_1(x) = x^2 + 1$
$t = 3$: $f_3(x) = x^2 + 3$
$t = -1$: $f_{-1}(x) = x^2 - 1$
...

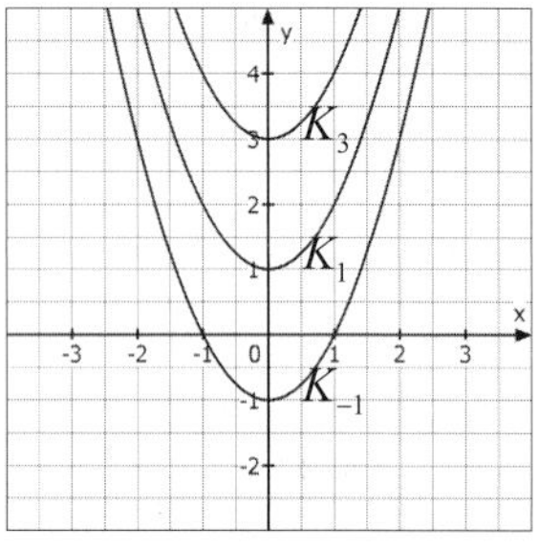


### 2. Wirkung des Parameters auf die Schaubilder

Wenn eine bestimmte Funktion aus der Schar ausgewählt wird, geschieht dies, indem deren $t$-Wert in die Schargleichung eingesetzt wird (s.o.). Durch das Einsetzen dieser Zahl bildet sich der spezielle Funktionsterm der ausgewählten Funktion, der sich von allen anderen Funktionen der Schar unterscheidet.
Ebenso unterscheidet sich das Schaubild der ausgewählten Funktion von allen anderen Schaubildern der Schar. Die Art dieses Unterschiedes wird von der Position bestimmt, an welcher der Parameter in der Schargleichung steht.

**Beispiele**

$f_t(x) = x^2 + t$

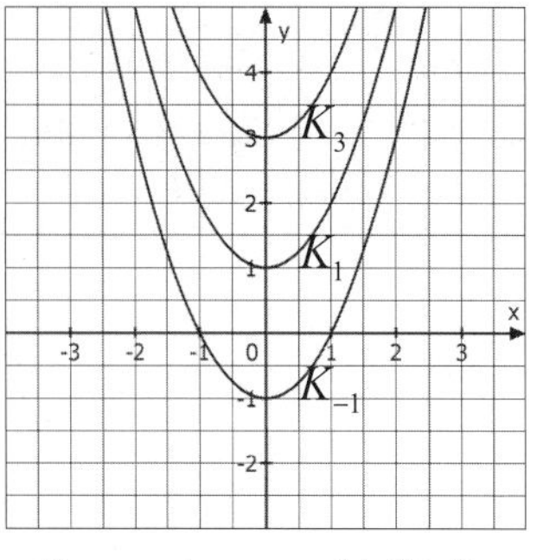


*Parameter verschiebt die Schaubilder nach oben bzw. unten*

$f_t(x) = tx^2$

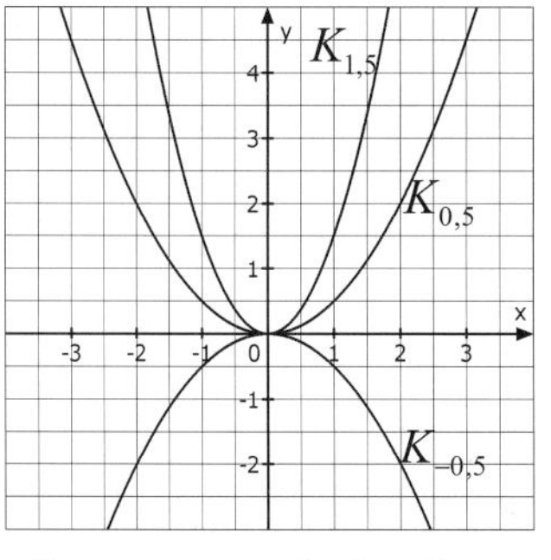


*Parameter verändert den Verlauf und die Streckung des Schaubildes in y-Richtung*

$f_t(x) = -0,2tx^3 + 0,2t^2x - t$

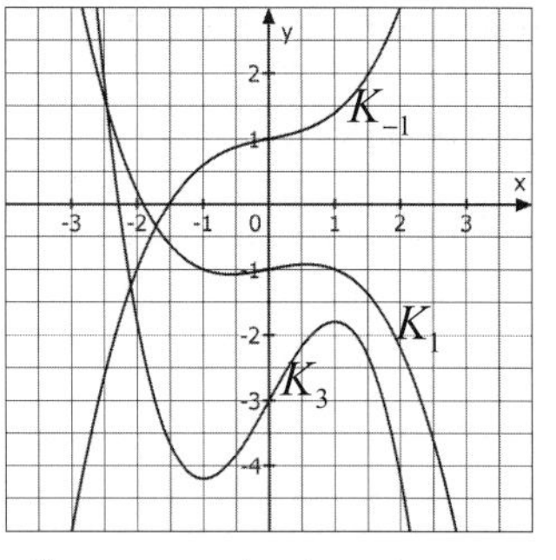


*Parameter besitzt eine komplexe Wirkung (u.a. auf Verlauf, Verschiebung, Streckung, ...)*

### 3. Umgang mit Funktionenscharen

Dieser ist deutlich schwieriger als der Umgang mit Funktionen, was vor allem an den nachfolgenden Punkten liegt. Diese sollten beachtet werden.

| | **Funktion $f(x)$** | **Funktionenschar $f_t(x)$** |
|---|---|---|
| **Schaubilder** | ein konkretes Schaubild (mit GTR/CAS darstellbar) | (meist) unendlich viele Schaubilder |
| **Lösen von Gleichungen** | stets mit GTR/CAS lösbar | nicht mit GTR lösbar (nur mit CAS) |
| **Interpretation der Ergebnisse** | z.B. Schnittpunkt mit $x$-Achse: $N(2\mid 0)$; Konkreter Punkt im Koordinatensystem | z.B. Schnittpunkt mit $x$-Achse: $N_t(2t-1\mid 0)$; Parameterabhängige „Vorschrift“, die erst durch das Einsetzen von einem $t$-Wert zu einem konkreten Punkt führt |

### 4. Grundregel für das Rechnen mit Funktionenscharen

Rechnungen mit Funktionenscharen werden meist zunächst allgemein, also ohne das Einsetzen einer Zahl für $t$, durchgeführt. Dies hat den Vorteil, dass so die Rechenergebnisse für alle Funktionen aus der Schar gelten.
Erst in diese Rechenergebnisse wird dann eine Zahl für $t$ eingesetzt, um ein konkretes Ergebnis für eine einzelne Funktion aus der Schar zu erhalten.
Der Parameter ($t$) ist somit lediglich ein „Platzhalter“ für eine einzusetzende Zahl. Deshalb lautet die Grundregel für das Rechnen mit Funktionenscharen:

| | | |
|---|---|---|
| **Grundregel** | | **Der Parameter ($t$) wird beim „Rechnen“ stets selbst wie eine Zahl behandelt!** |

# 2. Gleichungen

## 2.1 Gleichungstypen: Übersicht

| | **Typ 1** | **Typ 1S** |
|---|---|---|
| **Gleichung 1. Grades** (linear) (S. 28) | $2x-4=0$ | |
| **Gleichung 2. Grades** (quadratisch) (S. 28) | $2x^2-4=0$ | |
| **Gleichung 3. Grades** (S. 28) | $2x^3-4=0$ | |
| **Gleichung 4. Grades** (S. 29) | $2x^4-4=0$ | |
| **Exponentialgleichung** (S. 29) | $e^x=0,5$ oder $e^{2x-1}=0,5$ | |
| **Sinusgleichung** (S. 32) | $\sin(x)=0,5$ | $\sin(2x-1)=0,5$ |
| **Kosinusgleichung** (S. 32) | $\cos(x)=0,5$ | $\cos(2x-1)=0,5$ |
| **Merkmal** | umformbar auf $\left\{\begin{matrix} x \\ x^2 \\ x^3 \\ x^4 \\ e^x \text{ oder } e^{\text{„nicht nur }x\text{“}} \\ \sin(x) \\ \cos(x) \end{matrix}\right\} = \ldots$ | umformbar auf $\left\{\begin{matrix} \sin(\text{„}\textit{nicht nur } x\text{“}) \\ \cos(\text{„}\textit{nicht nur } x\text{“}) \end{matrix}\right\} = \ldots$ |
| **Lösungsvorgehen** | **Gegenoperation** $\left\{\begin{matrix} : \\ \sqrt{\ } \\ \sqrt[3]{\ } \\ \sqrt[4]{\ } \\ \ln(\ ) \\ \sin^{-1} \\ \cos^{-1} \end{matrix}\right\}$ | **Substitution:** $u =$ „*nicht nur x*“ **führt zu** $\left\{\begin{matrix} \boldsymbol{sin(u)} \\ \boldsymbol{cos(u)} \end{matrix}\right\} = \ldots$; Trig. Gleichung vom Typ 1 lösen; **Rücksubstitution** |

**Abkürzung:** ... steht für eine Zahl.

| **Typ 2** | **Typ 3** | **Typ S** |
|---|---|---|
| | | |
| $2x^2 - 4x = 0$ | $x^2 - 8x + 15 = 0$ | |
| $2x^3 - 4x = 0$ | | |
| $2x^4 - 4x = 0$ | | $x^4 - 8x^2 + 15 = 0$ |
| $2e^{2x} - e^x = 0$ | | $e^{2x} - 8e^x + 15 = 0$ |
| $(\sin(x))^2 - 0{,}5\sin(x) = 0$ | | $(\sin(x))^2 - 1{,}2\sin(x) + 0{,}35 = 0$ |
| $(\cos(x))^2 - 0{,}5\cos(x) = 0$ | | $(\cos(x))^2 - 1{,}2\cos(x) + 0{,}35 = 0$ |
| Alle Summanden enthalten mindestens $x$ (bzw. $e^x/\sin(x)/\cos(x)$). Kein Summand besteht nur aus einer „Zahl“.<br>Somit kann „etwas mit $x$“ ausgeklammert werden. | umformbar auf<br>$\ldots x^2 + \ldots x + \ldots = 0$ | umformbar auf<br>$\left.\begin{Bmatrix} \ldots x^4 & + \ldots x^2 & + \ldots \\ \ldots e^{2x} & + \ldots e^x & + \ldots \\ \ldots(\sin(x))^2 & + \ldots\sin(x) & + \ldots \\ \ldots(\cos(x))^2 & + \ldots\cos(x) & + \ldots \end{Bmatrix}\right. = 0$ |
| (evtl.) Ausklammern;<br>**Nullproduktsatz (NPS)**<br>bzw. Satz vom Nullprodukt<br>(S. 35) | **abc -** bzw. **pq - Formel** | **Substitution führt zu $\ldots u^2 + \ldots u + \ldots = 0$;**<br>abc- bzw. pq-Formel;<br>**Rücksubstitution** |

**Bemerkung:** Eine Gleichung, die keinem dieser Gleichungstypen zuordenbar ist, kann meist nur durch GTR/CAS gelöst werden.

## 2.2 Gleichungstypen: Konkretes Lösungsvorgehen

### 1. Polynomgleichungen

| **Typ 1**<br>**Gegenoperation** | **Typ 2**<br>**Nullproduktsatz (NPS)** | **Typ 3**<br>**abc -** bzw. **pq - Formel** |
|---|---|---|
| $2x-4=0$<br>$2x=4$<br>$x=2$ | | |
| $2x^2-4=0$<br>$2x^2=4$<br>$x^2=2 \quad \vert\sqrt{\phantom{x}}$<br>$x_1=\sqrt{2}$<br>$x_2=-\sqrt{2}$ | $2x^2-4x=0$<br>$x\cdot(2x-4)=0$<br>**NPS**<br>(S. 35)<br>$x_1=0$ $\qquad$ $2x-4=0$<br>$2x=4$<br>$x_2=2$ | $x^2-8x+15=0$<br>mit **abc - Formel**:<br>$x_{1/2}=\frac{-b\pm\sqrt{b^2-4ac}}{2a}$<br>$=\frac{8\pm\sqrt{8^2-4\cdot 15}}{2}$<br>$=\frac{8\pm 2}{2}$<br>$x_1=5;\quad x_2=3$<br><br>oder mit **pq - Formel**:<br>$x_{1/2}=-\frac{p}{2}\pm\sqrt{\left(\frac{p}{2}\right)^2-q}$<br>(*Bei dieser Formel muss vor dem* $x^2$ *stets eine 1 stehen!*) |
| $2x^3-4=0$<br>$2x^3=4$<br>$x^3=2 \quad \vert\sqrt[3]{\phantom{x}}$<br>$x=\sqrt[3]{2}$<br><br>(*Hinweis: Die 3. Wurzel kann auch von negativen Zahlen gezogen werden. Beispiel*: $\sqrt[3]{-8}=-2$) | $2x^3-4x=0$<br>$x\cdot(2x^2-4)=0$<br>**NPS**<br>$x_1=0$ $\qquad$ $2x^2-4=0$<br>$2x^2=4$<br>$x^2=2$<br>$x_2=\sqrt{2}$<br>$x_3=-\sqrt{2}$ | |

| **Typ 1**<br>**Gegenoperation** | **Typ 2**<br>**Nullproduktsatz (NPS)** | **Typ S**<br>**Substitution führt zu**<br>$\dots u^2 + \dots u + \dots = 0$ |
|---|---|---|
| $2x^4 - 4 = 0$<br>$2x^4 = 4$<br>$x^4 = 2 \quad \mid \sqrt[4]{\phantom{x}}$<br>$x_1 = \sqrt[4]{2}$<br>$x_2 = -\sqrt[4]{2}$ | $2x^4 - 4x = 0$<br>$x \cdot (2x^3 - 4) = 0$<br>**NPS**<br>$x_1 = 0 \qquad 2x^3 - 4 = 0$<br>$2x^3 = 4$<br>$x^3 = 2$<br>$x_2 = \sqrt[3]{2}$ | $x^4 - 8x^2 + 15 = 0$<br><br>**Substitution :** $(x^4 = u^2;\ x^2 = u)$<br>$u^2 - 8u + 15 = 0$<br>$u_{1/2} = \frac{8 \pm \sqrt{8^2 - 4 \cdot 15}}{2}$ (abc-Formel)<br>$= \frac{8 \pm 2}{2}$<br>$u_1 = 5; \qquad u_2 = 3$<br><br>**Rücksubstitution :**<br>$x^2 = 5 \qquad x^2 = 3$<br>$x_1 = \sqrt{5} \qquad x_3 = \sqrt{3}$<br>$x_2 = -\sqrt{5} \qquad x_4 = -\sqrt{3}$ |

## 2. Exponentialgleichungen

| **Typ 1**<br>**Gegenoperation** | **Typ 2**<br>**Nullproduktsatz (NPS)** | **Typ S**<br>**Substitution führt zu**<br>$\dots u^2 + \dots u + \dots = 0$ |
|---|---|---|
| $e^x = 0{,}5 \quad \mid \ln(\ )$<br>$x = \ln(0{,}5)$<br>$x = -0{,}69$<br><br>oder<br><br>$e^{2x-1} = 0{,}5 \quad \mid \ln(\ )$<br>$2x - 1 = \ln(0{,}5) \mid +1$<br>$2x = 0{,}31 \quad \mid :2$<br>$x = 0{,}16$ | $2e^{2x} - e^x = 0$<br>$e^x \cdot (2e^x - 1) = 0$<br>**NPS**<br>$e^x = 0 \qquad 2e^x - 1 = 0$<br>$x = \ln(0) \qquad e^x = 0{,}5$<br>keine Lösung $\qquad x = \ln(0{,}5)$ | $e^{2x} - 8e^x + 15 = 0$<br><br>**Substitution :**<br>$(e^{2x} = u^2;\ e^x = u)$<br>$u^2 - 8u + 15 = 0$<br>$u_{1/2} = \frac{8 \pm \sqrt{8^2 - 4 \cdot 15}}{2}$ (abc-Formel)<br>$= \frac{8 \pm 2}{2}$<br>$u_1 = 5; \qquad u_2 = 3$<br><br>**Rücksubstitution :**<br>$e^x = 5 \qquad e^x = 3$<br>$x_1 = \ln(5) \qquad x_2 = \ln(3)$ |

## 3. Trigonometrische Gleichungen

### Vorgehen und Erklärung am Beispiel

| **Sinusgleichung**<br>$\sin(x) = 0,5$ | **Kosinusgleichung**<br>$\cos(x) = 0,5$ |
|---|---|

| **1. Schritt : $x_1$ mit GTR/CAS berechnen** | |
|---|---|
| $\sin(x) = 0,5 \quad \mid \sin^{-1}(\,)$<br>$x = \sin^{-1}(0,5)$<br>$x_1 = \frac{1}{6}\pi \approx 0,52$ | $\cos(x) = 0,5 \quad \mid \cos^{-1}(\,)$<br>$x = \cos^{-1}(0,5)$<br>$x_1 = \frac{1}{3}\pi \approx 1,05$ |

| **2. Schritt : $x_2$ aus $x_1$ berechnen** | |
|---|---|
| $x_2 = \boldsymbol{\pi} - x_1 \approx \boldsymbol{\pi} - 0,52 \approx 2,62$ | $x_2 = \boldsymbol{2\pi} - x_1 \approx \boldsymbol{2\pi} - 1,05 \approx 5,23$ |

**Erklärung**

In den unten stehenden Koordinatensystemen werden die Gleichungen $\sin(x) = 0,5$ und $\cos(x) = 0,5$ veranschaulicht.

Jeder $x$-Wert, welcher eine Lösung der Gleichung $\sin(x) = 0,5$ darstellt, muss beim Schaubild der Sinusfunktion zum $y$-Wert 0,5 führen. Bei $x_1 = 0,52$, der ersten Lösung der Gleichung, erreicht das Schaubild der Sinusfunktion diesen $y$-Wert. Bevor das Schaubild bei $x = \pi$ die $x$-Achse durchquert, erreicht es jedoch abermals, beim gesuchten $x$-Wert $x_2$, den $y$-Wert $0,5$.

Aufgrund der Achsensymmetrie des Schaubildes muss der Abstand zwischen $x_2$ und $\pi$ dem Abstand zwischen 0 und $x_1$ entsprechen und damit $x_1$ bzw. 0,52 betragen.

Hierdurch kann $x_2$ errechnet werden: $x_2 = \boldsymbol{\pi} - x_1 = \boldsymbol{\pi} - 0,52 = 2,62$.

Im Unterschied hierzu führt die Achsensymmetrie des Schaubildes der Kosinusfunktion dazu, dass $x_2$ errechnet werden kann, indem $x_1$ von $2\pi$ subtrahiert wird: $x_2 = \boldsymbol{2\pi} - x_1$.

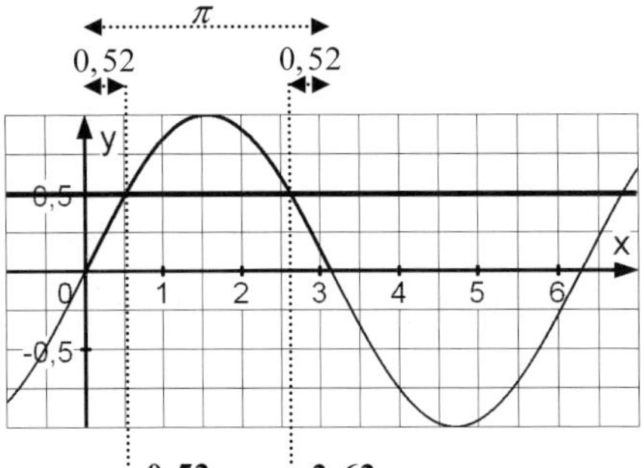


$\boldsymbol{x_1 = 0,52}$ $\boldsymbol{x_2 = 2,62}$ $(\pi - 0,52)$

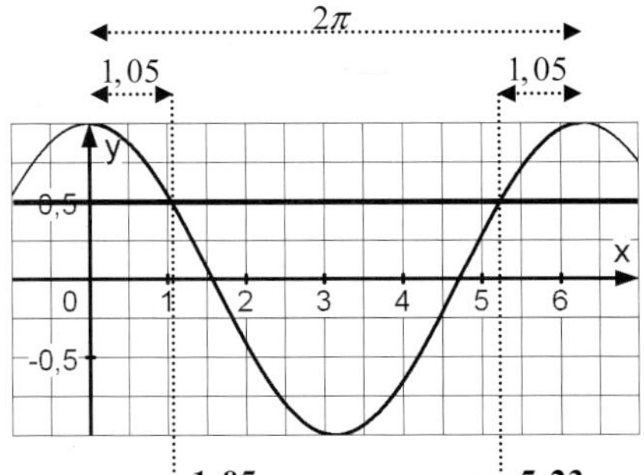


$\boldsymbol{x_1 = 1,05}$ $\boldsymbol{x_2 = 5,23}$ $(2\pi - 1,05)$

| **3. Schritt : Alle Lösungen der Gleichung beschreiben** | |
|---|---|
| $x \approx 0,52 + k \cdot 2\pi$<br>und<br>$x \approx 2,62 + k \cdot 2\pi$<br>$(k = ..., -1, 0, 1, 2, ...)$ | $x \approx 1,05 + k \cdot 2\pi$<br>und<br>$x \approx 5,23 + k \cdot 2\pi$<br>$(k = ..., -1, 0, 1, 2, ...)$ |

**Erklärung** (Am Beispiel: $\sin(x) = 0,5$)

Das Schaubild einer Sinus- oder Kosinusfunktion besitzt eine Periodenlänge von $2\pi$ ($\approx 6{,}3$). Nach dem Durchlaufen einer Periode wiederholt sich stets ihr Ablauf.
Das Schaubild der Sinusfunktion erreicht beim $x$-Wert von 0,52 den $y$-Wert 0,5. 0,52 stellt also die erste Lösung der Gleichung dar. Eine Periode „später", beim $x$-Wert von $0,52 + 1 \cdot 2\pi$ ($\approx 6{,}8$) erreicht das Schaubild jedoch ebenfalls diesen $y$-Wert. Damit ist 6,8 eine weitere Lösung der Gleichung.
Ebenso gelangt man zu einer weiteren Lösung, indem man beispielsweise 4 Periodenlängen subtrahiert und beim $x$-Wert $0,52 - 4 \cdot 2\pi \approx -24,61$ landet.
Insgesamt gesehen erhält man aus den beiden Basislösungen $x_1 = 0,52$ und $x_2 = 2,62$ alle weiteren Lösungen, indem man zu diesen schlicht eine beliebige Anzahl von Periodenlängen ($2\pi$) addiert oder subtrahiert, was mathematisch durch $x = 0,52 + k \cdot 2\pi$ bzw. $x = 2,62 + k \cdot 2\pi$ ausgedrückt wird.
$k$ kann alle positiven und negativen ganzen Zahlen annehmen und steht für die Anzahl der addierten oder subtrahierten Periodenlängen.

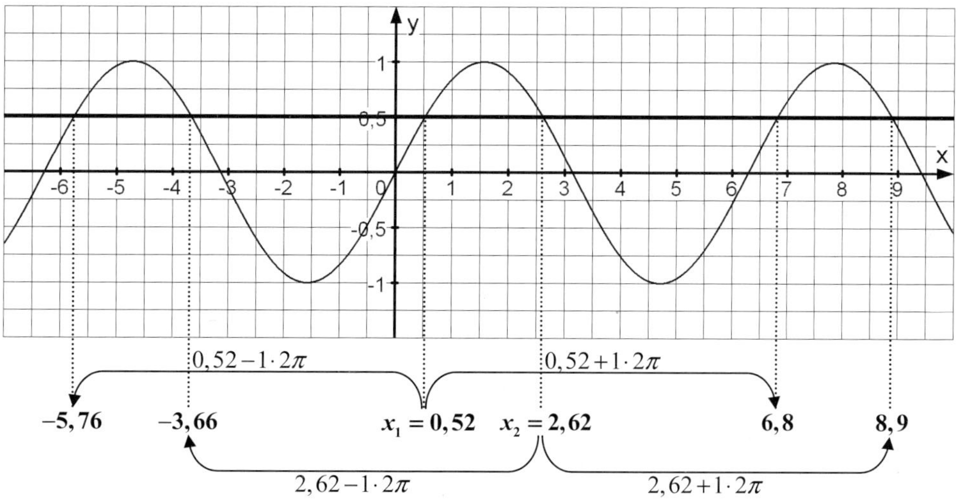

**Vorbemerkung**

Wie den Vorseiten entnommen werden kann, erfolgt das Vorgehen zur Lösung von Sinus- und Kosinusgleichungen weitgehend analog. Ein grundsätzlicher Unterschied besteht lediglich im 2. Schritt bei der Berechung von $x_2$.
Deshalb werden hier die verschiedenen Gleichungstypen nur anhand von Sinusgleichungen dargestellt.

| **Typ 1**<br>**Gegenoperation** | **Typ 1S**<br>**Substitution führt zu** $\left\{\begin{matrix} sin(u) \\ cos(u) \end{matrix}\right\} = \ldots$ |
|---|---|
| | $\sin(2x-1)=0,5$<br>**Substitution:** $(2x-1=u)$ |
| $\sin(x)=0,5 \quad \vert \sin^{-1}(\ )$<br>$x=\sin^{-1}(0,5)$<br>$x_1=\frac{1}{6}\pi$<br>$x_2=\pi-x_1=\pi-\frac{1}{6}\pi=\frac{5}{6}\pi$<br>alle Lösungen:<br>$x=\frac{1}{6}\pi+k\cdot 2\pi$<br>und $\quad (k=\ldots,-1,0,1,2,\ldots)$<br>$x=\frac{5}{6}\pi+k\cdot 2\pi$ | $\sin(u)=0,5 \quad \vert \sin^{-1}(\ )$<br>$u=\sin^{-1}(0,5)$<br>$u_1=\frac{1}{6}\pi$<br>$u_2=\pi-u_1=\pi-\frac{1}{6}\pi=\frac{5}{6}\pi$<br>alle Lösungen:<br>$u=\frac{1}{6}\pi+k\cdot 2\pi$<br>und $\quad (k=\ldots,-1,0,1,2,\ldots)$<br>$u=\frac{5}{6}\pi+k\cdot 2\pi$ |
| | **Rücksubstitution:**<br>$2x-1=\frac{1}{6}\pi+k\cdot 2\pi \quad \vert +1$<br>$2x=\frac{1}{6}\pi+1+k\cdot 2\pi \quad \vert :2$<br>$x=\frac{1}{12}\pi+0,5+k\cdot\pi$<br>$x\approx 0,76+k\cdot\pi$<br>und $\quad (k=\ldots,-1,0,1,2,\ldots)$<br>$2x-1=\frac{5}{6}\pi+k\cdot 2\pi \quad \vert +1$<br>$2x=\frac{5}{6}\pi+1+k\cdot 2\pi \quad \vert :2$<br>$x=\frac{5}{12}\pi+0,5+k\cdot\pi$<br>$x\approx 1,81+k\cdot\pi$ |

| **Typ 2**<br>**Nullproduktsatz (NPS)** | **Typ S**<br>**Substitution führt zu** $\ldots u^2 + \ldots u + \ldots = 0$ |
|---|---|
| $\left(\sin(x)\right)^2 - 0{,}5\sin(x) = 0$<br>$\sin(x) \cdot \left(\sin(x) - 0{,}5\right) = 0$<br>**NPS**<br>$\sin(x) = 0 \qquad \sin(x) - 0{,}5 = 0 \quad \mid +0{,}5$<br>$x = \sin^{-1}(0) \qquad \sin(x) = 0{,}5 \quad \mid \sin^{-1}(\ )$<br>$x_1 = 0 \qquad x = \sin^{-1}(0{,}5)$<br>$x_2 = \pi - 0 = \pi \qquad x_3 = \frac{1}{6}\pi$<br>$x_4 = \pi - \frac{1}{6}\pi = \frac{5}{6}\pi$<br>alle Lösungen:<br>$x = 0 + k \cdot 2\pi \qquad x = \frac{1}{6}\pi + k \cdot 2\pi$<br>und<br>$x = \pi + k \cdot 2\pi \qquad x = \frac{5}{6}\pi + k \cdot 2\pi$<br>$(k = \ldots, -1, 0, 1, 2, \ldots)$ | $\left(\sin(x)\right)^2 - 1{,}2 \cdot \sin(x) + 0{,}35 = 0$<br><br>**Substitution :** $\left((\sin(x))^2 = u^2;\ \sin(x) = u\right)$<br>$u^2 - 1{,}2u + 0{,}35 = 0$<br>$u_{1/2} = \frac{1{,}2 \pm \sqrt{1{,}2^2 - 4 \cdot 0{,}35}}{2}$<br>$= \frac{1{,}2 \pm 0{,}2}{2}$<br>$u_1 = 0{,}7; \qquad u_2 = 0{,}5$<br><br>**Rücksubstitution :**<br>$\sin(x) = 0{,}7 \qquad \sin(x) = 0{,}5$<br>$x = \sin^{-1}(0{,}7) \qquad x = \sin^{-1}(0{,}5)$<br>$x_1 = 0{,}78 \qquad x_3 = 0{,}52$<br>$x_2 = \pi - 0{,}78 \qquad x_4 = \pi - 0{,}52$<br>$x_2 = 2{,}36 \qquad x_4 = 2{,}62$<br><br>alle Lösungen:<br>$x = 0{,}78 + k \cdot 2\pi$<br>und $x = 2{,}36 + k \cdot 2\pi$<br>und $x = 0{,}52 + k \cdot 2\pi$<br>und $x = 2{,}62 + k \cdot 2\pi$<br>$(k = \ldots, -1, 0, 1, 2, \ldots)$ |

**Einziger Unterschied**

Sinusgleichung: $\boldsymbol{x_2 = \pi - x_1}$

Kosinusgleichung: $\boldsymbol{x_2 = 2\pi - x_1}$

3 Rosner ISBN: 978-3-8120-0346-9

## 2.3 Goldene Regeln zum Lösen von Gleichungen

### 1. Regel: Gleichungen mit einem Parameter

- Eine Gleichung löst man immer nach der Variable ($x$) auf, niemals nach dem Parameter ($t$).
- Der Parameter wird hingegen wie eine Zahl behandelt.
- Zu welchem Typ eine Gleichung gehört, hängt nur von der Variablen, nicht vom Parameter ab. Beispiel: $t^3 - t^2 \cdot \sin(x) + 1 = 0 \rightarrow$ Trigonometrische Gleichung!

### 2. Regel: Gleichungen und der GTR

- Mit dem GTR können keine Gleichungen gelöst werden, die einen Parameter ($t$) enthalten.
- Gleichungen ohne Parameter dürfen mit dem GTR gelöst werden, falls nicht nach „exakten Lösungen" gefragt wird oder gleichwertige Formulierungen verwendet werden.
- Alle Gleichungen ohne Parameter können mit dem GTR gelöst werden, indem die Schnittpunkte der zugehörigen Schaubilder mit der $x$-Achse ermittelt werden.
  Beispiel: Um die Gleichung $e^x = x^3 + x$ zu lösen, wird diese zu $e^x - x^3 - x = 0$ umgeformt.
  Nun wird das Schaubild der Funktion $f(x) = e^x - x^3 - x$ mit dem GTR auf Schnittpunkte mit der $x$-Achse untersucht: $N_1(1{,}37 \mid 0); N_2(4{,}67 \mid 0)$.
  Somit hat die Ausgangsgleichung die beiden Lösungen $x_1 = 1{,}37$ und $x_2 = 4{,}67$.

**3. Regel: Der Nullproduktsatz (NPS) bzw. Satz vom Nullprodukt als wichtiges Werkzeug**

- **Wozu?**
  Eine schwierige Gleichung kann hiermit in zwei (oder mehr) einfache Gleichungen zerlegt werden.

- **Beispiel**

$$e^{2x}x^2 - 2x^2 = 0 \qquad (\textit{schwierige Gleichung})$$

$$\underline{x^2 \cdot (e^{2x}-2) = 0}$$

**NPS**

(*1. einfache Gleichung*)

$$x^2 = 0 \quad |\sqrt{\ }$$

$$x_{1/2} = 0$$

(*2. einfache Gleichung*)

$$e^{2x} - 2 = 0 \quad |+2$$

$$e^{2x} = 2 \quad |\ln(\ )$$

$$2x = \ln(2) \quad |:2$$

$$x_3 = \frac{\ln(2)}{2}$$

- **Wann anwendbar?**
  Wenn eine Gleichung in der Form: $\underline{\text{Faktor 1} \cdot \text{Faktor 2} \cdot \ldots = 0}$ gegeben ist, oder durch Ausklammern auf diese Form gebracht werden kann.
  Die Gleichung sollte also insbesondere kein Absolutglied („keine Zahl ohne $x$") enthalten.
  „Mischgleichungen" wie $e^x x^2 - 2x^2 = 0$, die beispielsweise sowohl Polynombausteine ($x^2$) als auch Exponentialbausteine ($e^x$) enthalten, können in der Regel nur über den NPS von Hand gelöst werden.

- **Weshalb gilt der NPS?**
  Wenn zwei Zahlen multipliziert werden, sodass das Ergebnis die Zahl 0 ist, kann dies nur gelingen, wenn die eine oder die andere der beiden Zahlen selbst 0 ist. (*Oder haben Sie ein Gegenbeispiel?*)
  Übertragen auf die obige Gleichung $x^2 \cdot (e^{2x} - 2) = 0$ kann das Produkt aus $x^2$ und $(e^{2x} - 2)$ nur dann zu 0 werden, wenn entweder $x^2$ oder $(e^{2x} - 2)$ den Wert 0 annimmt. Deshalb werden alle $x$-Werte berechnet, die mindestens einen dieser beiden Faktoren zu 0 machen.

**4. Regel: Das Teilen durch $x$ ist VERBOTEN**

- **Falsch**

$$\begin{aligned} 4x^2 &= x && |:x \\ 4x &= 1 && |:4 \\ x &= \frac{1}{4} \end{aligned}$$

- **Grund**

$x_2 = 0$ ist eine weitere Lösung dieser Gleichung (Probe!), diese ging jedoch im Lösungsvorgang „verloren", da durch $x$ geteilt wurde.

- **Stattdessen: NPS**

$$\begin{aligned} 4x^2 &= x && |-x \\ 4x^2 - x &= 0 \\ x \cdot (4x-1) &= 0 \end{aligned}$$

**NPS**

$$x_1 = 0 \qquad \begin{aligned} 4x-1 &= 0 && |+1 \\ 4x &= 1 && |:4 \\ x_2 &= \frac{1}{4} \end{aligned}$$

- **Bemerkung**

Hingegen ist das Teilen durch $e^x$ erlaubt (da $e^x \neq 0$).

**5. Regel: Das Lösen von Ungleichungen**

- **Beispiel**

$$\begin{aligned} -2x+2 &< 6 && |-2 \\ -2x &< 4 && |:(-2) \text{ oder } \cdot\left(-\frac{1}{2}\right) \\ x &> -2 \end{aligned}$$

- **Einziger Unterschied zum Lösen von Gleichungen**

Bei Multiplikation oder Division mit einer negativen Zahl wird das Ungleichheitszeichen „umgedreht".

# 3. Differenzialrechnung

**Was ist eine Ableitungsfunktion?**

Man erhält die Ableitungsfunktion $f'(x)$ mithilfe der Ableitungsregeln aus der Funktion $f(x)$.
$f'(x)$ ist eine „vollwertige“ und „eigenständige Funktion“ mit eigenem Schaubild.

**Wozu dient die Ableitungsfunktion?**

Mithilfe der Ableitungsfunktion ist es möglich, die Steigungen des Schaubildes von $f'(x)$ zu berechnen.
Hierdurch können beispielsweise die Koordinaten von besonderen Punkten, wie Hoch-, Tief- und Wendepunkten bestimmt werden.

## 3.1 Ableitungsregeln

<table>
<tr><th>Nr.</th><th>Beispiel</th><th>Vorgehen</th></tr>
<tr><td colspan="3">Elementarregeln</td></tr>
<tr><td>1</td><td>$f(x) = x^5$<br>$f'(x) = 5x^4$<br><br>$f(x) = x^2$<br>$f'(x) = 2x \; (= 2 \cdot x^1)$<br><br>$f(x) = x \; (= x^1)$<br>$\downarrow$<br>$f'(x) = 1 \; (= 1 \cdot x^0 = 1 \cdot 1)$</td><td>$f(x) = x^{Exponent}$<br>$f'(x) = Exponent \cdot x^{Exponent-1}$<br>(Potenzregel)</td></tr>
<tr><td>2</td><td>$f(x) = e^x$<br>$f'(x) = e^x$</td><td>Abschreiben</td></tr>
<tr><td>3</td><td>$f(x) = \sin(x)$<br>$f'(x) = \cos(x)$</td><td rowspan="2">sin<br>↗ ↘<br>−cos   cos<br>↖ ↙<br>−sin<br>(Im Uhrzeigersinn!)</td></tr>
<tr><td>4</td><td>$f(x) = \cos(x)$<br>$f'(x) = -\sin(x)$</td></tr>
</table>

| Nr. | Beispiel | Vorgehen |
|---|---|---|
| | **Vorgehensregeln** | |
| **5** | $f(x) = -3x^2$<br>$f'(x) = -3 \cdot 2x = -6x$ | *Zahlen mit · oder : bleiben*<br>(Faktorregel) |
| **6** | $f(x) = x^2 + 2$<br>$f'(x) = 2x$ | *Zahlen mit + oder − verschwinden* |
| **7** | $f(x) = x^2 - 4x + 2$<br>$f'(x) = 2x - 4$ | *+ und − Zeichen unterteilen die Funktion in Teilfunktionen, welche einzeln abgeleitet werden*<br>(Summenregel) |

| | | |
|---|---|---|
| | **Produktregel** | |
| **8** | $f(x) = x^2 \cdot e^x$<br>$f'(x) = 2x \cdot e^x + x^2 \cdot e^x$ | $f(x) = u(x) \cdot v(x)$<br>$f'(x) = u'(x) \cdot v(x) + u(x) \cdot v'(x)$<br>*Ableiten · Abschreiben + Abschreiben · Ableiten* |

**Aber**: Die Produktregel nur dann anwenden, wenn zwei Faktoren, die **beide *x*** enthalten, miteinander **multipliziert** werden.

$f(x) = 3x + \sin(x)$
$f'(x) = 3 + \cos(x)$
*(Keine Produktregel, da keine Multiplikation)*

$f(x) = 3 \cdot \sin(x)$
$f'(x) = 3 \cdot \cos(x)$
*(Produktregel unnötig, Faktor 3 enthält kein x)*

$f(x) = 3x \cdot \sin(x)$
$f'(x) = 3 \cdot \sin(x) + 3x \cdot \cos(x)$
*(Produktregel)*

| Nr. | Beispiel | Vorgehen |
|---|---|---|
| | **Anwendungen der Kettenregel** | |
| **9** | $f(x) = (2x+3)^5$<br>$f'(x) = 5\cdot(2x+3)^4\cdot 2$<br>$= 10\cdot(2x+3)^4$ | $f(x) = (Klammerinhalt)^{Exponent}$<br>$f'(x) = Exponent\cdot(Klammerinhalt)^{Exponent-1}\cdot Klammerinhalt\ abgeleitet$ |
| **10** | $f(x) = e^{2x+3}$<br>$f'(x) = e^{2x+3}\cdot 2$ | $f(x) = e^{Exponent}$<br>$f'(x) = e^{Exponent}\cdot Exponent\ abgeleitet$ |
| **11** | $f(x) = \sin(2x+3)$<br>$f'(x) = \cos(2x+3)\cdot 2$ | $f(x) = \sin(Klammerinhalt)$<br>$f'(x) = \cos(Klammerinhalt)\cdot Klammerinhalt\ abgeleitet$ |
| **12** | $f(x) = \cos(2x+3)$<br>$f'(x) = -\sin(2x+3)\cdot 2$ | $f(x) = \cos(Klammerinhalt)$<br>$f'(x) = -\sin(Klammerinhalt)\cdot Klammerinhalt\ abgeleitet$ |

Die allgemeine Kettenregel, aus welcher sich die Regeln 9-12 ergeben, lautet:

$$f(x) = u(v(x))$$

$$f'(x) = \underbrace{u'(v(x))}_{\text{Äußere Ableitung}} \cdot \underbrace{v'(x)}_{\text{Innere Ableitung}}$$

**Bemerkung (Ableiten bei Funktionenscharen)**

Der Parameter $(t)$ wird beim Ableiten wie eine Zahl und nicht wie die Variable $(x)$ behandelt.

Beispiel: $f_t(x) = t^2x^3 + t$

$f_t'(x) = 3t^2x^2$

## 3.2 Tangente und Normale

### 1. Aufgabentyp

Gegeben ist $f(x) = x^2$.
Bei dem $x$-Wert 1 werden eine Tangente und eine Normale an das Schaubild angelegt. Berechnen Sie deren Gleichungen.

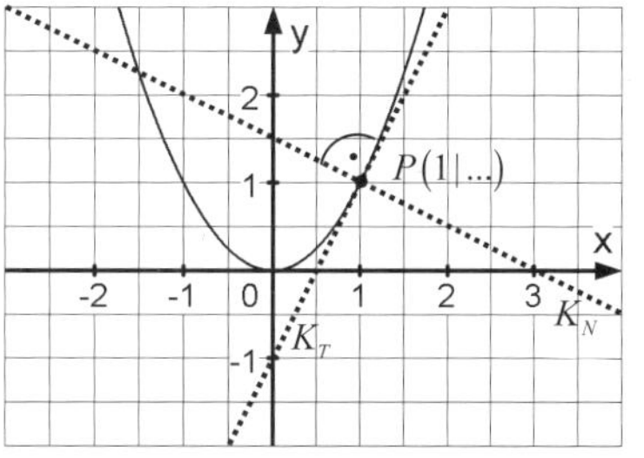


| **Tangente im Kurvenpunkt** (geg. $f(x)$ und $x$-Wert des Kurvenpunktes) | **Normale im Kurvenpunkt** (geg. $f(x)$ und $x$-Wert des Kurvenpunktes) |
|---|---|
| **Vorgehen** | **Vorgehen** |
| **1. $y$ - Wert des Berührpunktes berechnen**<br>$f(1) = 1^2 = 1 \quad \rightarrow B(1\mid 1)$ | **1. $y$ - Wert des Schnittpunktes berechnen**<br>$f(1) = 1^2 = 1 \quad \rightarrow P(1\mid 1)$ |
| **2. Tangentensteigung berechnen**<br>$f'(x) = 2x$<br>$f'(1) = 2 \cdot 1 = 2 \quad (= m_T)$ | **2. Tangentensteigung berechnen**<br>$f'(x) = 2x$<br>$f'(1) = 2 \cdot 1 = 2 \quad (= m_T)$ |
| **3. Tangentengleichung berechnen**<br>$y = m_T \cdot x + b$<br>$1 = 2 \cdot 1 + b$<br>$1 = 2 + b \quad \mid -2$<br>$-1 = b$<br>$\Rightarrow$ Tangente: $y = 2x - 1$ | **3. Normalensteigung berechnen (senkrecht zu $m_T$)**<br>$m_N = -\frac{1}{m_T} = -\frac{1}{2} = -0,5$<br>**4. Normalengleichung berechnen**<br>$y = m_N \cdot x + b$<br>$1 = -0,5 \cdot 1 + b$<br>$1 = -0,5 + b \quad \mid +0,5$<br>$1,5 = b$<br>$\Rightarrow$ Normale: $y = -0,5x + 1,5$ |
| (Alternativ mit: $y = f'(u) \cdot (x - u) + f(u)$) | (Alternativ mit: $y = -\frac{1}{f'(u)} \cdot (x - u) + f(u)$) |

**2. Aufgabentyp**

Gegeben ist $f(x) = x^2$.
Eine Tangente und eine Normale an diese Parabel besitzen die Steigung 2.
Berechnen Sie deren Gleichungen.

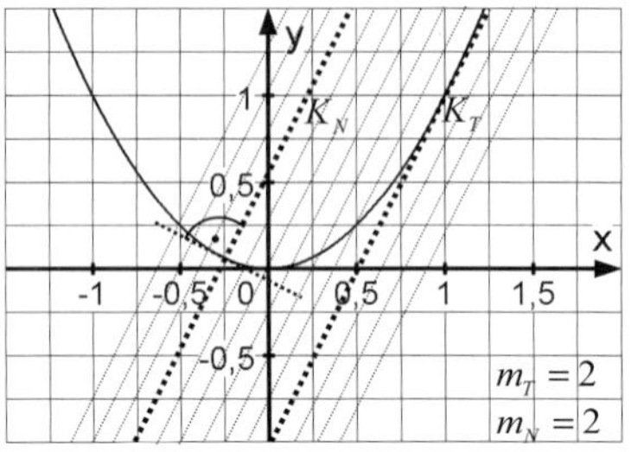


| **Tangente mit gegebener Steigung** (geg. $f(x)$ und Steigung der Tangente) | **Normale mit gegebener Steigung** (geg. $f(x)$ und Steigung der Normale) |
|---|---|
| **Vorgehen** | **Vorgehen** |
| | **1. Zu $m_N$ senkrechte Steigung berechnen (entspricht $m_T$)**<br>$m_T = -\frac{1}{m_N} = -\frac{1}{2} = -0,5$ |
| **1. $f'(x) = m_T$ liefert $x$ - Wert des Berührpunktes**<br>$f'(x) = 2x$<br>$f'(x) = m_T$<br>$2x = 2$<br>$x = 1$<br>(*An welcher Stelle hat die Parabel die gegebene Steigung?*) | **2. $f'(x) = m_T$ liefert $x$ - Wert des Schnittpunktes**<br>$f'(x) = 2x$<br>$f'(x) = m_T$<br>$2x = -0,5$<br>$x = -0,25$<br>(*An welcher Stelle hat die Parabel die Steigung $-0,5$ und ist damit senkrecht zur Normalen?*) |
| **2. $y$ - Wert des Berührpunktes berechnen**<br>$f(1) = 1^2 = 1 \quad \rightarrow B(1 \mid 1)$ | **3. $y$ - Wert des Schnittpunktes berechnen**<br>$f(-0,25) = (-0,25)^2 = 0,063$<br>$\rightarrow P(-0,25 \mid 0,063)$ |
| **3. Tangentengleichung berechnen**<br>$y = m_T \cdot x + b$<br>$1 = 2 \cdot 1 + b$<br>$1 = 2 + b \quad \mid -2$<br>$-1 = b$<br>$\Rightarrow$ Tangente: $y = 2x - 1$ | **4. Normalengleichung berechnen**<br>$y = m_N \cdot x + b$<br>$0,063 = 2 \cdot (-0,25) + b$<br>$0,063 = -0,5 + b \quad \mid +0,5$<br>$0,563 = b$<br>$\Rightarrow$ Normale: $y = 2x + 0,563$ |

### 3. Aufgabentyp

Gegeben ist $f(x) = x^2$.
Zwei Tangenten an diese Parabel verlaufen durch den Punkt $P(0,5 \mid -1)$, welcher nicht auf der Parabel liegt.
Berechnen Sie deren Gleichungen.

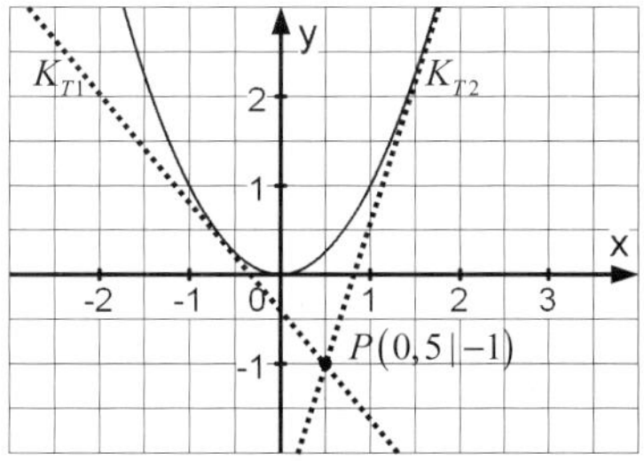


**Tangente von Punkt aus**
(geg. $f(x)$ und Punkt, nicht auf Kurve)

**Vorgehen (1. Möglichkeit)**

**1. Allg. Tangentengleichung notieren**

$y = f'(u) \cdot (x-u) + f(u)$

**2. $f(x)$ und $f'(x)$ einsetzen**

$f(x) = x^2; \quad f'(x) = 2x$

$f(u) = u^2; \quad f'(u) = 2u$

$y = 2u \cdot (x-u) + u^2$

**3. $P(0,5 \mid -1)$ einsetzen und Gleichung nach $u$ auflösen**

$-1 = 2u \cdot (0,5-u) + u^2$

$-1 = u - 2u^2 + u^2 \quad | +1$

$0 = -u^2 + u + 1$

GTR: $u_1 = -0,62; \; u_2 = 1,62$
(*x-Werte der Berührpunkte*)

**4. $u$-Werte in Tangentengleichung aus 2. einsetzen**

$u_1 = -0,62$ eingesetzt:

$y = 2 \cdot (-0,62) \cdot (x - (-0,62)) + (-0,62)^2$

$y = -1,24x - 0,38$ (1. Tangente)

$u_2 = 1,62$ eingesetzt:

$y = 3,24x - 2,62$ (2. Tangente)

**Vorgehen (2. Möglichkeit)**

**1. Formel $m = \dfrac{y_2 - y_1}{x_2 - x_1}$ anwenden.**

**($P_1(0,5 \mid -1)$, $P_2(u \mid f(u))$ (Berührpunkt), $m = f'(u)$ (Tangentensteigung))**

$f(x) = x^2; \quad f'(x) = 2x$

$f(u) = u^2; \quad f'(u) = 2u$

$$f'(u) = \frac{f(u) - (-1)}{u - 0,5}$$

$$2u = \frac{u^2 + 1}{u - 0,5} \quad | \cdot (u - 0,5)$$

**2. Gleichung nach $u$ auflösen**

$2u \cdot (u - 0,5) = u^2 + 1$

$2u^2 - u = u^2 + 1 \quad | -u^2 - 1$

$u^2 - u - 1 = 0$

GTR: $u_1 = -0,62; \; u_2 = 1,62$ (*x-Werte der Berührpunkte*)

**3. $y$-Werte der Berührpunkte berechnen**

$f(-0,62) = (-0,62)^2 = 0,38 \rightarrow B_1(-0,62 \mid 0,38)$

$f(1,62) = 1,62^2 = 2,62 \rightarrow B_2(1,62 \mid 2,62)$

**4. Tangentensteigungen berechnen**

$f'(-0,62) = 2 \cdot (-0,62) = -1,24 \quad (= m_{T1})$

$f'(1,62) = 2 \cdot 1,62 = 3,24 \quad (= m_{T2})$

**5. Tangentengleichungen berechnen**

$y = m_T \cdot x + b$

$0,38 = (-1,24) \cdot (-0,62) + b$

$-0,39 = b \quad \Rightarrow \quad y = -1,24x - 0,38$ (1. Tangente)

$2,62 = 3,24 \cdot 1,62 + b$

$-2,62 = b \quad \Rightarrow \quad y = 3,24x - 2,62$ (2. Tangente)

**ab hier: 1. Aufgabentyp (S. 41)**

**Bemerkung (Aufgabentyp : Normale von Punkt aus)**

Dieser Aufgabentyp ist sehr unüblich und wird deshalb nicht behandelt.

## 3.3 Schnittpunkte (Berührpunkt, senkrechter Schnitt, Schnittwinkel)

| **Zwischen Schaubild und $x$ - Achse** $(\textbf{Ansatz: } f(x)=0)$ | | |
|---|---|---|
| **Berührpunkt** | **Senkrechter Schnitt** | **Schnittwinkel** |
| 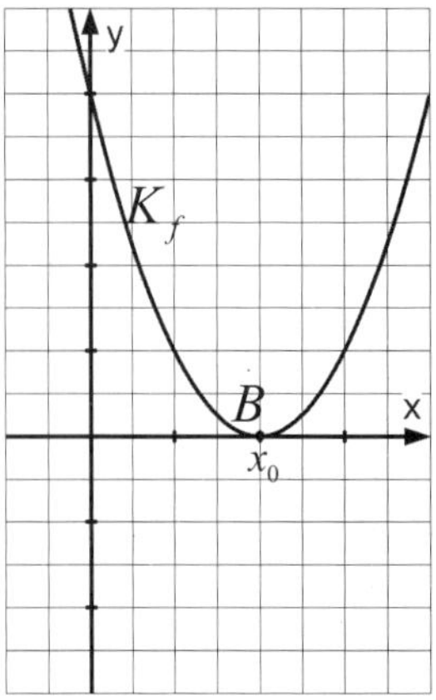 | 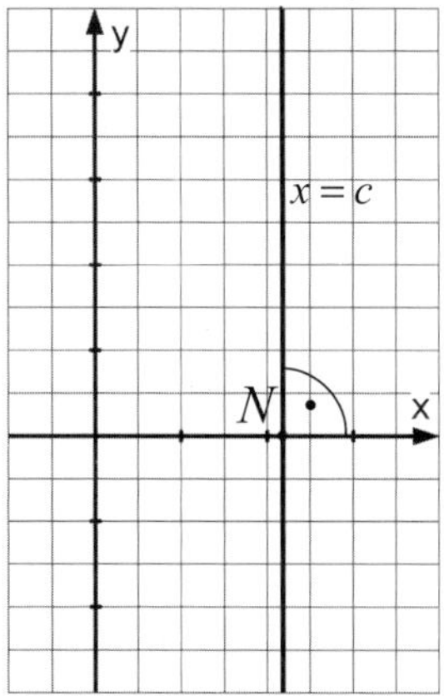 | 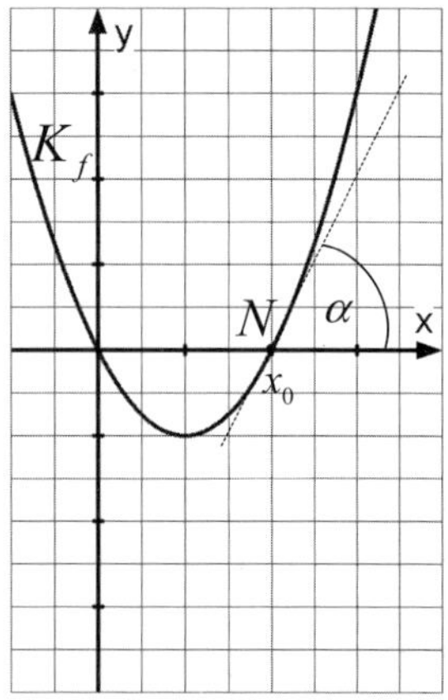 |
| **Beschreibung mit $f'(x)$**<br>Hier gelten:<br>**1.** $\mathbf{f(x_0)=0}$ **(*Nullstelle*)**<br>**2.** $\mathbf{f'(x_0)=0}$ **(*Steigung* 0)**<br><br>bzw.<br><br>**Beschreibung ohne $f'(x)$**<br>$\mathbf{x_0}$ ist **doppelte** (bzw. dreifache oder vierfache, S. 15) **Lösung von $f(x)=0$**<br>(*Diskriminante = 0 bei quadratischer Gleichung für doppelte Lösung!*) | **Bemerkung**<br>Nur bei Geraden, die parallel zur $y$-Achse verlaufen, möglich.<br>(z.B. $x = 2,2$) | **Vorgehen zur Berechnung**<br><br>**1. $m$ berechnen**<br>$f'(x_0) = m$ (Steigung $K_f$)<br><br>**2. $\alpha$ berechnen**<br>$m = \tan(\alpha) \quad \mid \tan^{-1}$<br>$\alpha = \left\|\tan^{-1}(m)\right\|$<br>(\| \| *steht für den Betrag. Dieser wird verwendet, da das Vorzeichen des Winkels nicht relevant ist.*)<br><br>**Achtung**<br>GTR/CAS hierfür von Bogenmaß (*rad*) auf Grad (*deg*) stellen! |

## Zwischen zwei Schaubildern (Ansatz: $f(x) = g(x)$)

### Berührpunkt

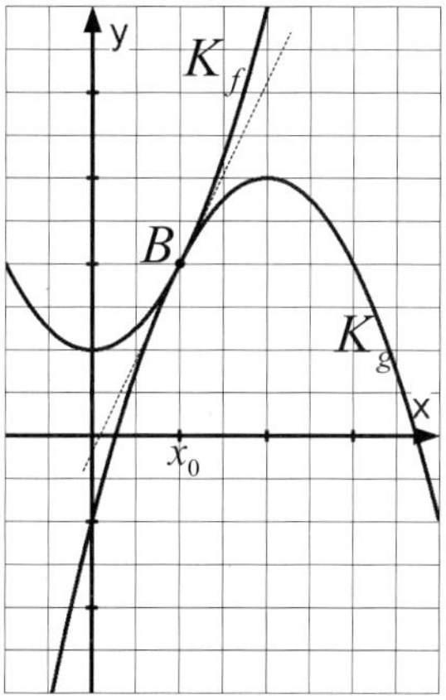


**Beschreibung mit $f'(x)$**

Hier gelten:

**1. $f(x_0) = g(x_0)$**
***(gemeinsamer Punkt)***

**2. $f'(x_0) = g'(x_0)$**
***(gleiche Steigung)***

bzw.

**Beschreibung ohne $f'(x)$**

$x_0$ ist **doppelte** (bzw. dreifache oder vierfache) **Lösung von $f(x) = g(x)$**
*(Diskriminante = 0 bei quadratischer Gleichung für doppelte Lösung!)*

### Senkrechter Schnitt

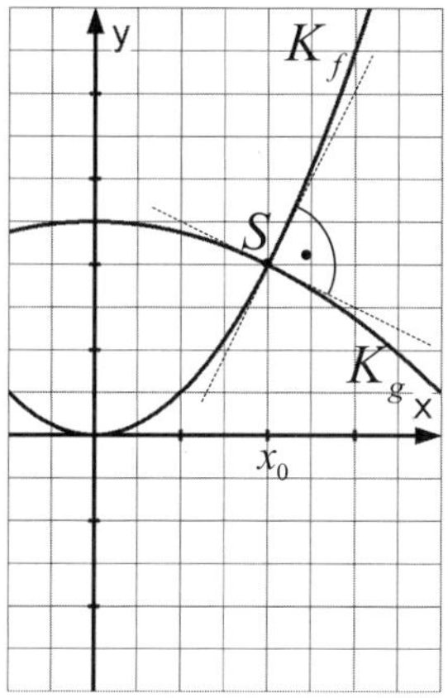


**Beschreibung (mit $f'(x)$)**

Hier gelten:

**1. $f(x_0) = g(x_0)$**
***(gemeinsamer Punkt)***

**2.** $f'(x_0) = \dfrac{-1}{g'(x_0)}$

*(allg.* $m_2 = -1/m_1$ *bzw.* ***Steigungen sind negative Kehrwerte voneinander****)*

### Schnittwinkel

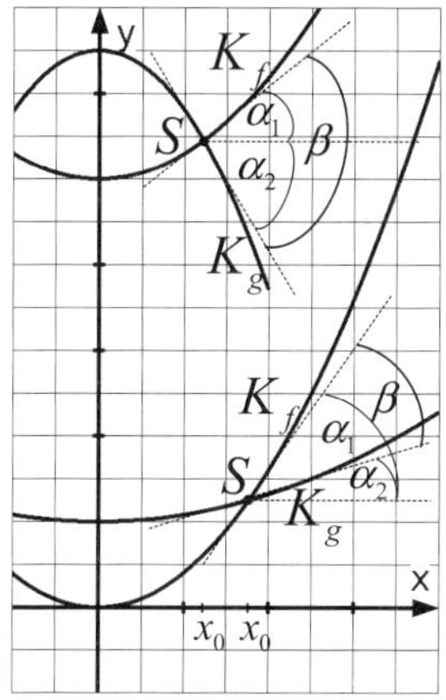


**Vorgehen zur Berechnung**

**1. $m_1$ und $m_2$ berechnen**

$f'(x_0) = m_1$ *(Steigung $K_f$)*

$g'(x_0) = m_2$ *(Steigung $K_g$)*

**2. $\alpha_1$ und $\alpha_2$ berechnen**

$m_1 = \tan(\alpha_1) \quad | \tan^{-1}$

$\alpha_1 = |\tan^{-1}(m_1)|$

*(Steigungswinkel $K_f$)*

$m_2 = \tan(\alpha_2) \quad | \tan^{-1}$

$\alpha_2 = |\tan^{-1}(m_2)|$

*(Steigungswinkel $K_g$)*

**3. $\beta$ berechnen**

$\beta = \alpha_1 + \alpha_2$ *(oberes Bsp.)*

bzw.

$\beta = \alpha_1 - \alpha_2$ *(unteres Bsp.)*

Alternativ kann auch mit nachfolgender Formel gearbeitet werden:

$$\beta = \tan^{-1}\left|\frac{m_2 - m_1}{1 + m_1 \cdot m_2}\right|$$

## 3.4 Monotonie

| Definition | Beispiel |
|---|---|
| Gilt im $x$-Bereich:<br>$f'(x) > 0$ → so wird das Schaubild hier bezeichnet als: **streng monoton steigend/ wachsend** – Männchen geht bergauf<br>$f'(x) < 0$ → so wird das Schaubild hier bezeichnet als: **streng monoton fallend** – Männchen geht bergab | **Einzunehmende Perspektive**:<br>Sie sehen **von der Seite** auf das Männchen, welches ein hügeliges Gelände durchläuft. Das Gelände sehen Sie im Profil.<br>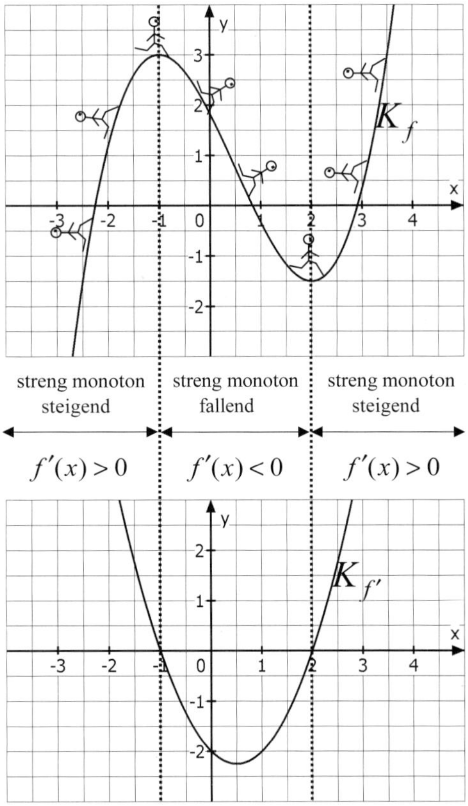 |

## 3.5 Krümmung

### Definition

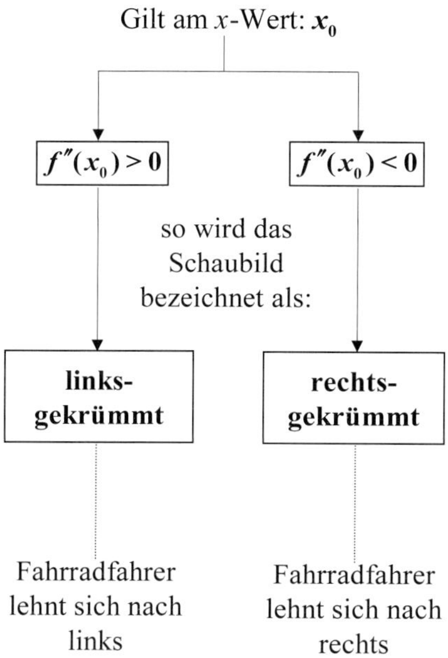


### Beispiel

**Einzunehmende Perspektive:**
Sie sehen **von oben (Vogelperspektive)** auf den Fahrradfahrer, welcher eine kurvige Straße durchfährt und sich hierbei zunächst nach rechts, dann nach links lehnt.

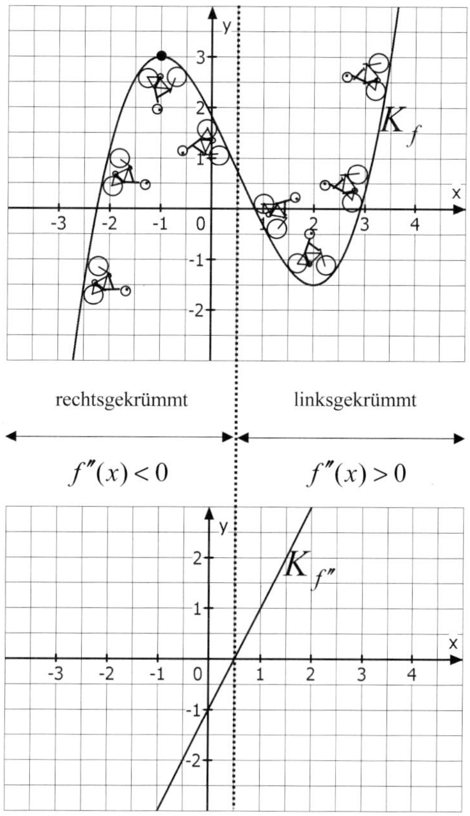


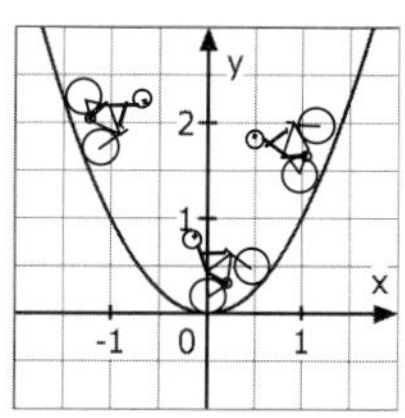

**Bemerkung (Merkhilfe für die Krümmungsdefinition mit $f''(x)$)**
- Die **Normalparabel** ist überall **linksgekrümmt**.
- Ihre Funktionsgleichung lautet $f(x) = x^2$ mit den Ableitungen $f'(x) = 2x$ und insbesondere $\boldsymbol{f''(x) = 2}$ **(> 0 !)**.

Bei **Linkskrümmung** gilt also $\boldsymbol{f''(x) > 0}$.

## 3.6 Extrempunkte (Hochpunkte ($H$) und Tiefpunkte ($T$))

| **Vorgehen zur Ermittlung von Hoch- und Tiefpunkten (am Beispiel)** | |
|---|---|
| | $f(x)=\frac{1}{3}x^3-\frac{1}{2}x^2-2x+\frac{11}{6}$ (Beispiel)<br>$f'(x)=x^2-x-2$<br>$f''(x)=2x-1$ |
| **1. Schritt (Notwendige Bedingung)**<br>Stellen mit waagerechter Tangente (Steigung von 0) ermitteln. | $\boldsymbol{f'(x)=0}$<br>$x^2-x-2=0$<br>$x_{1/2}=\frac{-(-1)\pm\sqrt{(-1)^2-4\cdot 1\cdot(-2)}}{2\cdot 1}$<br>$=\frac{1\pm\sqrt{1+8}}{2}=\frac{1\pm 3}{2}$<br>$\Rightarrow \boldsymbol{x_1=-1;\ x_2=2}$ |
| **2. Schritt (Hinreichende Bedingung)**<br>Diese Stellen auf Krümmung untersuchen (Bei Linkskrümmung $T$, bei Rechtskrümmung $H$). | $\boldsymbol{f''(-1)}=2\cdot(-1)-1=-3 \quad \boldsymbol{<0} \quad \rightarrow \boldsymbol{H}$<br>$\boldsymbol{f''(2)}=2\cdot 2-1=3 \quad \boldsymbol{>0} \quad \rightarrow \boldsymbol{T}$ |
| **3. Schritt**<br>$y$-Werte bestimmen, durch Einsetzen der $x$-Werte in $f(x)$.<br>(Vorsicht: Nicht die Werte von $f''(x)$ als $y$-Werte verwenden!) | $\boldsymbol{f(-1)}=\frac{1}{3}\cdot(-1)^3-\frac{1}{2}\cdot(-1)^2-2\cdot(-1)+\frac{11}{6}$<br>$=\boldsymbol{3} \quad \rightarrow \quad \boldsymbol{H(-1\mid 3)}$<br>$\boldsymbol{f(2)}=\frac{1}{3}\cdot 2^3-\frac{1}{2}\cdot 2^2-2\cdot 2+\frac{11}{6}$<br>$=\boldsymbol{-1{,}5} \quad \rightarrow \quad \boldsymbol{T(2\mid -1{,}5)}$ |

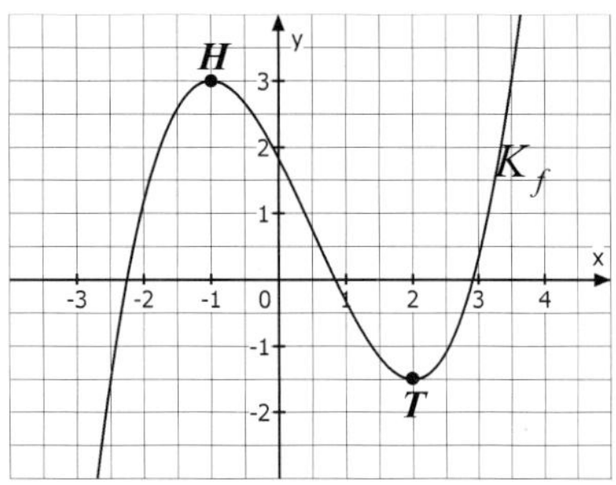


**1. Bemerkung (Monotonie)**
An einem Extrempunkt ändert sich die Monotonie des Schaubildes. Am Extrempunkt selbst liegt eine Steigung von 0 vor.

**2. Bemerkung (Alternative Untersuchung auf Extrempunkte)**
An allen einfachen Nullstellen des Schaubildes von $f'(x)$ besitzt die Funktion $f(x)$ Extrempunkte. Falls hierbei ein Vorzeichenwechsel von „von + nach –" vorliegt, handelt es sich um einen Hochpunkt, ansonsten um einen Tiefpunkt (S. 54).

## 3.7 Wendepunkte ($W$)

| Vorgehen zur Ermittlung von Wendepunkten (am Beispiel) | |
|---|---|
| **1. Schritt (notwendige Bedingung)**<br>Stellen ohne Krümmung ermitteln, $f''(x)$ hat hier den Wert 0. | $f(x)=\frac{1}{3}x^3-\frac{1}{2}x^2-2x+\frac{11}{6}$ (Beispiel)<br>$f'(x)=x^2-x-2$<br>$f''(x)=2x-1$<br>$f'''(x)=2$<br>$\boldsymbol{f''(x)=0}$<br>$2x-1=0 \quad \vert +1$<br>$2x=1 \quad \vert :2$<br>$\boldsymbol{x_1=0{,}5}$ |
| **2. Schritt (Hinreichende Bedingung)**<br>Kontrollieren, ob $f'''(x)$ hier $\neq 0$ ist, ansonsten liegt kein Wendepunkt vor. | $\boldsymbol{f'''(0{,}5)}=2 \quad \boldsymbol{\neq 0} \quad \rightarrow \boldsymbol{W}$ |
| **3. Schritt**<br>$y$-Werte bestimmen, durch Einsetzen der $x$-Werte in $f(x)$.<br>(Vorsicht: Nicht die Werte von $f'''(x)$ als $y$-Werte verwenden!) | $\boldsymbol{f(0{,}5)}=\frac{1}{3}\cdot 0{,}5^3-\frac{1}{2}\cdot 0{,}5^2-2\cdot 0{,}5+\frac{11}{6}$<br>$=\boldsymbol{0{,}75} \rightarrow \boldsymbol{W(0{,}5\,\vert\,0{,}75)}$ |

**1. Bemerkung (Krümmung)**

An einem Wendepunkt ändert sich die Krümmung des Schaubildes. Am Wendepunkt selbst liegt keine Krümmung vor.

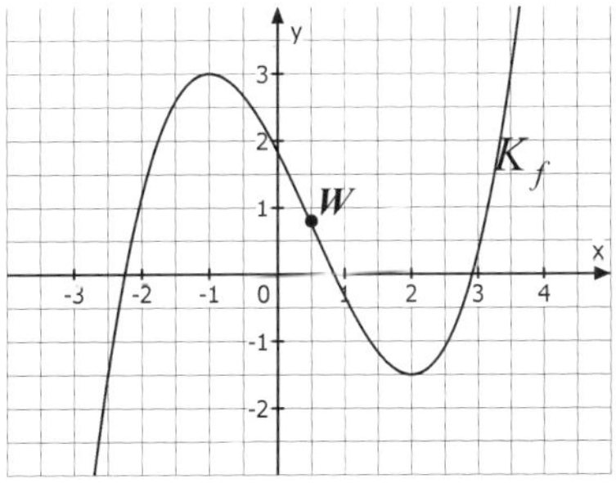


**2. Bemerkung (Alternative Untersuchung auf Wendepunkte)**

An allen einfachen Nullstellen des Schaubildes von $f''(x)$ besitzt die Funktion $f(x)$ Wendepunkte.

**3. Bemerkung (Wendetangente und Wendenormale)**

Als **Wendetangente** wird eine Tangente bezeichnet, welche das Schaubild im Wendepunkt berührt (S. 41). Die **Wendenormale** steht senkrecht zur Wendetangente und verläuft ebenfalls durch den Wendepunkt.

4 Rosner ISBN: 978-3-8120-0346-9

## 3.8 Sattelpunkte (*S*)

Ein Sattelpunkt ist ein **Wendepunkt mit waagerechter Tangente**, also mit einer Steigung von 0.
Somit hat ein Sattelpunkt neben den Eigenschaften eines Wendepunktes $\left(f''(x)=0 \text{ und } f'''(x)\neq 0\right)$ noch die **zusätzliche Eigenschaft $f'(x) = 0$.**

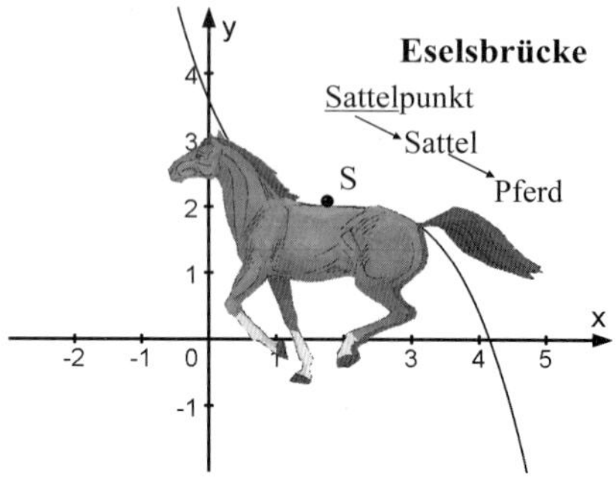


| Vorgehen zur Ermittlung von Sattelpunkten (am Beispiel) |
|---|

(1. bis 3. Schritt: Ebenso wie bei der Ermittlung von Wendepunkten)

| | |
|---|---|
| **1. Schritt (notwendige Bedingung)**<br>Stellen ohne Krümmung ermitteln, $f''(x)$ hat hier den Wert 0. | $f(x)=0{,}125x^4-0{,}75x^2+x+0{,}625$ (Beispiel)<br>$f'(x)=0{,}5x^3-1{,}5x+1$<br>$f''(x)=1{,}5x^2-1{,}5$<br>$f'''(x)=3x$<br>$\boldsymbol{f''(x)=0}$<br>$1{,}5x^2-1{,}5=0 \quad \mid +1{,}5$<br>$1{,}5x^2=1{,}5 \quad \mid :1{,}5$<br>$x^2=1 \quad \mid \sqrt{\ }$<br>$\boldsymbol{x_1=-1;\ x_2=1}$ |
| **2. Schritt (Hinreichende Bedingung)**<br>Kontrollieren, ob $f'''(x)$ hier $\neq 0$ ist, ansonsten liegt kein Wendepunkt vor. | $\boldsymbol{f'''(-1)}=3\cdot(-1)=-3 \quad \boldsymbol{\neq 0} \quad \rightarrow \boldsymbol{W}$<br>$\boldsymbol{f'''(1)}=3\cdot 1=3 \quad \boldsymbol{\neq 0} \quad \rightarrow \boldsymbol{W}$ |
| **3. Schritt**<br>$y$-Werte bestimmen, durch Einsetzen der $x$-Werte in $f(x)$.<br>(Vorsicht: Nicht die Werte von $f'''(x)$ als $y$-Werte verwenden!) | $\boldsymbol{f(-1)}=0{,}125\cdot(-1)^4-0{,}75\cdot(-1)^2+(-1)+0{,}625$<br>$=\boldsymbol{-1} \quad \rightarrow \boldsymbol{W(-1\mid -1)}$<br>$\boldsymbol{f(1)}=0{,}125\cdot 1^4-0{,}75\cdot 1^2+1+0{,}625$<br>$=\boldsymbol{1} \quad \rightarrow \boldsymbol{W(1\mid 1)}$ |

(4. Schritt: **Zusätzlich**)

| | |
|---|---|
| **4. Schritt**<br>Kontrollieren, ob $f'(x)$ hier $= 0$ ist, ansonsten liegt „nur ein normaler Wendepunkt“, aber kein Sattelpunkt vor. | $\boldsymbol{f'(-1)}=0{,}5\cdot(-1)^3-1{,}5\cdot(-1)+1$<br>$=2 \boldsymbol{\neq 0} \quad \rightarrow \left(W(-1\mid -1)\right)$<br>$\boldsymbol{f'(1)}=1^3-3\cdot 1+2$<br>$=\boldsymbol{0} \quad \rightarrow \boldsymbol{S(1\mid 1)}$ |

Im nebenstehenden Koordinatensystem finden Sie das Schaubild der Funktion $f(x) = 0{,}125x^4 - 0{,}75x^2 + x + 0{,}625$ und den berechneten Sattelpunkt.

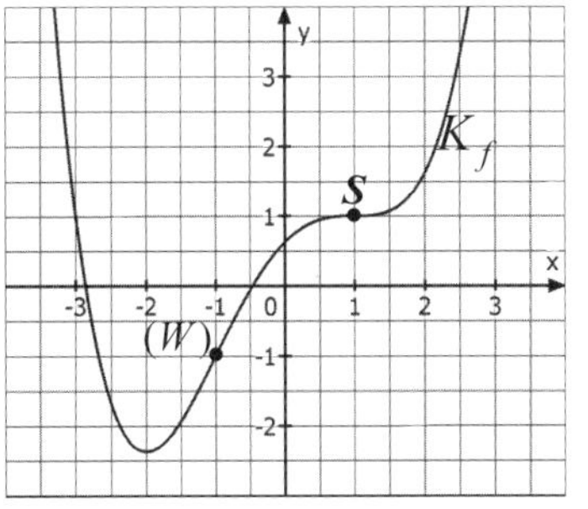


**Jeder Sattelpunkt ist auch ein Wendepunkt, aber nicht jeder Wendepunkt ist auch ein Sattelpunkt!**

**Alternative Ermittlung von Sattelpunkten bei ganzrationalen Funktionen**

**Grundsätzlich gilt :**

Wenn das Schaubild der Ableitungsfunktion $f'(x)$ an einem bestimmten $x$-Wert eine doppelte Nullstelle aufweist, besitzt das Schaubild der Funktion $f(x)$ an diesem $x$-Wert einen Sattelpunkt (S. 54).

**Untersuchung auf Sattelpunkte**

$f(x) = 0{,}125x^4 - 0{,}75x^2 + x + 0{,}625$ (Beispiel)

$f'(x) = 0{,}5x^3 - 1{,}5x + 1$

$$f'(x) = 0$$

$$0{,}5x^3 - 1{,}5x + 1 = 0$$

GTR/CAS: $\boldsymbol{x_{1/2} = 1}$ **(doppelte Lösung)** $\rightarrow$ $\boldsymbol{S(1 \mid f(1))}$

$x_3 = -2$

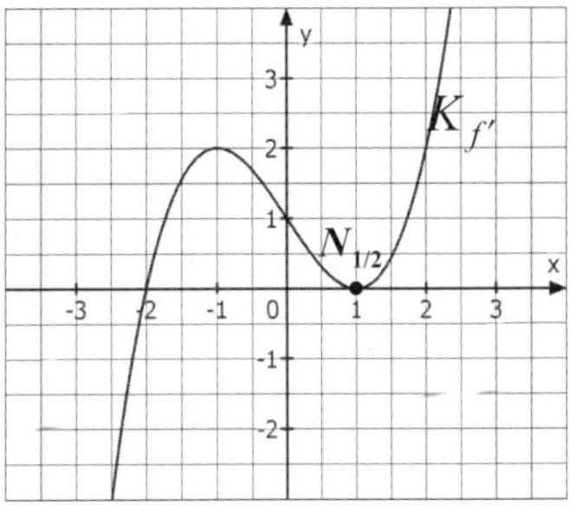


Das Schaubild der Funktion $f(x)$ muss am $x$-Wert 1 einen Sattelpunkt besitzen, da das Schaubild ihrer Ableitungsfunktion $f'(x)$ hier eine doppelte Nullstelle aufweist.

**Bemerkung**

Bei einer quadratischen Gleichung liegt eine doppelte Lösung vor, wenn die Diskriminante den Wert 0 annimmt.

## 3.9 Ortskurve

**Begriffserklärung**

Bei einer Funktionenschar $(f_t(x))$ sind die Koordinaten besonderer Punkte, wie Hochpunkte, Tiefpunkte und Wendepunkte, meist vom Wert des Parameters $(t)$ abhängig. Für jeden Wert des Parameters, also für jede Funktion aus der Schar, haben diese Punkte deshalb verschiedene Koordinaten.

Die „Verbindungslinie", die beispielsweise durch alle Hochpunkte der Schar verläuft, wird als die Ortskurve der Hochpunkte bezeichnet. Hierbei wird diese „Verbindungslinie" als das Schaubild einer Funktion betrachtet. Die zugehörige Funktionsgleichung zur Orskurve kann, wie nachfolgend, in vier Schritten berechnet werden.

**Beispiel**

Die im Koordinatensystem dargestellte Schar besitzt die Hochpunkte $H_t(1{,}5t\,|\,t)$ (z.B. $H_0(0\,|\,0)$; $H_1(1{,}5\,|\,1)$;...).

Die Ortskurve aller Hochpunkte ist in diesem Beispiel eine Gerade.

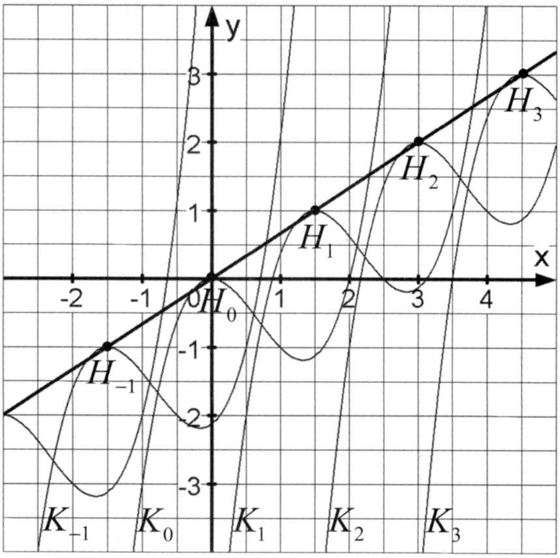

| Vorgehen zur Ermittlung der Funktionsgleichung der Ortskurve (am Beispiel) | |
|---|---|
| **1. Schritt**<br>Koordinaten der Hochpunkte bestimmen | $H_t(1{,}5t \mid t)$ (hier gegeben) |
| **2. Schritt**<br>$x$- und $y$-Koordinaten explizit notieren, man erhält ein Gleichungssystem | $x = 1{,}5t$<br>$y = t$ |
| **3. Schritt**<br>$x$- Gleichung nach $t$ auflösen | $x = 1{,}5t \quad \|:1{,}5$<br>$\frac{2}{3}x = t$ |
| **4. Schritt**<br>$t$-Wert in $y$-Gleichung einsetzen | $y = t$<br>$y = \frac{2}{3}x$<br>(Gleichung der Ortskurve) |

**Bemerkung (Einschränkungen im Parameter und Wirkung auf Ortskurve)**

– Falls der Parameter $t$ (laut Aufgabenstellung) beispielsweise nur positive Werte annehmen kann ($t > 0$), haben alle Hochpunkte $H_t(1{,}5t \mid ...)$ einen positiven $x$-Wert.
  Somit ist auch nur der Teil des Schaubildes von $y = \frac{2}{3}x$ Ortskurve, welcher rechts von der $y$-Achse ($x > 0$) liegt.

– Falls der Parameter $t$ (laut Aufgabenstellung) hingegen alle reellen Werte annehmen kann ($t \in R$), gibt es sowohl Hochpunkte $H_t(1{,}5t \mid ...)$ mit positiven, als auch mit negativen $x$-Werten und ebenfalls einen Hochpunkt mit dem $x$-Wert 0.
  Somit ist hier das gesamte Schaubild von $y = \frac{2}{3}x$ Ortskurve.

## 3.10 Zusammenhang zwischen den Schaubildern von Funktion und Ableitung

### 1. Grundsätzlicher Zusammenhang

Der $y$-Wert des Schaubildes von $f'(x)$ entspricht an jedem $x$-Wert der Steigung des Schaubildes von $f(x)$.

### 2. Zusammenhang zwischen den besonderen Punkten

**Kurzversion** (Merkregel: In jeder Zeile steht das englische Wort für „neu"; 3-stufig)

| | | | | | | |
|---|---|---|---|---|---|---|
| $f(x)$ | ***N*** | ***E*** | ***W*** | | | |
| $f'(x)$ | | ***N*** | ***E*** | ***W*** | | |
| $f''(x)$ | | | ***N*** | ***E*** | ***W*** | |

**Ausführliche Version** (nur 2-stufig dargestellt)

| | | | | | | |
|---|---|---|---|---|---|---|
| $f(x)$ bzw. $f'(x)$ | ***N*** | ***H*** | ***T*** | ***W*** (von ***Lk*** zu ***Rk***) | ***W*** (von ***Rk*** zu ***Lk***) | ***S*** |
| $f'(x)$ bzw. $f''(x)$ | | einfache ***N*** „von + nach –" | einfache ***N*** „von – nach +" | ***H*** | ***T*** | doppelte ***N*** bzw. ***H*** oder ***T*** auf der $x$-Achse |

**Abkürzungen**

***N***ullstelle
***E***xtrempunkt (Hoch- oder Tiefpunkt)
***H***ochpunkt
***T***iefpunkt
***W***endepunkt
***R***echts***k***rümmung
***L***inks***k***rümmung
***S***attelpunkt

**Bemerkung**

Die obigen Zusammenhänge gelten natürlich auch zwischen der Stammfunktion $F(x)$ (S. 63) und der zugehörigen Funktion $f(x)$.

**Beispiel**

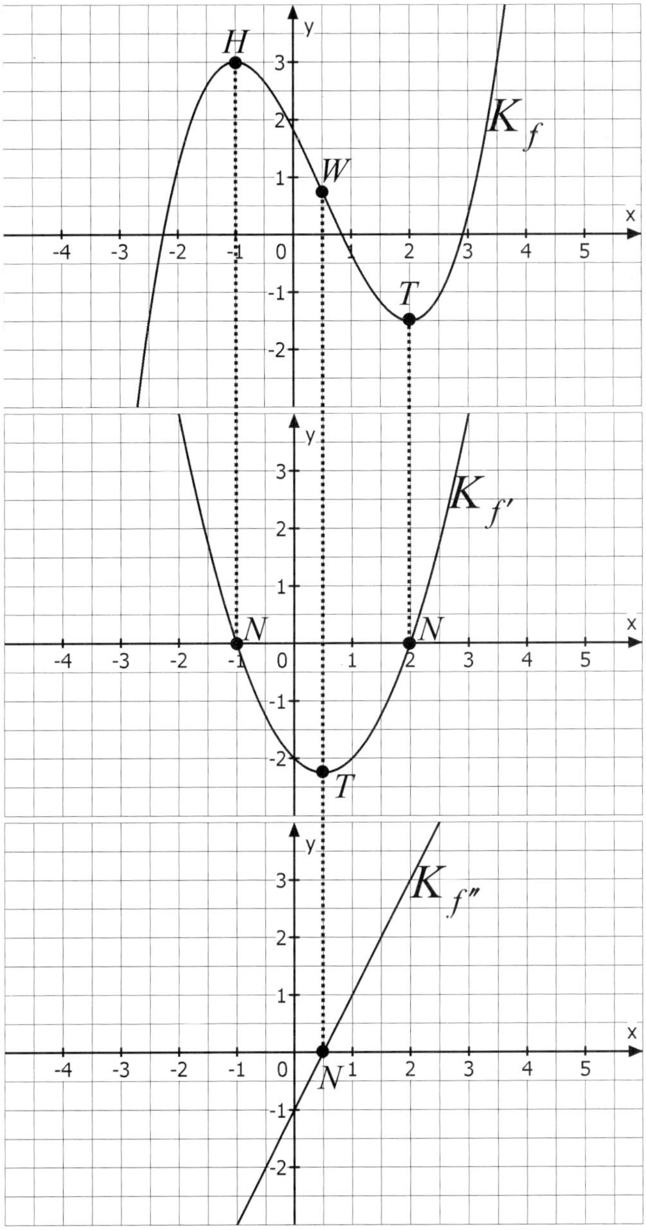

## 3.11 Ermittlung von Funktionsgleichungen

### 1. Möglichkeit: Differenzialrechnung

**Beispiel**

Gesucht ist die Gleichung einer Funktion 3. Grades, deren Schaubild den Hochpunkt $H(3\,|\,4)$ und den Wendepunkt $W(1\,|\,2)$ besitzt.

**Lösung**

Allg. Ansatz:
$$f(x) = ax^3 + bx^2 + cx + d$$
$$f'(x) = 3ax^2 + 2bx + c$$
$$f''(x) = 6ax + 2b$$

| | | |
|---|---|---|
| $H(3\,|\,4)$ (*Punktprobe*): | $f(3) = 4$ | $27a + 9b + 3c + d = 4$ |
| $H(3\,|\,4)$ (*Bed.* $f'(x) = 0$): | $f'(3) = 0$ | $27a + 6b + c = 0$ |
| $W(1\,|\,2)$ (*Punktprobe*): | $f(1) = 2$ | $a + b + c + d = 2$ |
| $W(1\,|\,2)$ (*Bed.* $f''(x) = 0$): | $f''(1) = 0$ | $6a + 2b = 0$ |

Das Lösen des LGS durch GTR/CAS ergibt: $f(x) = -\frac{1}{8}x^3 + \frac{3}{8}x^2 + \frac{9}{8}x + \frac{5}{8}$

**Notwendig**

Mindestens so viele Bedingungen bzw. Gleichungen wie unbekannte Koeffizienten im Ansatz vorhanden sind (hier: 4 unbekannte Koeffizienten, somit sind 4 Gleichungen nötig).

**Typische Beschreibungen von Schaubildern und zugehörige mathematische Bedingungen**

| Beschreibungen des Schaubildes | Mathematische Bedingungen | |
|---|---|---|
| Schaubild ist punktsymmetrisch zum Ursprung | $f(x)$ *enthält nur ungerade Hochzahlen*<br>*z.B.* $f(x)=ax^3+cx$ *bei Grad 3* | (S. 13) |
| Schaubild ist achsensymmetrisch zur $y$-Achse | $f(x)$ *enthält nur gerade Hochzahlen*<br>*z.B.* $f(x)=ax^4+cx^2+e$ *bei Grad 4* | (S. 13) |
| Schaubild verläuft durch $P(3\mid 8)$ | $f(3)=8$ | |
| Schaubild besitzt an der Stelle 2 die Steigung 5 (oder: besitzt am $x$-Wert 2 eine Tangente mit Steigung 5) | $f'(2)=5$ | |
| Schaubild berührt an der Stelle 3 die $x$-Achse | $\begin{cases} f(3)=0 & (\textit{verläuft durch } P(3\mid 0)) \\ f'(3)=0 & (\textit{hier Steigung } 0) \end{cases}$ | (S. 44) |
| Schaubild besitzt den Hochpunkt $H(-2\mid 3)$ | $\begin{cases} f(-2)=3 & (\textit{verläuft durch } P(-2\mid 3)) \\ f'(-2)=0 & (\textit{hier Steigung } 0) \end{cases}$ | (S. 48) |
| Schaubild besitzt den Tiefpunkt $T(-2\mid 3)$ | *gleiche Bedingungen wie bei* $H(-2\mid 3)$ | |
| Schaubild besitzt den Wendepunkt $W(5\mid 7)$ | $\begin{cases} f(5)=7 & (\textit{verläuft durch } P(5\mid 7)) \\ f''(5)=0 & (\textit{hier keine Krümmung}) \end{cases}$ | (S. 49) |
| Schaubild besitzt den Sattelpunkt $S(1\mid 4)$ | $\begin{cases} f(1)=4 & (\textit{verläuft durch } P(1\mid 4)) \\ f'(1)=0 & (\textit{hier Steigung } 0) \\ f''(1)=0 & (\textit{hier keine Krümmung}) \end{cases}$ | (S. 50) |
| Schaubild schneidet das Schaubild der bekannten Funktion $g(x)$ an der Stelle 2 | $f(2)=g(2)$ $(\textit{hier gleicher } y\textit{-Wert})$ | |
| Schaubild berührt das Schaubild der bekannten Funktion $g(x)$ an der Stelle 4 | $\begin{cases} f(4)=g(4) & (\textit{hier gleicher } y\textit{-Wert}) \\ f'(4)=g'(4) & (\textit{hier gleiche Steigung}) \end{cases}$ | (S. 45) |
| Schaubild schneidet das Schaubild der bekannten Funktion $g(x)$ an der Stelle 5 senkrecht | $\begin{cases} f(5)=g(5) & (\textit{hier gleicher } y\textit{-Wert}) \\ f'(5)=\dfrac{-1}{g'(5)} & \left(\begin{matrix}\textit{Bedingung für senkrecht:} \\ m_2=-1/m_1 \textit{ bzw. } m_1\cdot m_2=-1\end{matrix}\right) \end{cases}$ | (S. 45) |

## 2. Möglichkeit: Regression

### Aufgabentyp 1 (Exakter Verlauf durch Punkte)

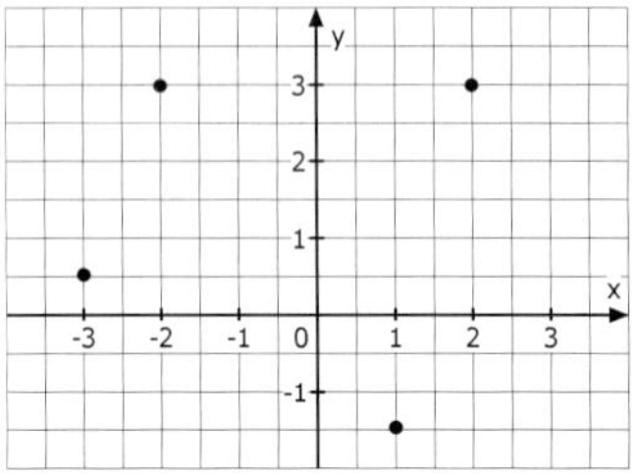


Gesucht ist die Gleichung einer Funktion 3. Grades, deren Schaubild **exakt** durch die dargestellten Punkte verläuft.

### Lösung 1

Eingabe der Punktkoordinaten in das Statistikmenü des GTR/CAS:

| $x$-Werte | $y$-Werte |
|---|---|
| -3 | 0,5 |
| -2 | 3 |
| 1 | -1,5 |
| 2 | 3 |

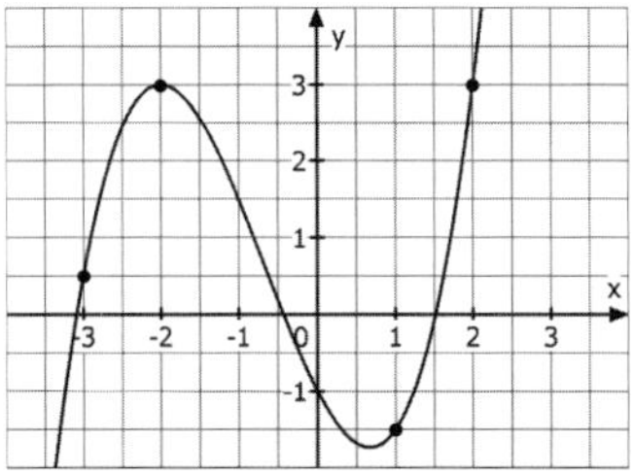


Regression mit einer Funktion 3. Grades liefert:

$f(x) = 0,5x^3 + x^2 - 2x - 1$

### Aufgabentyp 2 (Näherungsweiser Verlauf durch Punkte)

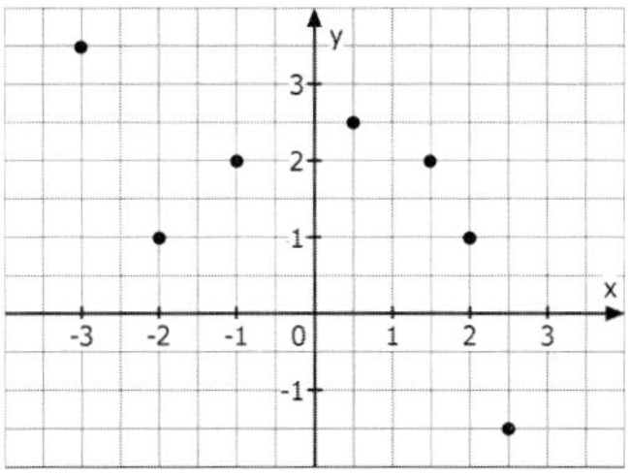


Gesucht ist die Gleichung einer Funktion 3. Grades, deren Schaubild **näherungsweise** durch die dargestellten Punkte verläuft.

### Lösung 2

Eingabe der Punktkoordinaten in das Statistikmenü des GTR/CAS:

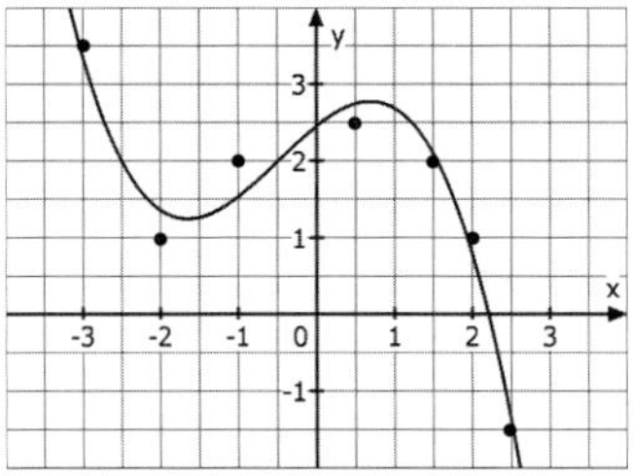


| $x$-Werte | $y$-Werte |
|---|---|
| -3 | 3,5 |
| -2 | 1 |
| -1 | 2 |
| 0,5 | 2,5 |
| 1,5 | 2 |
| 2 | 1 |
| 2,5 | -1,5 |

Regression mit einer Funktion 3. Grades liefert:

$f(x) = -0,239x^3 - 0,344x^2 + 0,814x + 2,453$

**Notwendig:** Mindestens so viele Punkte wie unbekannte Koeffizienten im Ansatz.

## 3. Möglichkeit: Nullstellenansatz bei ganzrationalen Funktionen

**Beispiel**

Gesucht ist die Funktionsgleichung zum nebenstehenden Schaubild.

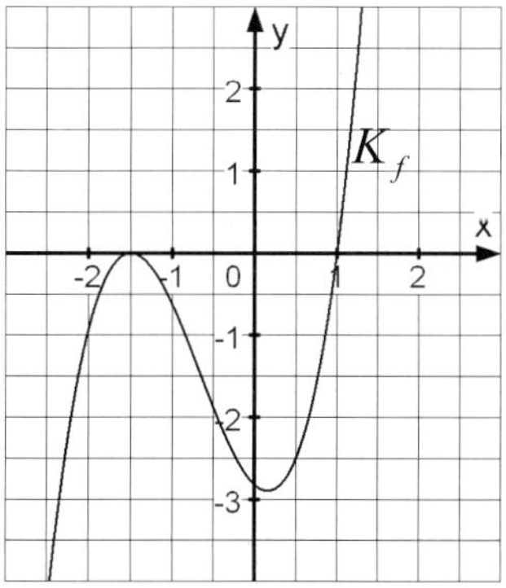


**Lösung**

Da die Nullstellen $\left(x_{1/2}=-1,5;\ x_3=1\right)$ des Schaubildes ablesbar sind, kann der Nullstellenansatz der Funktion (S. 14) weitgehend aufgestellt werden:
$f(x)=a\cdot(x+1,5)^2\cdot(x-1)$

Dann werden die Koordinaten eines weiteren Punktes, der kein Schnittpunkt mit der $x$-Achse ist, eingesetzt.

$P(0,5\,|\,-2,5)$:

$$\begin{aligned} f(x) &= a\cdot(x+1,5)^2\cdot(x-1) \\ -2,5 &= a\cdot(0,5+1,5)^2\cdot(0,5-1) \\ -2,5 &= -2a \\ \frac{5}{4} &= a \end{aligned}$$

$$\Rightarrow f(x)=\frac{5}{4}\cdot(x+1,5)^2\cdot(x-1)$$

**Notwendig**

Alle Nullstellen des Schaubildes und mindestens ein weiterer Punkt zur Bestimmung des Wertes von Koeffizient $a$.

## 3.12 Extremwertaufgaben

**Beispiel**

Gegeben ist $f(x) = -\frac{1}{8}x^3 + \frac{3}{4}x^2$ mit dem Schaubild $K_f$.

Eine Parallele zur $y$-Achse mit der Gleichung $x = u$ $(\text{mit } -1 \leq u \leq 6)$ schneidet $K_f$ im Punkt $A$ und die $x$-Achse im Punkt $B$. Die Punkte $A$, $B$ und der Punkt $C(-1\,|\,0)$ bilden ein Dreieck.

Für welchen Wert von $u$ wird der Flächeninhalt des Dreiecks maximal?

<table>
<tr><td colspan="2">Das Rezept<br></td></tr>
<tr><td colspan="2">Zutaten </td></tr>
<tr><td></td><td>Beispiel</td></tr>
<tr><td>1. Skizze machen: Alles einzeichnen was in der Aufgabe beschrieben wird.</td><td>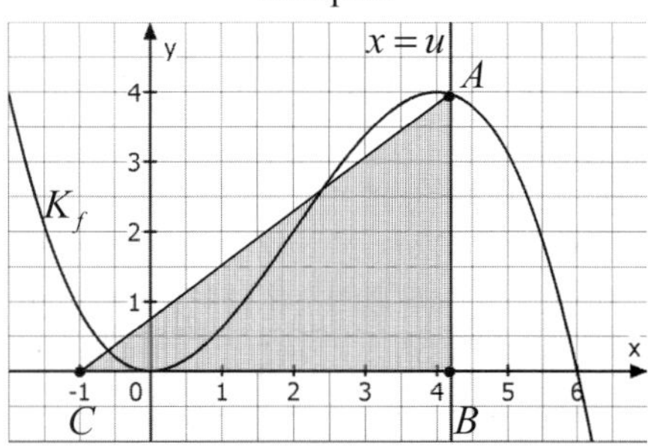
</td></tr>
<tr><td>2. Koordinaten möglichst vieler relevanter Punkte (eventuell in Abhängigkeit von u) angeben.<br>Hierbei beachten: Ein Punkt, der „irgendwo auf dem Schaubild“ liegt, besitzt die Koordinaten $(u\,|\,f(u))$.</td><td>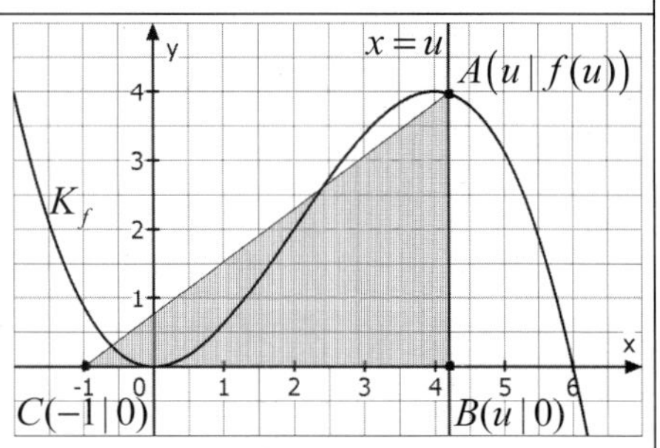
</td></tr>
</table>

| | |
|---|---|
| **Kochen**  | |
| **3. Allgemeine Zielfunktion bestimmen :**<br>Formel für die Größe suchen, die maximal (bzw. minimal) werden soll.<br>(z.B. $A=\frac{1}{2}\cdot a\cdot b$; $A=\frac{1}{2}\cdot c\cdot h_c$; $A=a\cdot b$;<br>$U=2\cdot a+2\cdot b$; ...) | Flächeninhalt rechtwinkliges Dreieck:<br>$A=\frac{1}{2}\cdot a\cdot b$ (Allgemeine Zielfunktion) |
| **4. Benötigte Strecken ($a$, $b$, $c$, $h_c$, ...) für die Formel in die Skizze einzeichnen.** | 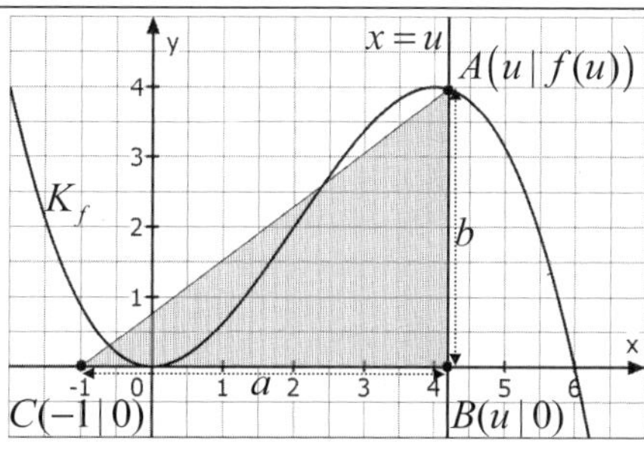 |
| **5. Streckenlängen durch die Koordinaten der Punkte aus 2. ausdrücken.**<br>Hierbei beachten:<br>- horizontale Streckenlänge: $x_{\text{rechts}}-x_{\text{links}}$<br>- vertikale Streckenlänge: $y_{\text{oben}}-y_{\text{unten}}$<br>**Funktionsterm aus der Aufgabe einsetzen.** | $A(u)=\frac{1}{2}\cdot\quad a\quad\cdot\quad b$<br>$A(u)=\frac{1}{2}\cdot(u-(-1))\cdot(f(u)-0)$<br>$A(u)=\frac{1}{2}\cdot(u+1)\cdot\left(-\frac{1}{8}u^3+\frac{3}{4}u^2-0\right)$<br>(Konkrete Zielfunktion) |
| **6. Konkrete Zielfunktion mit GTR/CAS auf Hochpunkt (bzw. Tiefpunkt) untersuchen.** | GTR/CAS: $H(4,43\,\vert\,10,46)$ |
| **7. Randwertuntersuchung**<br>Grenzen des Definitionsbereiches für $u$ in Konkrete Zielfunktion einsetzen.<br>Diese $y$-Werte mit dem $y$-Wert des Hochpunktes (bzw. Tiefpunktes) vergleichen. | $-1\leq u\leq 6$ (siehe Aufgabenstellung)<br>$A(-1)=0\ <10,46$<br>$A(6)=0\ <10,46$ |
| **Servieren**  | |
| **8. Antwortsatz**<br>Für $u=$... ($x$-Wert Extrempunkt) wird ... (gesuchte Größe) maximal (bzw. minimal).<br>Diese beträgt dann ... ($y$-Wert Extrempunkt). | Für $u=4,43$ wird der Flächeninhalt des Dreiecks maximal. Dieser beträgt dann 10,46 Flächeneinheiten. |

# 4. Integralrechnung

### Was ist eine Stammfunktion?

Man erhält die Stammfunktion $F(x)$ mithilfe der Aufleitungsregeln (Integrationsregeln) aus der Funktion $f(x)$. $F(x)$ ist eine „vollwertige“ und „eigenständige Funktion“ mit eigenem Schaubild.

### Wozu dient die Stammfunktion?

Mithilfe der Stammfunktion kann das Schaubild der Funktion $f(x)$ weitergehend untersucht werden. Beispielsweise kann hiermit der Inhalt einer Fläche berechnet werden, welche sich zwischen dem Schaubild der Funktion $f(x)$ und der $x$-Achse befindet.

## 4.1 Aufleitungsregeln

| Nr. | Beispiel | Vorgehen |
|---|---|---|
| | | **Elementarregeln** |
| **1** | $f(x)=x^5$<br>$F(x)=\frac{1}{6}x^6$<br><br>$f(x)=x^2$<br>$F(x)=\frac{1}{3}x^3$<br><br>$f(x)=1 \quad (=x^0)$<br>$\downarrow$<br>$F(x)=x \quad \left(=\frac{1}{1}\cdot x^1\right)$ | $f(x) = x^{Exponent}$<br>$F(x) = \frac{1}{Exponent+1}\cdot x^{Exponent+1}$<br>(Potenzregel) |
| **2** | $f(x)=e^x$<br>$F(x)=e^x$ | *Abschreiben* |
| **3** | $f(x)=\sin(x)$<br>$F(x)=-\cos(x)$ | 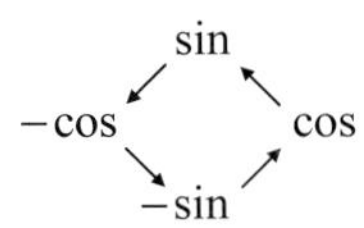<br>(*Gegen den Uhrzeigersinn!*) |
| **4** | $f(x)=\cos(x)$<br>$F(x)=\sin(x)$ | |

| Nr. | Beispiel | Vorgehen |
|---|---|---|
| | | **Vorgehensregeln** |
| **5** | $f(x)=-2x^2$<br>$F(x)=-2\cdot\frac{1}{3}x^3=-\frac{2}{3}x^3$ | *Zahlen mit $\cdot$ oder : bleiben*<br>(Faktorregel) |
| **6** | $f(x)=x^2+2$<br>$F(x)=\frac{1}{3}x^3+2x$ | *Zahlen mit + oder – erhalten ein x* |
| **7** | $f(x)=2+x^2-4x$<br>$F(x)=2x+\frac{1}{3}x^3-2x^2$ | *+ und – Zeichen unterteilen die Funktion in Teilfunktionen, welche einzeln aufgeleitet werden*<br>(Summenregel) |

| | | |
|---|---|---|
| | | **Produktregel** |
| | $f(x)=x^2\cdot e^x$<br>$F(x)=?$ | Die Produktregel zum Aufleiten (partielle Integration) wird im Abitur nicht verlangt. |

5 Rosner ISBN: 978-3-8120-0346-9

| Nr. | Beispiel | Vorgehen |
|---|---|---|
| **Anwendungen der Kettenregel** | | |
| **9** | $f(x)=(2x+3)^5$<br>$F(x)=\frac{1}{6}\cdot(2x+3)^6\cdot\frac{1}{2}$<br>$=\frac{1}{12}\cdot(2x+3)^6$ | $f(x)=(Klammerinhalt)^{Exponent}$<br>$F(x)=\frac{1}{Exponent+1}\cdot(Klammerinhalt)^{Exponent+1}\cdot\frac{1}{\text{Klammerinhalt abgeleitet}}$ |
| **10** | $f(x)=e^{2x+3}$<br>$F(x)=e^{2x+3}\cdot\frac{1}{2}$ | $f(x)=e^{Exponent}$<br>$F(x)=e^{Exponent}\cdot\frac{1}{\text{Exponent abgeleitet}}$ |
| **11** | $f(x)=\sin(2x+3)$<br>$F(x)=-\cos(2x+3)\cdot\frac{1}{2}$ | $f(x)=\sin(Klammerinhalt)$<br>$F(x)=-\cos(Klammerinhalt)\cdot\frac{1}{\text{Klammerinhalt abgeleitet}}$ |
| **12** | $f(x)=\cos(2x+3)$<br>$F(x)=\sin(2x+3)\cdot\frac{1}{2}$ | $f(x)=\cos(Klammerinhalt)$<br>$F(x)=\sin(Klammerinhalt)\cdot\frac{1}{\text{Klammerinhalt abgeleitet}}$ |

**1. Bemerkung (Integrationskonstante)**

Eine Funktion hat nur eine Ableitungsfunktion, aber unendlich viele Stammfunktionen, da der hintere Summand ***c*** (genannt: Integrationskonstante) beim Ableiten verschwindet.

Allg.: $F(x)=\frac{1}{3}x^3+\boldsymbol{c}$

$$F(x)=\frac{1}{3}x^3 \qquad F(x)=\frac{1}{3}x^3+2 \qquad F(x)=\frac{1}{3}x^3-3$$

$$\nwarrow \qquad \uparrow \qquad \nearrow$$

$$f(x)=x^2$$

$$\downarrow$$

$$f'(x)=2x$$

**2. Bemerkung (Aufleiten bei Funktionenscharen)**

Der Parameter ($t$) wird beim Aufleiten wie eine Zahl und nicht wie die Variable ($x$) behandelt.

Beispiel: $f_t(x)=t^2x^3+t$

$$F_t(x)=\frac{1}{4}t^2x^4+tx$$

## 4.2 Flächeninhaltsberechnung zwischen Schaubild und $x$-Achse

### 1. Fläche oberhalb der $x$-Achse

**Beispiel**

Gegeben ist die Funktion $f(x) = -x^2 + 1$.
Welchen Inhalt besitzt die schraffierte Fläche?

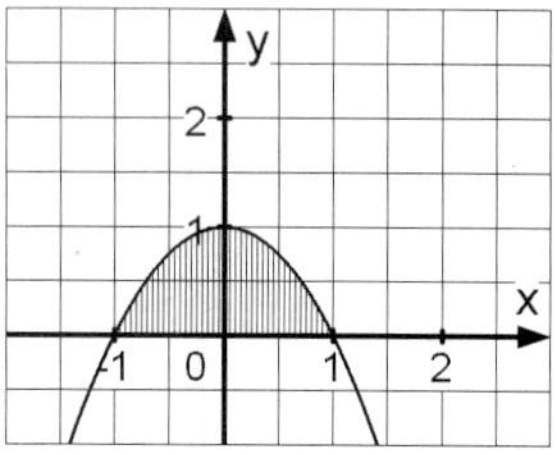


**Ansatz**

$$A = \int_a^b (f(x))\,dx = [F(x)]_a^b = F(b) - F(a)$$

**Lösung**

$$A = \int_{-1}^{1} \left(-x^2 + 1\right) dx = \left[-\frac{1}{3}x^3 + x\right]_{-1}^{1} = -\frac{1}{3}\cdot 1^3 + 1 - \left(-\frac{1}{3}\cdot(-1)^3 + (-1)\right) \approx 1{,}333 \text{ FE}$$

*Rechte Grenze nach oben, linke nach unten* → *aufleiten* → *Rechte und linke Grenze in Stammfunktion einsetzen, voneinander subtrahieren*

**Merkregel**

$$A = \int_{\text{linke Grenze}}^{\text{rechte Grenze}} (\text{Funktion})\,dx$$

### 2. Fläche unterhalb der $x$-Achse

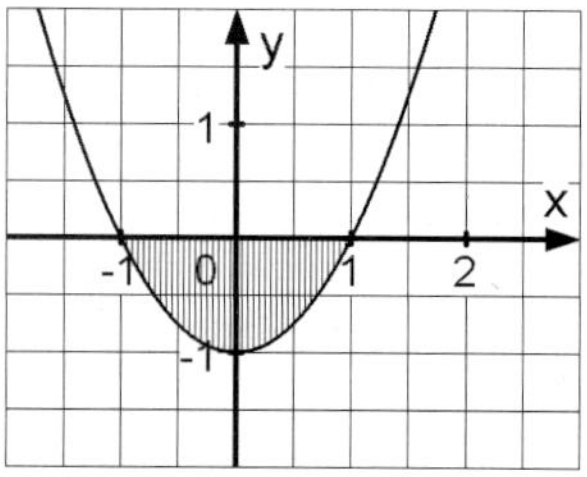


**Unterschied**

$$A = \int_{-1}^{1} -f(x)\,dx$$

***Minuszeichen beachten!***
*Sonst: negativer Flächeninhalt*

**Bemerkung (Eingabe in GTR/CAS)**

Bei Verwendung des **Betrages** $|\quad|$ muss nicht beachtet werden, ob sich die Fläche oberhalb oder unterhalb der $x$-Achse befindet. Ein eventuell notwendiges Minuszeichen kann unterbleiben. Eingabe: $A = \int_{-1}^{1} |f(x)|\,dx$.

### 3. Zusammengesetze Fläche

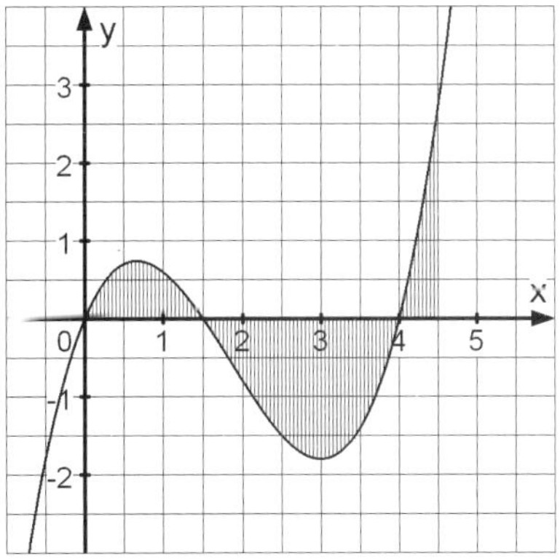


**Beispiel**

Welches Vorgehen führt zum Inhalt der schraffierten Fläche?

**Vorgehen (am Beispiel)**

**1. Nullstellen bestimmen**

$f(x)=0 \rightarrow x_1=0;\ x_2=1{,}5;\ x_3=4$

**2. Teilflächeninhalte bestimmen**

$A_1=\int_0^{1,5}(f(x))\,dx;\ A_2=\int_{1,5}^{4}(-f(x))\,dx;\ A_3=\int_4^{4,5}(f(x))\,dx$

**3. Gesamtflächeninhalt bestimmen**

$A=A_1+A_2+A_3$

**Von Nullstelle zu Nullstelle integrieren!**
Ansonsten werden positive und negative Flächeninhaltswerte zu einer **„Flächenbilanz"** verrechnet.

**Bemerkung (Eingabe in GTR/CAS)**

Bei Verwendung des **Betrages** ist „Durch-integrieren" möglich. Eingabe: $\boldsymbol{A=\int_0^{4,5}|f(x)|\,dx}$.

### 4. Flächen, die bis ins Unendliche reichen (Uneigentliche Integrale)

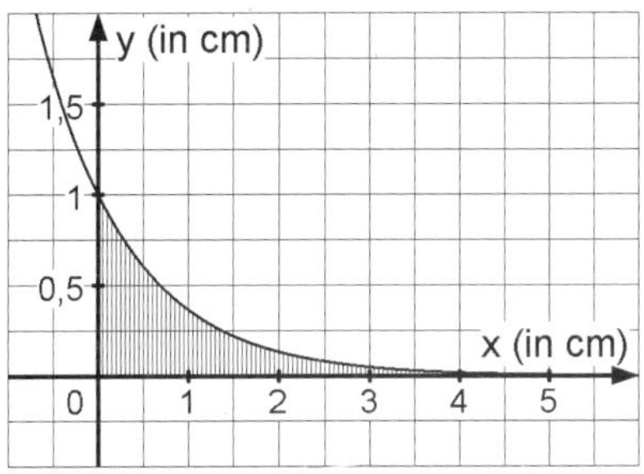


**Beispiel**

Der Inhalt der schraffierten Fläche, die durch das Schaubild der Funktion $f(x)=e^{-x}$ und die beiden Achsen eingeschlossen wird, soll berechnet werden.

**Problem :** Schaubild schneidet die $x$-Achse nicht. Rechte Grenze liegt „unendlich weit rechts".

**Vorgehen (am Beispiel)**

**1. Unbekannte Grenze mit *b* bezeichnen, damit Flächeninhalt $A(b)$ bestimmen**

$$A(b)=\int_0^b\left(e^{-x}\right)dx=\left[-e^{-x}\right]_0^b=-e^{-b}-\left(-e^0\right)=-e^{-b}-(-1)=-e^{-b}+1$$

**2. $A(b)$ untersuchen, wenn *b* gegen $+\infty$ strebt $(b\rightarrow+\infty)$**

(z.B. $b=1000: A(1000)=-e^{-10000}+1\approx 0+1\approx 1$)

$b\rightarrow+\infty\ :\ A(b)=-e^{-b}+1=0+1=1 \Rightarrow$ Flächeninhalt strebt gegen 1 $cm^2$

*Ist es für Sie wirklich einsichtig, dass der Flächeninhalt weniger als 1 $cm^2$ beträgt, obwohl sich die Fläche unendlich weit nach rechts erstreckt? Falls nicht, können Sie das schnell ändern, indem Sie das Gedankenexperiment auf S. 82 durchführen!*

## 4.3 Flächeninhaltsberechnung zwischen zwei Schaubildern

### 1. Einzelfläche

**Beispiel**

Gegeben sind die Funktionen $f(x) = -x+1$ und $g(x) = x^2 - 1$.
Welchen Inhalt besitzt die schraffierte Fläche?

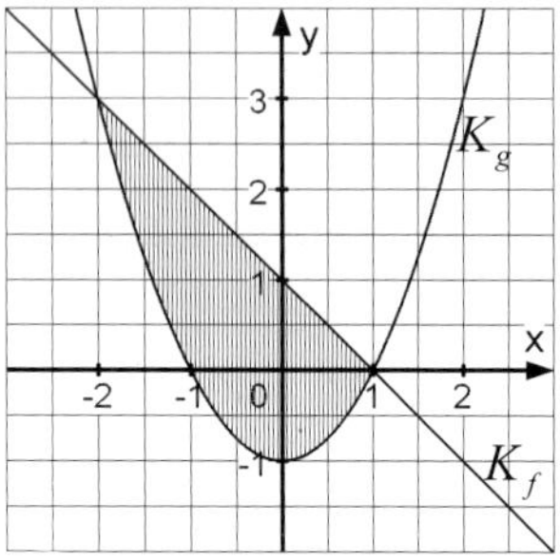


**Ansatz**

$$A = \int_a^b \left( f(x) - g(x) \right) dx$$

**Lösung**

*Rechte Grenze nach oben, linke nach unten* \
*Obere Funktion minus untere Funktion* /
*eventuell vereinfachen* ⟶
*aufleiten* ⟶

$$A = \int_{-2}^{1} \left( -x+1 - (x^2-1) \right) dx = \int_{-2}^{1} \left( -x - x^2 + 2 \right) dx = \left[ -\frac{1}{2}x^2 - \frac{1}{3}x^3 + 2x \right]_{-2}^{1}$$

$$= -\frac{1}{2}\cdot 1^2 - \frac{1}{3}\cdot 1^3 + 2\cdot 1 - \left( -\frac{1}{2}\cdot(-2)^2 - \frac{1}{3}\cdot(-2)^3 + 2\cdot(-2) \right) = 4{,}5 \text{ FE}$$

⟶
*Rechte und linke Grenze in Stammfunktion einsetzen, voneinander subtrahieren*

**Merkregel**

$$A = \int_{\text{linke Grenze}}^{\text{rechte Grenze}} (\textbf{obere Fkt} - \textbf{untere Fkt})\, dx$$

**1. Bemerkung (Eingabe in GTR/CAS)**

Bei Verwendung des **Betrages** muss nicht beachtet werden, welche Funktion sich oben bzw. unten befindet.

Eingabe: $A = \int_{-2}^{1} |f(x) - g(x)|\, dx$ oder $A = \int_{-2}^{1} |g(x) - f(x)|\, dx$.

**2. Bemerkung (Lage zur $x$ - Achse)**

Bei einer Fläche, die zwischen zwei Schaubildern liegt, ist es hingegen völlig unerheblich, ob sich diese oberhalb oder unterhalb der $x$-Achse befindet.

## 2. Zusammengesetzte Fläche

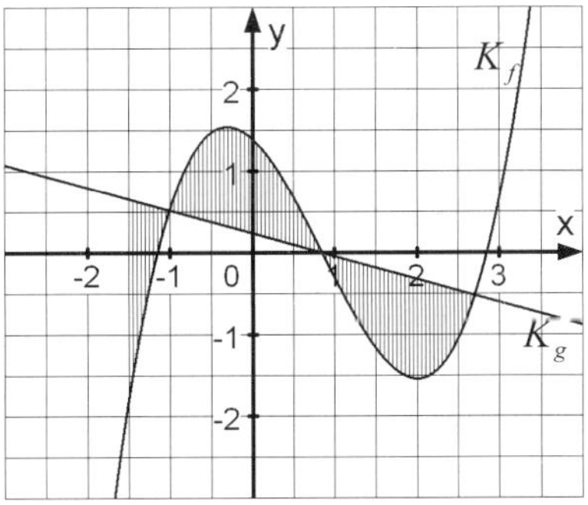


**Beispiel**

Welches Vorgehen führt zum Inhalt der schraffierten Fläche?

**Vorgehen (am Beispiel)**

**1. Schnittstellen bestimmen**

$f(x) = g(x) \rightarrow x_1 = -1;\ x_2 = 0{,}8;\ x_3 = 2{,}7$

**2. Teilflächeninhalte bestimmen**

$A_1 = \int_{-1,5}^{-1} (g(x) - f(x))\,dx;$

$A_2 = \int_{-1}^{0,8} (f(x) - g(x))\,dx;$

$A_3 = \int_{0,8}^{2,7} (g(x) - f(x))\,dx$

**Von Schnittstelle zu Schnittstelle integrieren!**

Ansonsten werden positive und negative Flächeninhaltswerte zu einer **„Flächenbilanz“** verrechnet.

**3. Gesamtflächeninhalt bestimmen**

$A = A_1 + A_2 + A_3$

**Bemerkung (Eingabe in GTR/CAS)**

Bei Verwendung des **Betrages** ist „Durchintegrieren“ möglich.

Eingabe: $\boldsymbol{A = \int_{-1,5}^{2,7} |f(x) - g(x)|\,dx}$ oder $\boldsymbol{A = \int_{-1,5}^{2,7} |g(x) - f(x)|\,dx}$.

## 4.4 Berechnung des Rotationsvolumens: Fläche zwischen Schaubild und $x$-Achse rotiert um die $x$-Achse

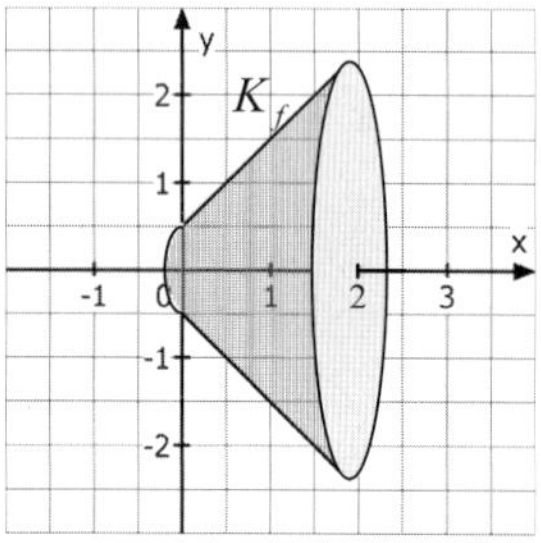


**Beispiel**

Gegeben ist die Funktion $f(x) = x + 0,5$.
Deren Schaubild rotiert zwischen den beiden Grenzen $a = 0$ und $b = 2$ um die $x$-Achse.
Welches Volumen besitzt der entstehende Rotationskörper?

**Ansatz**

$$V_x = \pi \cdot \int_a^b (f(x))^2 \, dx$$

**Lösung**

*Rechte Grenze nach oben, linke nach unten* ↓ — *quadrieren, 1. Binomische Formel* ⟶ — *aufleiten* ⟶

$$V_x = \pi \cdot \int_0^2 \left((x+0,5)^2\right) dx = \pi \cdot \int_0^2 \left(x^2 + x + 0,25\right) dx = \pi \cdot \left[\frac{1}{3}x^3 + \frac{1}{2}x^2 + 0,25x\right]_0^2$$

$$= \pi \cdot \left(\frac{1}{3} \cdot 2^3 + \frac{1}{2} \cdot 2^2 + 0,25 \cdot 2 \; - \; (0)\right) = 16,23 \text{ VE}$$

⟶ *Rechte und linke Grenze in Stammfunktion einsetzen, voneinander subtrahieren*

**Bemerkung (Eingabe in GTR/CAS)**

Geben Sie das $\pi$ und die Hochzahl so ein, als wenn diese zum Funktionsterm gehören würden. Dann muss nur noch eine „Fläche" berechnet werden.
(Eingabe: $y = \pi \cdot (x + 0,5)^2$; $a = 0$; $b = 2$)

## 4.5 Berechnung des Rotationsvolumens: Fläche zwischen zwei Schaubildern rotiert um die $x$-Achse

**Beispiel**

Gegeben sind die beiden Funktionen $f(x)$ und $g(x)$.
Die Fläche zwischen den beiden zugehörigen Schaubildern und den Grenzen $a = 0$ und $b = 2$ rotiert um die $x$-Achse.
Welches Vorgehen führt zum Volumen des entstehenden Rotationskörpers?

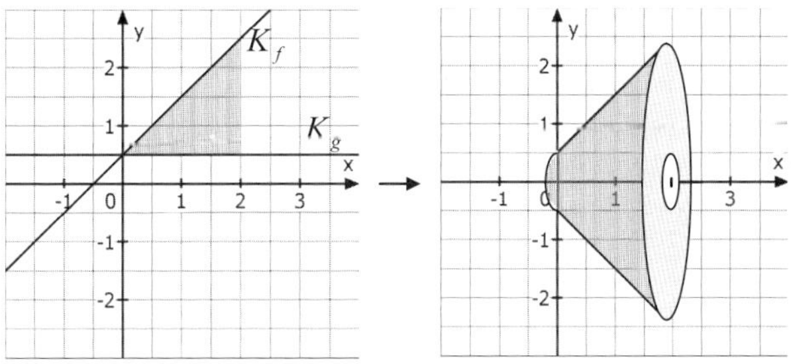


**Vorgehen (am Beispiel)**

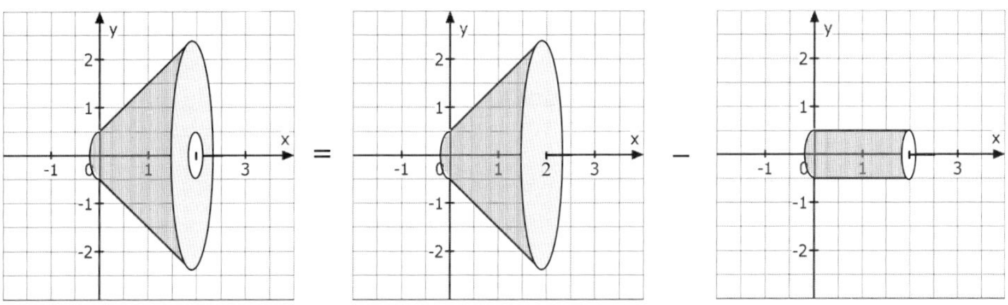

$$V_x = V_{gesamt} - V_{„Hohlraum“}$$

$$= \pi \cdot \int_0^2 (f(x))^2\,dx - \pi \cdot \int_0^2 (g(x))^2\,dx$$

$$= \pi \cdot \int_0^2 (f(x))^2 - (g(x))^2\,dx$$

$$\left( \neq \quad \pi \cdot \int_0^2 (f(x) - g(x))^2\,dx \quad \text{Falscher Ansatz!} \right)$$

**Bemerkung (Eingabe in GTR/CAS)**

Bei Verwendung des **Betrages** ist die Reihenfolge der Funktionen wiederum unerheblich.

Eingabe: $V_x = \pi \cdot \int_0^2 \left|(f(x))^2 - (g(x))^2\right| dx$ oder $V_x = \pi \cdot \int_0^2 \left|(g(x))^2 - (f(x))^2\right| dx$.

## 4.6 Berechnung des Rotationsvolumens: Fläche zwischen Schaubild und $y$-Achse rotiert um die $y$-Achse

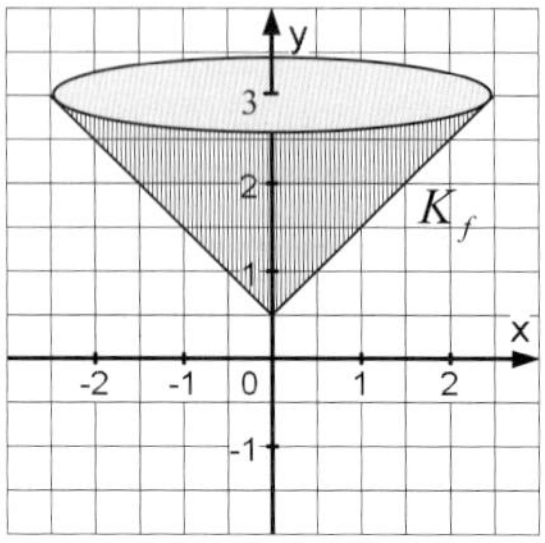


**Beispiel**

Gegeben ist die Funktion $f(x) = x + 0,5$.
Deren Schaubild rotiert zwischen den beiden Grenzen $a = 0,5$ und $b = 3$ um die $y$-Achse.
Welches Volumen besitzt der entstehende Rotationskörper?

**Ansatz**

$$V_y = \pi \cdot \int_a^b \left(f^{-1}(y)\right)^2 dy \quad \text{bzw.} \quad V_y = \pi \cdot \int_a^b x^2\, dy$$

$\left(f^{-1}(y)\right.$ ist die Umkehrfunktion zu $f(x)$; $a$ und $b$ sind $y$-Integrationsgrenzen$\left.\right)$

**Lösung**

**1. Umkehrfunktion ermitteln, indem die Funktionsgleichung nach $x$ aufgelöst wird**

$$y = x + 0,5 \qquad | -0,5$$
$$y - 0,5 = x$$
$$\Rightarrow f^{-1}(y) = y - 0,5$$

**2. $V_y$ bestimmen**

$$V_y = \pi \cdot \int_{0,5}^{3} (y - 0,5)^2\, dy = \pi \cdot \int_{0,5}^{3} \left(y^2 - y + 0,25\right) dy \quad (\textit{2. Binomische Formel})$$

$$= \pi \cdot \left[\frac{1}{3}y^3 - \frac{1}{2}y^2 + 0,25y\right]_{0,5}^{3} = \pi \cdot \left(\frac{1}{3} \cdot 3^3 - \frac{1}{2} \cdot 3^2 + 0,25 \cdot 3 - \left(\frac{1}{3} \cdot 0,5^3 - \frac{1}{2} \cdot 0,5^2 + 0,25 \cdot 0,5\right)\right)$$

$$= 16,36 \text{ VE}$$

**Bemerkung (Eingabe in GTR/CAS)**

Behandeln Sie das Problem so, als wenn eine Rotation um die $x$-Achse vorliegen würde (Eingabe: $y = \pi \cdot (x - 0,5)^2$; $a = 0,5$; $b = 3$).

## 4.7 Mittelwert (durchschnittlicher $y$-Wert) einer Funktion

**Anwendungsbeispiel**

Die Funktion $f(x) = -10x^2 + 60x$ gibt zu jedem Zeitpunkt die momentane Geschwindigkeit eines Zuges während einer 6-stündigen Zugfahrt an. Welche **durchschnittliche Geschwindigkeit** hat der Zug von der 2. bis zur 5. Stunde?

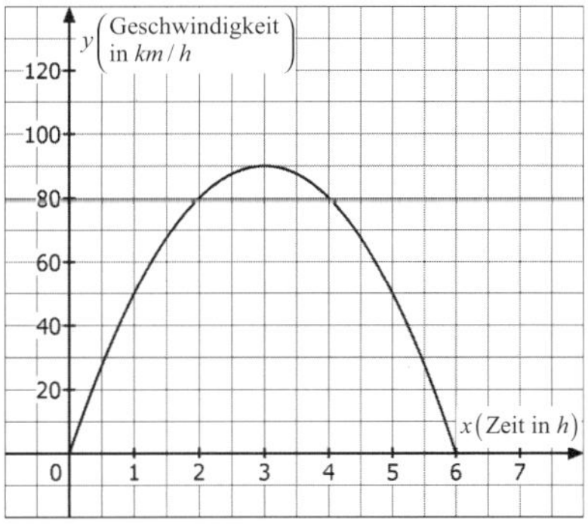


**Ansatz**

$$\overline{m} = \frac{1}{b-a} \cdot \int_a^b \left( f(x) \right) dx$$

**Lösung**

$$\overline{m} = \frac{1}{5-2} \cdot \int_2^5 \left( -10x^2 + 60x \right) dx = \frac{1}{3} \cdot \left[ -\frac{10}{3} x^3 + \frac{60}{2} x^2 \right]_2^5$$

$$= \frac{1}{3} \cdot \left( -\frac{10}{3} \cdot 5^3 + \frac{60}{2} \cdot 5^2 \; - \; \left( -\frac{10}{3} \cdot 2^3 + \frac{60}{2} \cdot 2^2 \right) \right) = 80 \; km/h$$

**Rechnung**

$$\overline{m} = \frac{1}{b-a} \cdot \left( \begin{array}{c} \textit{Flächeninhalt zwischen} \\ \textit{Schaubild und } x\textit{-Achse} \end{array} \right)$$

**1. Bemerkung**

Der Ansatz zur Berechnung der **mittleren (durchschnittlichen) Steigung** eines Schaubildes in einem bestimmten Bereich lautet:

$$\frac{1}{b-a} \cdot \int_a^b \left( f'(x) \right) dx \qquad \left( \text{alternativ über Sekantensteigung: } \frac{y_2 - y_1}{x_2 - x_1} = \frac{f(b) - f(a)}{b-a} \right)$$

**2. Bemerkung**

Der Ansatz zur Berechnung der **mittleren (durchschnittlichen) Abweichung** zwischen den $y$-Werten zweier Funktionen (bzw. des mittleren Abstandes der zugehörigen Schaubilder) in einem bestimmten Bereich lautet:

$$\frac{1}{b-a} \cdot \int_a^b \left| f(x) - g(x) \right| dx$$

# 5. Anwendungsorientierte Aufgaben

## 5.1 Typische Problemstellungen und benötigte Funktionen

Anwendungsorientierte Aufgaben thematisieren oftmals (zumindest sinngemäß) eine der nachfolgenden Problemstellungen.
Hierbei liegt der Aufgabenschwerpunkt meist auf dem bedeutungsmäßigen Zusammenhang zwischen Funktion und Ableitung.

| **Bedeutung von $f(x)$** | **Bedeutung von $f'(x)$** | **Bedeutung von $\int_a^b (f'(x))\,dx$** |
|---|---|---|
| Pflanzenhöhe (z.B. in *m*) in Abhängigkeit von der Zeit | Momentane Wachstumsgeschwindigkeit einer Pflanze (z.B. in *m/s*) in Abh. von der Zeit | Zunahme der Pflanzenhöhe zwischen zwei Zeitpunkten |
| Vorhandene Wassermenge (z.B. in *l*) in Abh. von der Zeit | Momentane Zu- bzw. Abflussgeschwindigkeit von Wasser (z.B. in *l/s*) in Abh. von der Zeit | Änderung der vorhandenen Wassermenge zwischen zwei Zeitpunkten |
| Anzahl vorhandener Autos im Stau (z.B. in *Stück*) in Abh. von der Zeit | Momentane Zu- bzw. Abflussgeschwindigkeit von Autos im Stau (z.B. in *Stück/min*) in Abh. von der Zeit | Änderung der Anzahl vorhandener Autos im Stau zwischen zwei Zeitpunkten |
| Tankinhalt (z.B. in *l*) in Abh. von der zurückgelegten Strecke | Momentaner Kraftstoffverbrauch eines Autos (z.B. in *l/km*) in Abh. von der zurückgelegten Strecke | Abnahme der vorhandenen Kraftstoffmenge durch Fahrt einer Strecke von $b-a$ *km* |
| Zurückgelegte Wegstrecke (z.B. in *m*) in Abh. von der Zeit | Momentane Fahrgeschwindigkeit eines Autos (z.B. in *m/s*) in Abh. von der Zeit | Zurückgelegte Wegstrecke zwischen zwei Zeitpunkten |
| Anzahl der noch vorhandenen Atome (z.B. in *ME*) in Abh. von der Zeit | Momentane Zerfallsrate (z.B. in *ME/s*) in Abh. von der Zeit | Anzahl zerfallener Atome zwischen zwei Zeitpunkten |
| Produktionskosten (z.B. in *GE*) in Abh. von der produzierten Menge | Grenzkosten (z.B. in *GE/ME*) in Abh. von der produzierten Menge | Entstandene Kosten durch Produktionserhöhung von *a ME* auf *b ME* |

| | | |
|---|---|---|
| Vorhandene Ladung (z.B. in $C$ (*Coulomb*)) in Abh. von der Zeit | Momentane Stromstärke (z.B. in $C/s$ bzw. $A$ (*Ampere*)) in Abh. von der Zeit | Änderung der vorhandenen Ladung zwischen zwei Zeitpunkten |
| Vorhandene Alkohohlmenge im Blut (z.B. in $g$) in Abh. von der Zeit | Momentane Abbaugeschwindigkeit von Alkohohl im Blut (z.B. in $g/min$) in Abh. von der Zeit | Änderung der vorhandenen Alkohohlmenge im Blut zwischen zwei Zeitpunkten |
| Beschreibt die: **Aktuellen Werte der „interessierenden Größe"** (z.B. Pflanzenhöhe) in Abh. von einer anderen Größe (z.B. Zeit) | Beschreibt die: **Momentane Änderung der „interessierenden Größe"** (z.B. Wachstumsgeschwindigkeit der Pflanze) in Abh. von einer anderen Größe (z.B. Zeit) | |
| Häufiges Merkmal: **„Einheit ohne Bruch"** **(z.B. $m$)** | Häufiges Merkmal: **„Einheit mit Bruch"** **(z.B. $m/s$)** | |

**Bemerkung**

Die obigen Zusammenhänge gelten natürlich auch zwischen der Stammfunktion $F(x)$ und der zugehörigen Funktion $f(x)$.

## 5.2 Weitere besonders relevante Themenbereiche

Abschnittsweise definierte Funktionen (S. 20)

Ermittlung einer Funkionsgleichung durch Regression (S. 58)

Rotation einer Fläche um die $x$- bzw. $y$-Achse (S. 72-74)

Mittelwert einer Funktion (S. 75)

**Tipp!**

Bearbeiten Sie die **Basisübungen** zu diesem Kapitel. Diese sind als Musteraufgaben konzipiert und enthalten viele Fragestellungen, die in Abituraufgaben üblich sind.

# 6. Anhang

6 Rosner ISBN: 978-3-8120-0346-9

## 6.1 Gedankenexperiment zum uneigentlichen Integral (S. 69)

*Die Höhe der markierten Fläche wird zwar immer geringer, die Fläche erstreckt sich jedoch unendlich weit nach rechts.*
*Der Flächeninhalt sollte deshalb doch unendlich groß sein.*

*Er beträgt jedoch weniger als* $1\ cm^2$ *!*

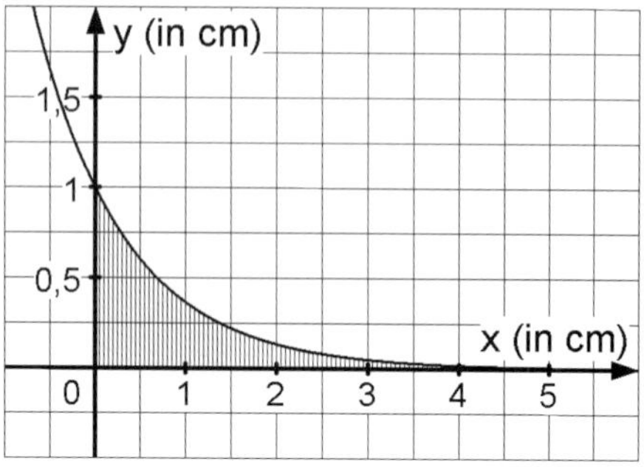


**Gedankenexperiment**

*Mit einer Schere wird ein Blatt Papier halbiert.*

*Die obere Hälfte wird in ein Koordinatensystem gelegt.*

*Die untere Hälfte wird wiederum halbiert.*

*Deren obere Hälfte wird ebenfalls in das Koordinatensystem gelegt.*

*...*

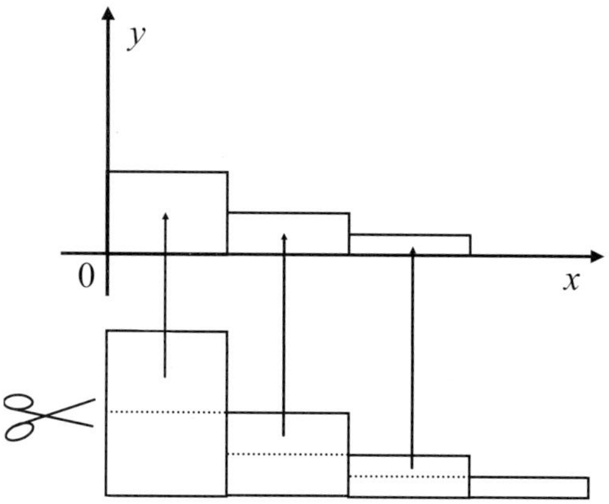


*Nach und nach erhält man eine Fläche, welche der im oberen Koordinatensystem dargestellten Fläche ähnelt:*
*Die Höhe wird ebenfalls immer geringer und die Fläche erstreckt sich ebenfalls unendlich weit nach rechts. Man kann das Blatt ja (zumindest theoretisch) unendlich oft halbieren.*

*Ist der Inhalt der Fläche unendlich groß?*
*Nein! Er kann niemals größer als die Fläche des Papierblattes sein!*
*Ebenso verhält es sich mit der oberen markierten Fläche.*

# II. Basisübungen zur Analysis

## 1. Funktionen

**Aufgabe 1**: Geben Sie die Gleichungen der eingezeichneten Geraden an.

$A$: ____________________

$B$: ____________________

$C$: ____________________

$D$: ____________________

$E$: ____________________

$F$: ____________________

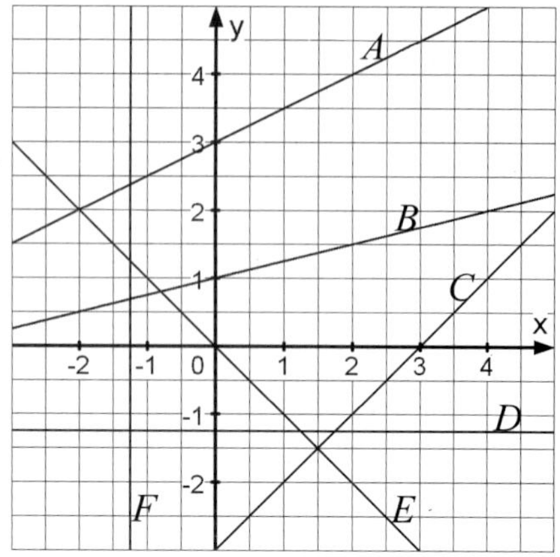


**Aufgabe 2:** Eine Gerade verläuft durch die beiden Punkte $P_1(3\,|-2)$ und $P_2(-1\,|\,4)$. Berechnen Sie deren Gleichung.

**Aufgabe 3:** Berechnen Sie den zugehörigen Steigungswinkel bzw. die zugehörige Steigung.

| **Steigung ($m$)** | **Steigungswinkel ($\alpha$)** |
|---|---|
| ________ | $\alpha = 37°$ |
| $m = 2$ | ________ |

**Aufgabe 4:** Geben Sie jeweils die Gleichung einer möglichen Geraden an.

**a)** Verläuft parallel zu $y = -2x + 3$: $y =$ ____________________

**b)** Verläuft parallel zu $y = -x$: $y =$ ____________________

**c)** Verläuft senkrecht zu $y = -2x + 3$: $y =$ ____________________

**d)** Verläuft senkrecht zur 1. Winkelhalbierenden: $y =$ ____________________

**Aufgabe 5**

Jedes der 4 Schaubilder gehört zu einer der dargestellten Funktionsgleichungen. Tragen Sie jeden Buchstaben bei der zugehörigen Funktionsgleichung ein. (Ohne GTR/CAS).

**a)**

___ : $f_1(x) = -0{,}2x^3 + 0{,}5x^2 - x$

___ : $f_2(x) = 0{,}2x^3 + x$

___ : $f_3(x) = 0{,}2x^3 + x - 3$

___ : $f_4(x) = -0{,}2x^3 + x^2$

___ : $f_5(x) = x^2 - 2x + 3$

___ : $f_6(x) = 0{,}2x^3 + 0{,}5x^2 - x$

___ : $f_7(x) = -0{,}2x^3 + 0{,}5x^2 + x - 3$

___ : $f_8(x) = -x^2 - 3$

___ : $f_9(x) = -0{,}2x^3 + x$

___ : $f_{10}(x) = 0{,}2x^3 - x$

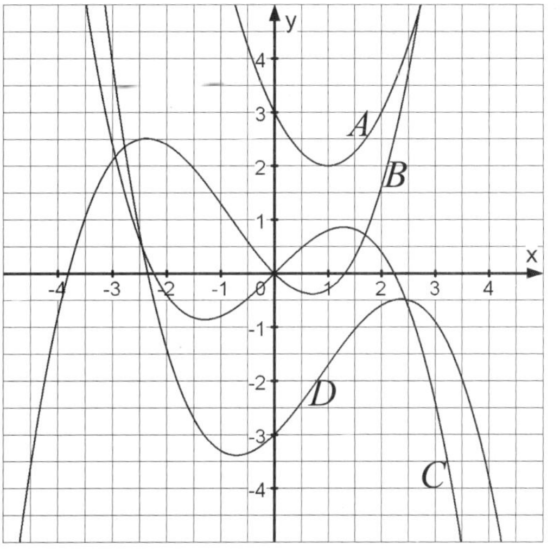


**b)**

___ : $f_1(x) = -0{,}2x^3 + 0{,}5x^2 + x - 2$

___ : $f_2(x) = -0{,}2x^4 + x^3 - 2$

___ : $f_3(x) = -x^2$

___ : $f_4(x) = 2x^4 + 2x^3 - 2x^2 + 2$

___ : $f_5(x) = 1{,}2x^3 - 0{,}5x^2 - x - 2$

___ : $f_6(x) = 4x^4 - 2x^2 + 2$

___ : $f_7(x) = -x^4$

___ : $f_8(x) = -0{,}2x^4 + x^2 - 2$

___ : $f_9(x) = -0{,}2x^4 + 0{,}5x^2 + x - 2$

___ : $f_{10}(x) = -2x^4 + 2x^3 + 2x^2 + 2$

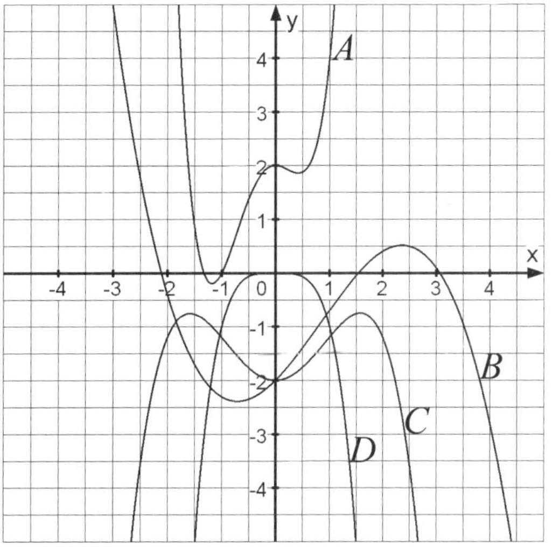


**Tipp : Vorgehen über folgende Eigenschaften**

- Grad der Funktion
- Schnittpunkt mit $y$-Achse (Koeffizient „ohne $x$")
- Verlauf (Koeffizient $a$)
- Symmetrie (Hochzahlen)

**Aufgabe 6**

Vervollständigen Sie die Funktionsterme im Nullstellenansatz.

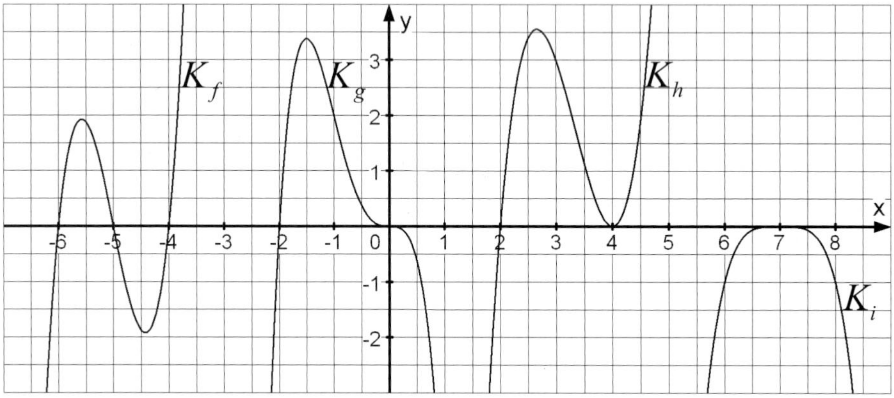


$K_f$ :  $f(x) = 5\cdot$ ________________________

$K_g$ :  $g(x) = -2\cdot$ ________________________

$K_h$ :  $h(x) = 3\cdot$ ________________________

$K_i$ :  $i(x) = -$ ________________________

**Aufgabe 7**

Jedes der 4 Schaubilder gehört zu einer der dargestellten Funktionsgleichungen. Tragen Sie jeden Buchstaben bei der zugehörigen Funktionsgleichung ein. (Ohne GTR/CAS).

__ : $f_1(x) = -e^{-x}$

__ : $f_2(x) = e^{-x} + 1$

__ : $f_3(x) = -e^{x}$

__ : $f_4(x) = e^{x-2}$

__ : $f_5(x) = e^{x+2} - 3$

__ : $f_6(x) = e^{x+2}$

__ : $f_7(x) = e^{x-2} - 3$

__ : $f_8(x) = e^{x} - 2$

__ : $f_9(x) = -e^{x} + 1$

__ : $f_{10}(x) = -e^{-x} + 1$

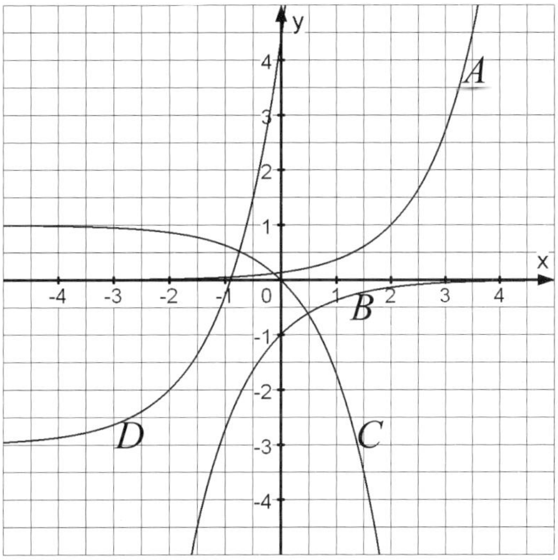


**Tipp : Vorgehen über folgende Eigenschaften**

- Asymptote ($y$ = „Exponentialgleichung ohne e$^{\cdots}$") bzw. Koeffizient $d$
- Spiegelungen bzw. Vorzeichen der Koeffizienten $a$ und $b$
- Verschiebung nach rechts oder links (Koeffizient $c$)

**Aufgabe 8**

Untersuchen Sie die Funktionen auf Asymptoten wie im Beispiel. (Ohne GTR/CAS).

| **Funktion** | **Asymptote** | **für $x \to +\infty$** | **für $x \to -\infty$** |
|---|---|---|---|
| **a)** $f(x) = e^{x} - 2$ | $y = -2$ | ☐ | ☒ |
| **b)** $f(x) = 1 + e^{-x}$ | ______ | ☐ | ☐ |
| **c)** $f(x) = 2e^{-x+1} - 2x - 1$ | ______ | ☐ | ☐ |
| **d)** $f(x) = e^{x} - x + 1$ | ______ | ☐ | ☐ |
| **e)** $f_t(x) = 2e^{x} + tx \quad (t \in R)$ | ______ | ☐ | ☐ |
| **f)** $f_t(x) = 2e^{tx} + 2x \quad (t < 0)$ | ______ | ☐ | ☐ |

**Aufgabe 9**

Ermitteln Sie jeweils die zugehörige Funktionsgleichung. Entscheiden Sie selbst, ob Sie hierbei von einer Sinusfunktion mit $f(x) = a \cdot \sin(b \cdot (x-c)) + d$ oder einer Kosinusfunktion mit $f(x) = a \cdot \cos(b \cdot (x-c)) + d$ ausgehen.

**a)**

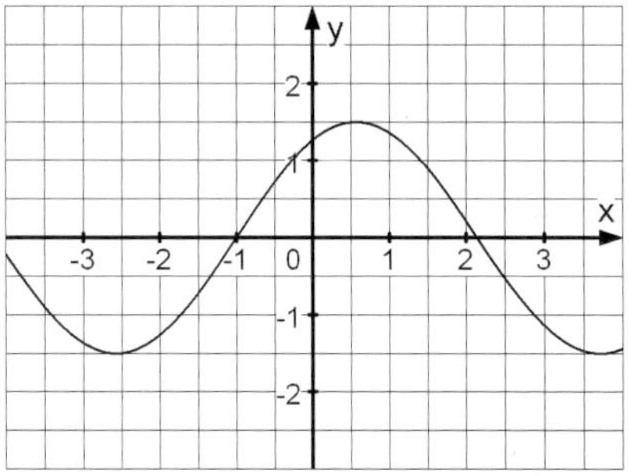


**b)**

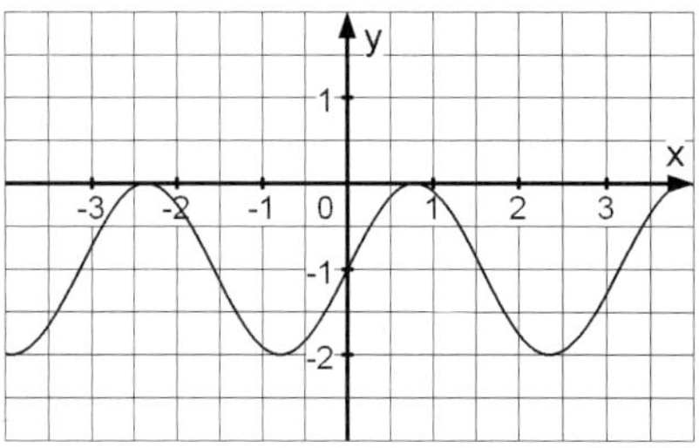


**c)**

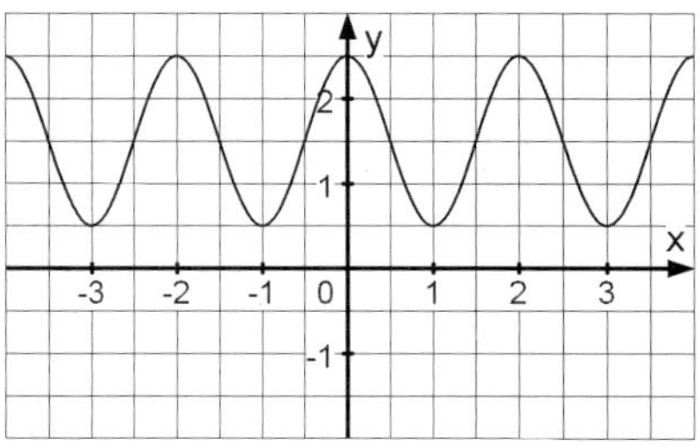

**Aufgabe 10**

Welche Aussage zur Symmetrie trifft auf die Schaubilder der Funktionen zu? Begründen Sie Ihre Entscheidung bei den ganzrationalen Funktionen anhand der Hochzahlen und bei den anderen Funktionstypen anhand der allgemeinen Symmetriekriterien.

| Funktion | Aussage zur Symmetrie | Begründung |
|---|---|---|
| **a)** $f(x) = 4x^4 - 2x^2 + 1$ | ☐ symm. zur $y$-Achse<br>☐ symm. zum Ursprung<br>☐ weder noch | |
| **b)** $f(x) = 4x^4 - 2x^3 + 1$ | ☐ symm. zur $y$-Achse<br>☐ symm. zum Ursprung<br>☐ weder noch | |
| **c)** $f(x) = -x^3 - 2x + 1$ | ☐ symm. zur $y$-Achse<br>☐ symm. zum Ursprung<br>☐ weder noch | |
| **d)** $f(x) = -x^3 - 2x$ | ☐ symm. zur $y$-Achse<br>☐ symm. zum Ursprung<br>☐ weder noch | |
| **e)** $f(x) = \sin(x^2) + 1$ | ☐ symm. zur $y$-Achse<br>☐ symm. zum Ursprung<br>☐ weder noch | |
| **f)** $f(x) = \sin(x^2) + x$ | ☐ symm. zur $y$-Achse<br>☐ symm. zum Ursprung<br>☐ weder noch | |
| **g)** $f(x) = \sin(x^2) \cdot x$ | ☐ symm. zur $y$-Achse<br>☐ symm. zum Ursprung<br>☐ weder noch | |

**Aufgabe 11**

Aus jeder der nachfolgenden Funktionenscharen wurden die Schaubilder zu den Parameterwerten $t=1$, $t=2$ und $t=3$ eingezeichnet.
Ordnen Sie die Schaubilder den zugehörigen Schargleichungen zu, indem Sie die Buchstaben entsprechend eintragen. Begründen Sie Ihre Zuordnungen kurz.

| Zuordnung | Schargleichung | Begründung |
|---|---|---|
| __ | $f_t(x)=x\cdot(x-t)^2$ | |
| __ | $f_t(x)=t\cdot(x+1)\cdot(x-1)$ | |
| __ | $f_t(x)=t\cdot x+1$ | |
| __ | $f_t(x)=t\cdot(x-1)^2\cdot(x+1)^2$ | |
| __ | $f_t(x)=x^2\cdot(x-t)$ | |
| __ | $f_t(x)=x\cdot(x-t)$ | |

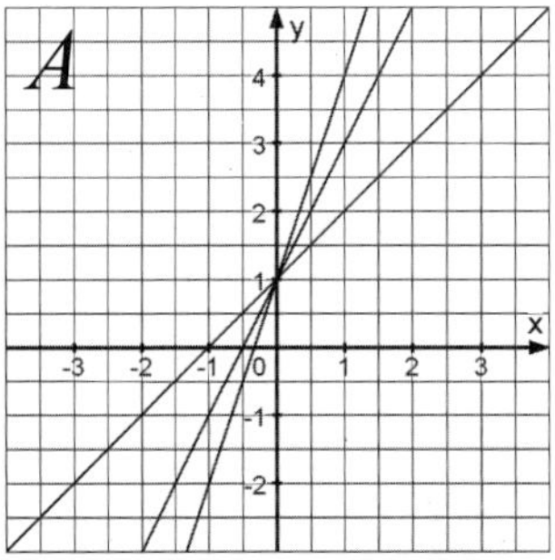


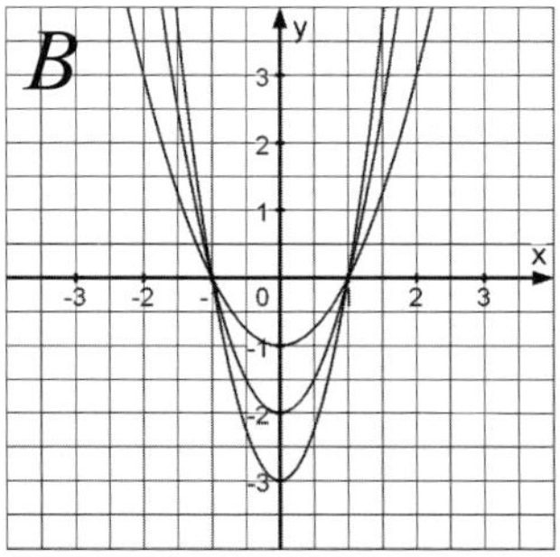


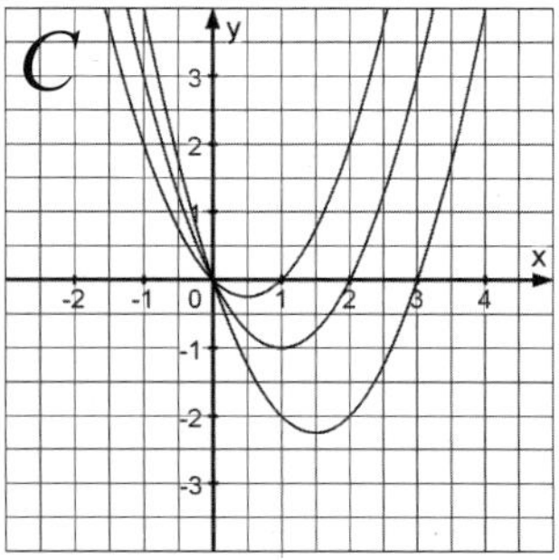


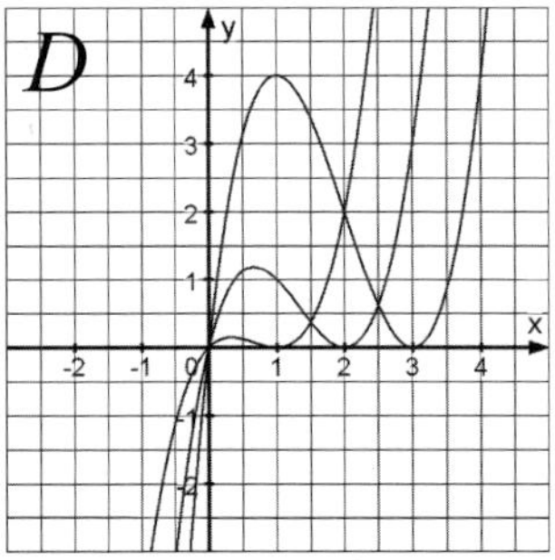


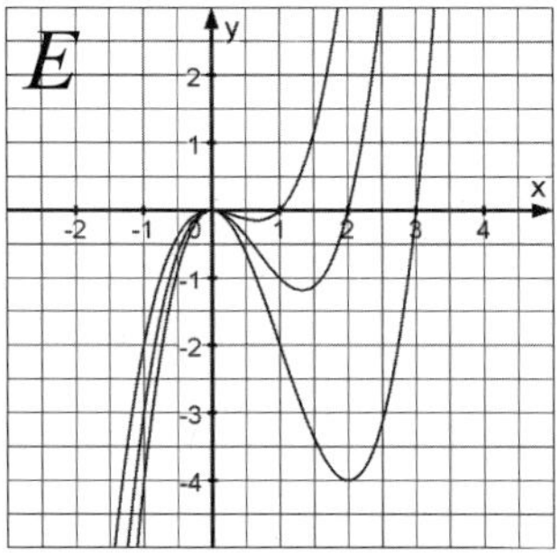


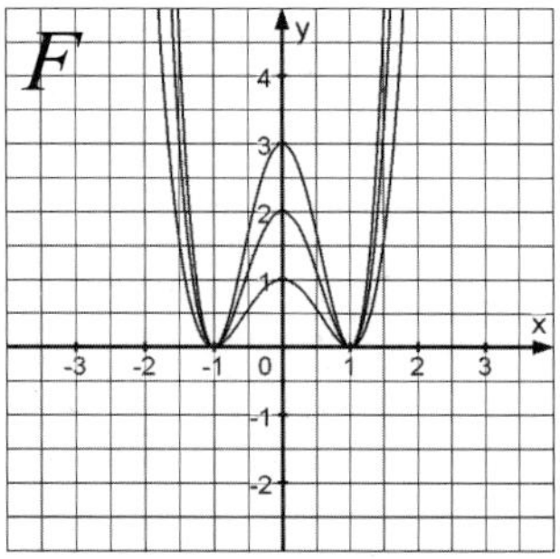

**Tipp zur Aufgabe 11: Vorgehen über folgende Eigenschaften**

- Grad der Funktion
- Verlauf (Koeffizient $a$)
- Lage und Vielfachheit der Nullstellen

## Aufgabe 12

Aus einer Funktionenschar wurden jeweils die Schaubilder zu den Parameterwerten $t=-1$, $t=1$ und $t=2$ eingezeichnet. Geben Sie die zugehörigen Schargleichungen an.

**a)**

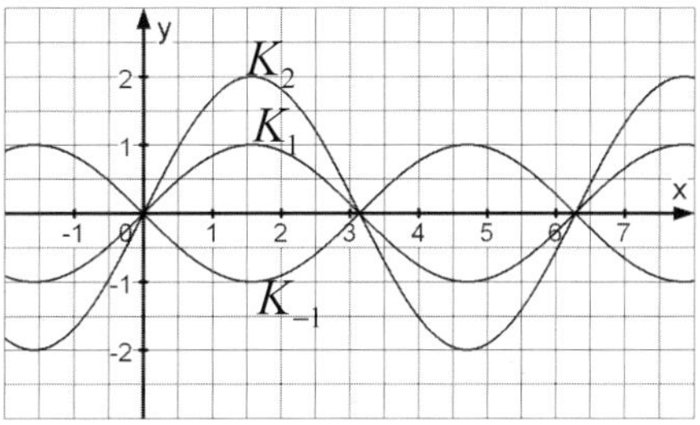


$f_t(x) =$ ____________________

**b)**

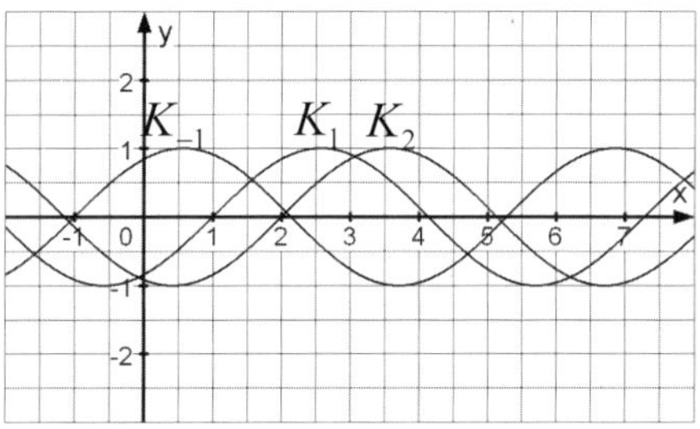


$f_t(x) =$ ____________________

**c)**

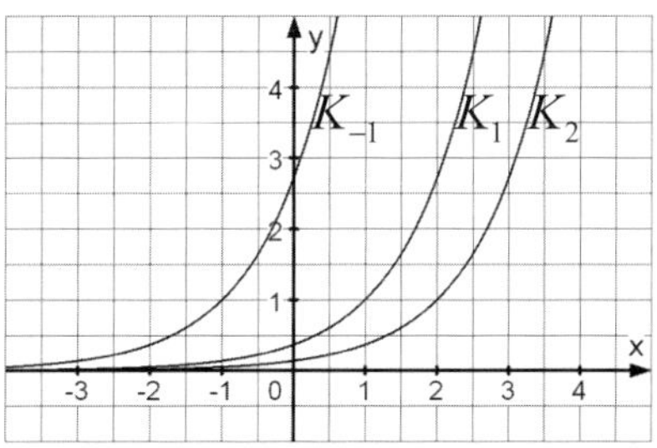


$f_t(x) =$ ____________________

**d)**

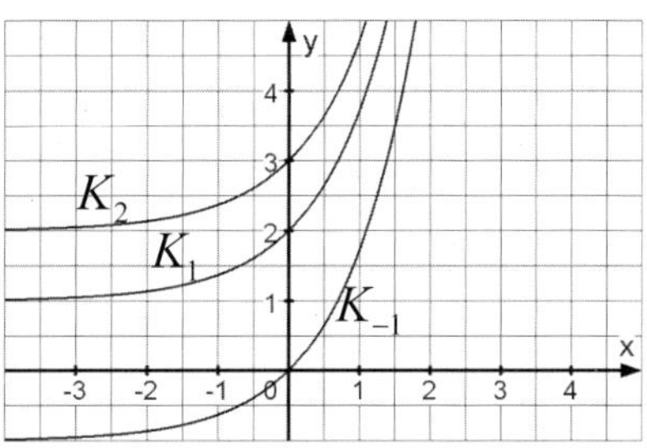


$f_t(x) =$ ____________________

## Aufgabe 13

Gegeben ist die Funktionenschar mit der Schargleichung $f_t(x) = \frac{1}{2}x^3 - \frac{1}{4}tx^2 \quad (t \in R)$.

**a)** Geben Sie die Gleichung der Funktion für den $t$-Wert 3 an. Berechnen Sie deren $y$-Wert an der Stelle ($x$-Wert) 2.

**b)** Berechnen Sie den $y$-Wert an der Stelle 2 für die Schar allgemein. Kontrollieren Sie hiermit Ihre Lösung der Teilaufgabe a).

**c)** Im nebenstehenden Koordinatensystem sind die Schaubilder zweier Funktionen aus der Schar eingezeichnet. Berechnen Sie die zugehörigen $t$-Werte.

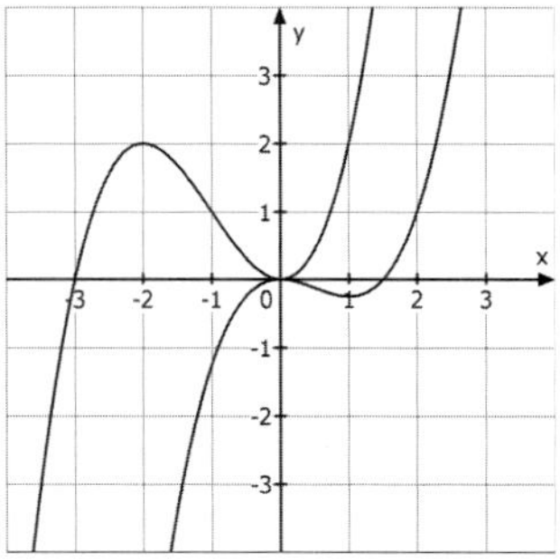


**d)** Berechnen Sie die Nullstellen (Schnittpunkte mit der $x$-Achse) der Schar und geben Sie die Art der Nullstellen an.

**e)** Welche Funktion aus der Schar besitzt bei $x = 7$ eine Nullstelle?

## Aufgabe 14

Gegeben ist die Funktionenschar mit der Schargleichung:

$f_t(x) = 2x^3 - tx^2 + (1-t)x \quad (t \in R)$

Gibt es gemeinsame Punkte der Schar? (Also Punkte im Koordinatensystem, durch welche **alle** Schaubilder der Schar verlaufen?)

# 2. Gleichungen

**Aufgabe 15**

Lösen Sie die Gleichungen ohne GTR/CAS. Es gilt stets: $t \in R$.
Geben Sie bei den trigonometrischen Gleichungen nur die Lösungen im Bereich $[-2;8]$ an.

**a)** $-x^2 = 3t^2 - 4tx$

**b)** $x^3 - 2tx^2 = x^2$

**c)** $6x - x^4 = 4x$

**d)** $1 - e^{4x+3} = -4$

**e)** $2\cos(x) - 0,8 = 0$

**f)** $3e^x(e^x - 1) = -e^x$

**g)** $\frac{3}{2}x^4 - 2 = x^4$

**h)** $\sin(x) = 0,2$

**i)** $-x^2 + 4t^2 = 0$

**j)** $2e^{2x} - 17e^x + 8 = 0$

**k)** $\sin^2(x) = 2\sin(x)$

**l)** $3x + 2t = 1 - t + x$

**m)** $2x(x^2 - 1) = 0,5 - 2x$

**n)** $2e^x - 1 = 0$

**o)** $\cos(2x) - 0,5 = 0$

**p)** $\frac{3}{2}x = \frac{5}{2}x^2$

**q)** $-tx^2 - 2t^2 = -x^4$

**r)** $\sin(x+1) = -0,1$

**s)** $2e^{2x} - e^x = 2e^x$

**t)** $\cos^2(x) + \cos(x) = 2$

**Aufgabe 16**

Entscheiden Sie, welchem Gleichungstyp bzw. Lösungsvorgehen die Gleichungen zugeordnet werden können.

| Nr. | Gleichung | Typ 1<br>Gegen-operation | Typ 1S<br>Substitution führt zu $\begin{Bmatrix} \sin(u) \\ \cos(u) \end{Bmatrix} = \ldots$ | Typ 2<br>NPS | Typ 3<br>abc- bzw. pq-Formel | Typ S<br>Substitution führt zu $\ldots u^2 + \ldots u + \ldots = 0$ |
|---|---|---|---|---|---|---|
| 1 | $3x^3 = -2$ | ☐ | ☐ | ☐ | ☐ | ☐ |
| 2 | $x^3 - 2x = 0$ | ☐ | ☐ | ☐ | ☐ | ☐ |
| 3 | $-x^4 - 2x^2 = x^3$ | ☐ | ☐ | ☐ | ☐ | ☐ |
| 4 | $-x^2 - 5 = -x$ | ☐ | ☐ | ☐ | ☐ | ☐ |
| 5 | $4x^4 = 3$ | ☐ | ☐ | ☐ | ☐ | ☐ |
| 6 | $-x^4 - 2x^2 = 2$ | ☐ | ☐ | ☐ | ☐ | ☐ |
| 7 | $-x = -2x + 1$ | ☐ | ☐ | ☐ | ☐ | ☐ |
| 8 | $2e^{2x} - e^x = 3$ | ☐ | ☐ | ☐ | ☐ | ☐ |
| 9 | $2e^{2x} = 3e^x$ | ☐ | ☐ | ☐ | ☐ | ☐ |
| 10 | $2e^x = 3$ | ☐ | ☐ | ☐ | ☐ | ☐ |

| **Nr.** | **Gleichung** | **Typ 1** Gegen-operation | **Typ 1S** Substitution führt zu $\left\{\begin{matrix} sin(u) \\ cos(u) \end{matrix}\right\} = ...$ | **Typ 2** NPS | **Typ 3** abc- bzw. pq-Formel | **Typ S** Substitution führt zu $... u^2 + ... u + ... = 0$ |
|---|---|---|---|---|---|---|
| **11** | $2e^{2x} = 3$ | ☐ | ☐ | ☐ | ☐ | ☐ |
| **12** | $2e^{3x} - 2e^{x} = 0$ | ☐ | ☐ | ☐ | ☐ | ☐ |
| **13** | $-\sin(x) = -0,3$ | ☐ | ☐ | ☐ | ☐ | ☐ |
| **14** | $\sin(-x+2) = 1$ | ☐ | ☐ | ☐ | ☐ | ☐ |
| **15** | $2\cos^2(x) - 0,5\cos(x) = 0$ | ☐ | ☐ | ☐ | ☐ | ☐ |
| **16** | $2 - \cos^2(x) - 0,5\cos(x) = 0$ | ☐ | ☐ | ☐ | ☐ | ☐ |
| **17** | $2\cos(x) = 0,5\cos(x) - 1$ | ☐ | ☐ | ☐ | ☐ | ☐ |
| **18** | $\sin^3(x) = -\sin(x)$ | ☐ | ☐ | ☐ | ☐ | ☐ |
| **19** | $tx^4 - x = 0$ | ☐ | ☐ | ☐ | ☐ | ☐ |
| **20** | $e^{tx-1} = 1$ | ☐ | ☐ | ☐ | ☐ | ☐ |
| **21** | $te^{2x} - e^{x} + 2 = 0$ | ☐ | ☐ | ☐ | ☐ | ☐ |
| **22** | $t^3 x - t = 0$ | ☐ | ☐ | ☐ | ☐ | ☐ |
| **23** | $\frac{1}{2}x^2 - 2tx = 2t - 4$ | ☐ | ☐ | ☐ | ☐ | ☐ |
| **24** | $\sin(x^2) = -0,2$ | ☐ | ☐ | ☐ | ☐ | ☐ |
| **25** | $e^{4x} - e^{2x} - 2 = 0$ | ☐ | ☐ | ☐ | ☐ | ☐ |
| **26** | $e^{x} \cdot (e^{x} - 3) = 0$ | ☐ | ☐ | ☐ | ☐ | ☐ |
| **27** | $e^{x} \cdot (e^{x} - 3) = 3$ | ☐ | ☐ | ☐ | ☐ | ☐ |
| **28** | $tx \cdot (1 - x) = 1$ | ☐ | ☐ | ☐ | ☐ | ☐ |
| **29** | $-(tx^4 - x^2) = 0$ | ☐ | ☐ | ☐ | ☐ | ☐ |
| **30** | $t^3 x = 0$ | ☐ | ☐ | ☐ | ☐ | ☐ |

# 3. Differenzialrechnung

7 Rosner ISBN: 978-3-8120-0346-9

**Aufgabe 17**

Bestimmen Sie jeweils die Funktionsgleichung der 1. Ableitung.

**a)** $f(x) = 2x^3 - 2x + 1$ $f'(x) =$ ______

**b)** $f(x) = x^4 - 0{,}5x + 1$ $f'(x) =$ ______

**c)** $f(x) = e^{2x-3} - 4$ $f'(x) =$ ______

**d)** $f(x) = -2\sin(x-3)$ $f'(x) =$ ______

**e)** $f(x) = \cos(2x-3)$ $f'(x) =$ ______

**f)** $f(x) = (1-x^3)^4$ $f'(x) =$ ______

**g)** $f(x) = x^2 + e^{2x}$ $f'(x) =$ ______

**h)** $f(x) = x^2 \cdot e^{2x}$ $f'(x) =$ ______

**i)** $f(x) = 4 \cdot x^3 \cdot e^{2x}$ $f'(x) =$ ______

**j)** $f(x) = 0{,}5x^5 - 2x^3 - x$ $f'(x) =$ ______

**k)** $f(x) = -x^3 - 2 + x$ $f'(x) =$ ______

**l)** $f(x) = -e^{-2x} - 2x$ $f'(x) =$ ______

**m)** $f(x) = -\sin(3x^3)$ $f'(x) =$ ______

**n)** $f(x) = -2x + 1$ $f'(x) =$ ______

**o)** $f(x) = \cos(x) \cdot x^2$ $f'(x) =$ ______

**p)** $f_t(x) = 4tx^3 - t$ $f_t'(x) =$ ______

**q)** $f_t(x) = tx + 2t^2$ $f_t'(x) =$ ______

**r)** $f_t(x) = 4e^{tx-2} + t$ $f_t'(x) =$ ______

**s)** $f_t(x) = -\sin(xt-1)$ $f_t'(x) =$ ______

**t)** $f_t(x) = (t-3x)^4$ $f_t'(x) =$ ______

**u)** $f_t(x) = -\cos(2tx)$ $f_t'(x) =$ ______

**v)** $f_t(x) = 4x^4 - tx^3 + t^2$ $f_t'(x) =$ ______

**Aufgabe 18**

Gegeben sind die Schaubilder $K_f$, $K_g$ und $K_h$ und Schaubilder der zugehörigen Ableitungsfunktionen. Ordnen Sie zu, indem Sie diese mit $K_{f'}$, $K_{g'}$ und $K_{h'}$ beschriften.

**a)**

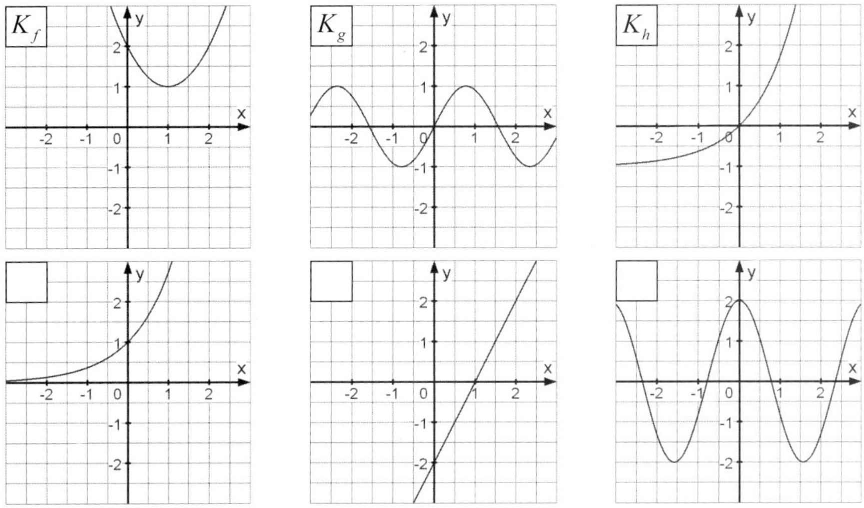


**b)**

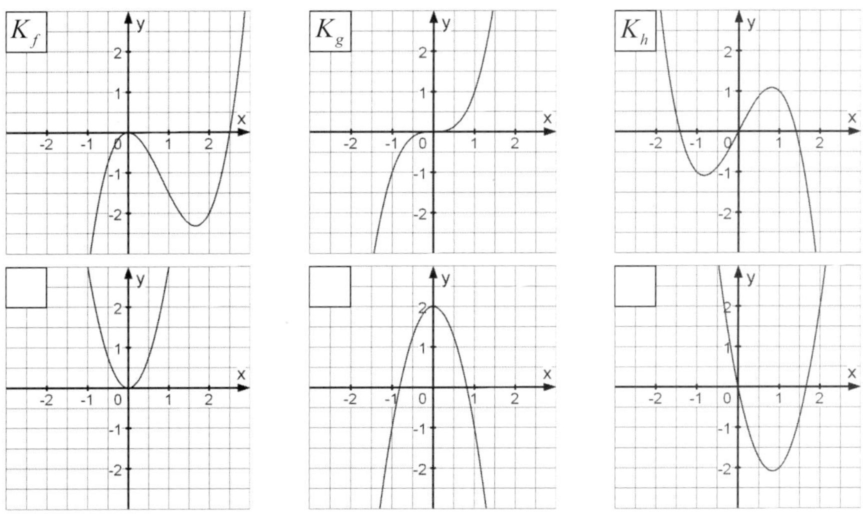


**Tipp**
**Steigung von $K_f$ = $y$ - Wert von $K_{f'}$**
(gilt an jedem $x$-Wert)

**Aufgabe 19**

Gegeben ist $f(x) = e^{0,5x-1} + 2$.
Bei dem $x$-Wert 2 werden eine Tangente und eine Normale an dieses Schaubild angelegt.

**a)** Skizzieren Sie diese in das Koordinatensystem.

**b)** Berechnen Sie deren Gleichungen.

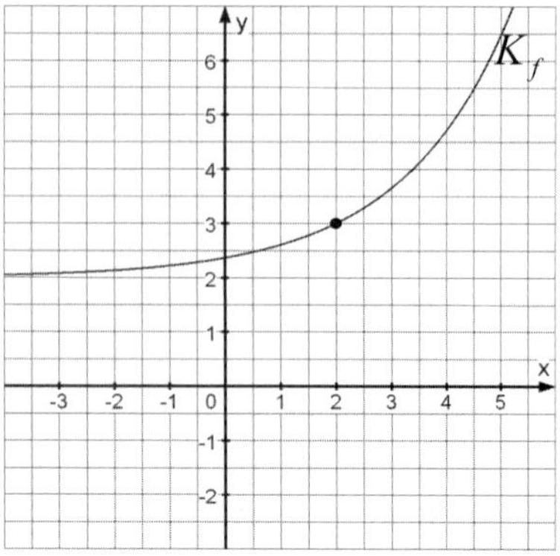


**Aufgabe 20**

Gegeben ist $f(x) = \frac{1}{3}x^3 - 3x$.
Eine Tangente bzw. zwei Normalen an dieses Schaubild besitzen die Steigung $-3$.

**a)** Skizzieren Sie diese in das Koordinatensystem.

**b)** Berechnen Sie deren Gleichungen.

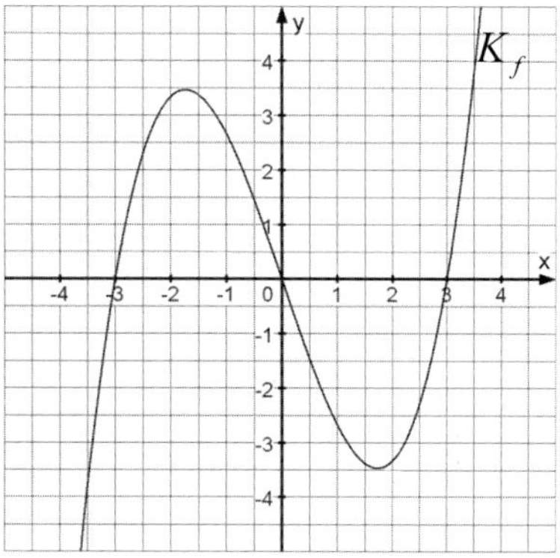


**Aufgabe 21**

Gegeben ist $f(x) = e^{-0,5x}$.
Eine Tangente und eine Normale an dieses Schaubild verlaufen durch den Punkt $P(1\,|\,0)$, welcher nicht auf dem Schaubild liegt.

**a)** Skizzieren Sie diese in das Koordinatensystem.

**b)** Berechnen Sie deren Gleichungen.

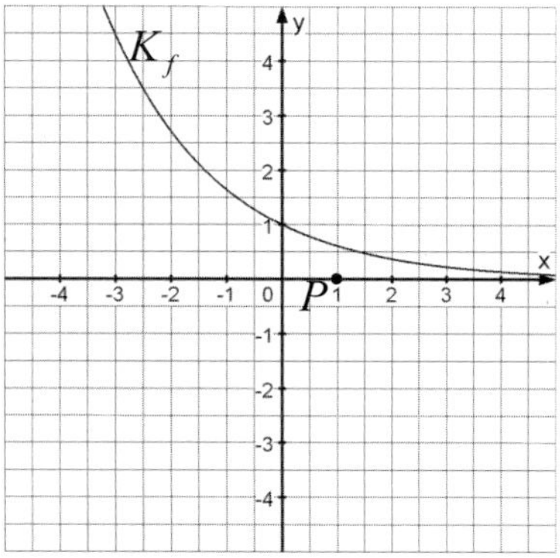

**Aufgabe 22**

Gegeben sind die Funktionen

$f(x) = 0,5x^3 - 2,5x^2 + 2,5x$ und

$g(x) = 0,5x^2 - 2x$.

**a)** Skizzieren Sie die beiden Schaubilder mit Hilfe des GTR/CAS in das Koordinatensystem.

**b)** Weisen Sie rechnerisch nach, dass sich die beiden zugehörigen Schaubilder in einem Punkt berühren. Verwenden Sie hierzu die Ableitungsfunktionen.

**c)** Die beiden Schaubilder besitzen zudem einen Schnittpunkt, welcher kein Berührpunkt ist. Berechnen Sie den zugehörigen Schnittwinkel.

**d)** Beantworten Sie ohne zu Rechnen: Wie groß ist der Schnittwinkel im Berührpunkt aus b)?

☐ 0° ☐ 10°

☐ 90° ☐ keine Aussage möglich

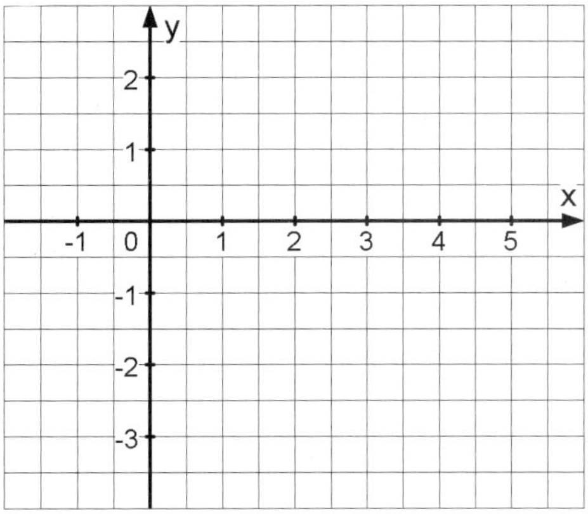


**Tipp : Berührpunkt**

**1.** $f(x_0) = g(x_0)$ **2.** $f'(x_0) = g'(x_0)$

*(gemeinsamer Punkt)* *(gleiche Steigung)*

**Tipp : Steigungswinkel aus Steigung**

$m = \tan(\alpha)$

**Aufgabe 23**

Gegeben ist die Funktion $f(x) = 0,25x^4 - 2x^3 + 4x^2 - 1$.

**a)** Berechnen Sie die Schnittpunkte des Schaubildes mit der $x$-Achse mit Hilfe des GTR/CAS.

**b)** Berechnen Sie den Schnittpunkt des Schaubildes mit der $y$-Achse.

**c)** Berechnen Sie die Koordinaten der Extrempunkte.

**d)** Berechnen Sie die Koordinaten der Wendepunkte.

**e)** Berechnen Sie die Gleichung der Wendetangente, welche eine positive Steigung besitzt.

**Aufgabe 24**

Gegeben ist die Funktionenschar $f_t(x) = \frac{1}{3}x^3 - tx^2 - 3t^2x$ mit $t > 0$.

**a)** Berechnen Sie die Schnittpunkte des Schaubildes mit der $x$-Achse.

**b)** Berechnen Sie den Schnittpunkte des Schaubildes mit der $y$-Achse.

**c)** Berechnen Sie die Koordinaten der Extrempunkte.

**d)** Berechnen Sie die Funktionsgleichung der Ortskurve aller Hochpunkte.

**e)** Berechnen Sie die Koordinaten des Wendepunktes.

**f)** Berechnen Sie die Funktionsgleichung der Ortskurve aller Wendepunkte.

**Aufgabe 25**

Gegeben ist die Funktion $f(x) = \sin(x) + x$.

Weisen Sie rechnerisch nach, dass das zugehörige Schaubild bei $x = \pi$ einen Sattelpunkt besitzt.

**Aufgabe 26**

Skizzieren Sie jeweils die Schaubilder der zugehörigen Ableitungsfunktionen in die unten stehenden Koordinatensysteme.

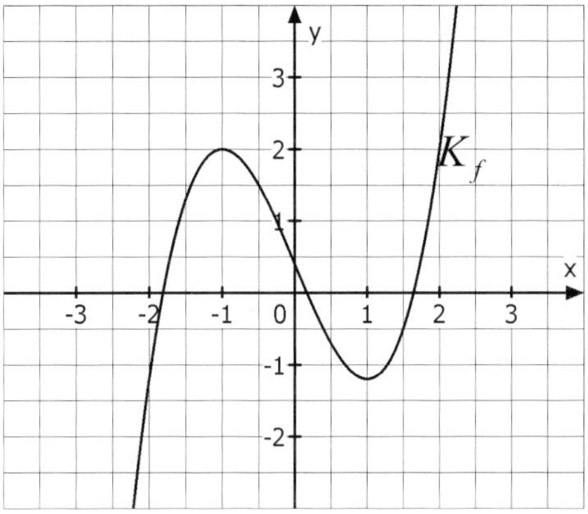


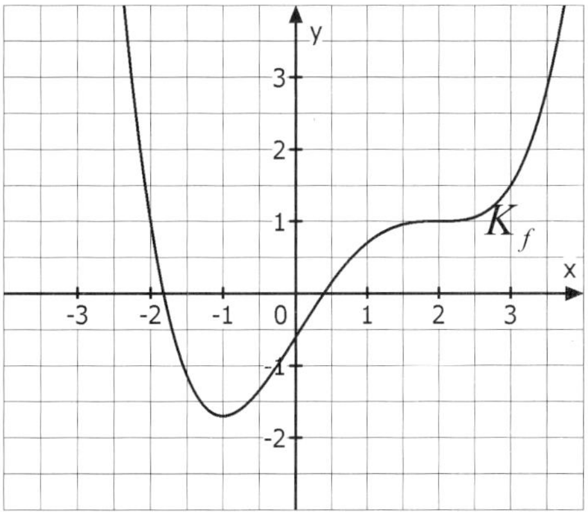


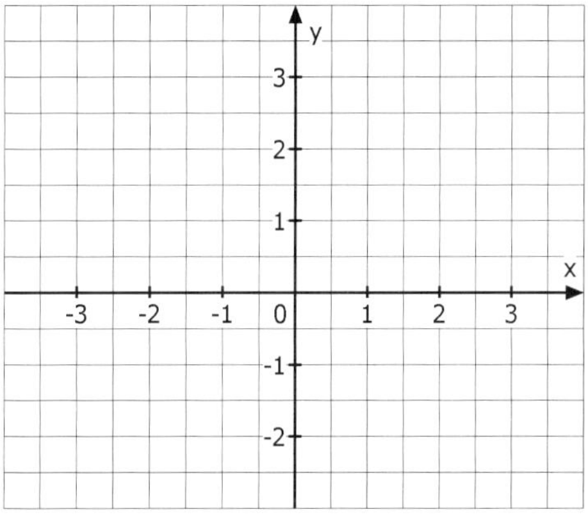


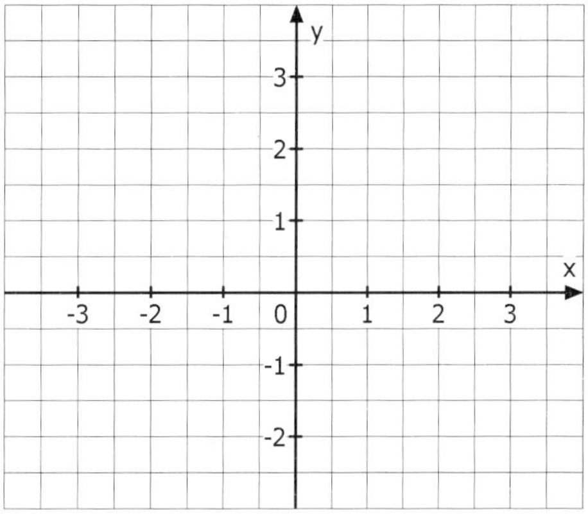


**Tipp**

*N E W*
*N E W*
*N E W*

**Aufgabe 27**

Gegeben ist das Schaubild der Funktion $f(x)$. Entscheiden Sie, welche der nachfolgenden Aussagen wahr bzw. falsch sind. Begründen Sie Ihre Antworten kurz.

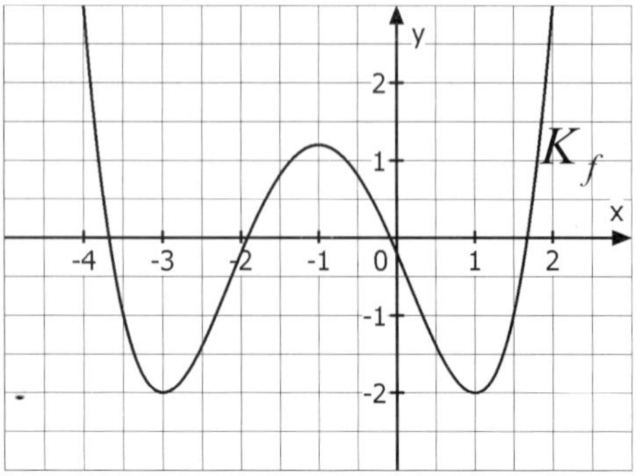


| Aussage | Entscheidung | Begründung |
|---|---|---|
| **a)** Das Schaubild von $f'(x)$ besitzt genau 3 Nullstellen. | ☐ wahr ☐ falsch | |
| **b)** Das Schaubild von $f'(x)$ besitzt genau einen Wendepunkt. | ☐ wahr ☐ falsch | |
| **c)** Das Schaubild von $f'(x)$ besitzt mindestens eine doppelte Nullstelle. | ☐ wahr ☐ falsch | |
| **d)** Das Schaubild von $f'(x)$ besitzt bei $x = -0,5$ einen positiven $y$-Wert. | ☐ wahr ☐ falsch | |
| **e)** $f'(-1,5) > 0$ | ☐ wahr ☐ falsch | |
| **f)** $f''(-1,5) > 0$ (**Tipp**: Argumentieren Sie über die Krümmung) | ☐ wahr ☐ falsch | |
| **g)** $f''(0,5) > 0$ | ☐ wahr ☐ falsch | |
| **h)** Das Schaubild von $f'(x)$ ist symmetrisch zum Ursprung. | ☐ wahr ☐ falsch | |

**Aufgabe 28**

Gegeben ist das Schaubild der Ableitungsfunktion $f'(x)$ zur Funktion $f(x)$. Entscheiden Sie, welche der nachfolgenden Aussagen wahr bzw. falsch sind. Begründen Sie Ihre Antworten kurz.

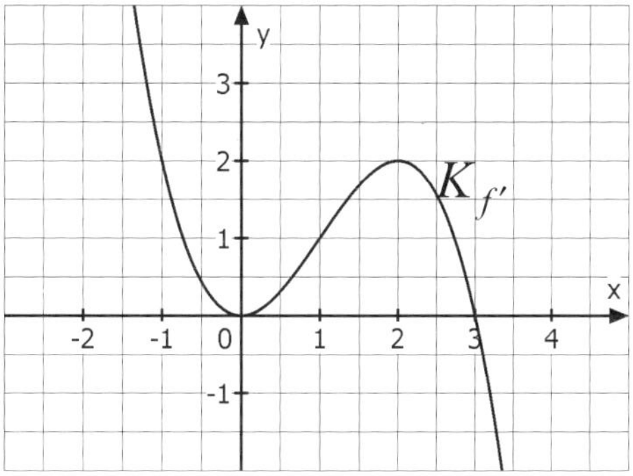


| Aussage | Entscheidung | Begründung |
|---|---|---|
| **a)** Das Schaubild von $f(x)$ besitzt genau drei Wendepunkte. | ☐ wahr<br>☐ falsch | |
| **b)** Das Schaubild von $f(x)$ besitzt genau drei Extrempunkte. | ☐ wahr<br>☐ falsch | |
| **c)** Das Schaubild von $f(x)$ besitzt bei $x = 0$ einen Sattelpunkt. | ☐ wahr<br>☐ falsch | |
| **d)** $f'(2{,}5) < 0$ | ☐ wahr<br>☐ falsch | |
| **e)** $f''(3) < 0$ | ☐ wahr<br>☐ falsch | |
| **f)** Das Schaubild von $f(x)$ ist bei $x = 1$ streng monoton steigend. | ☐ wahr<br>☐ falsch | |
| **g)** Das Schaubild von $f(x)$ ist symmetrisch zur $y$-Achse. | ☐ wahr<br>☐ falsch | |

**Aufgabe 29**

Ermitteln Sie die Funktionsgleichung zum nebenstehenden Schaubild mit Hilfe des Nullstellenansatzes.

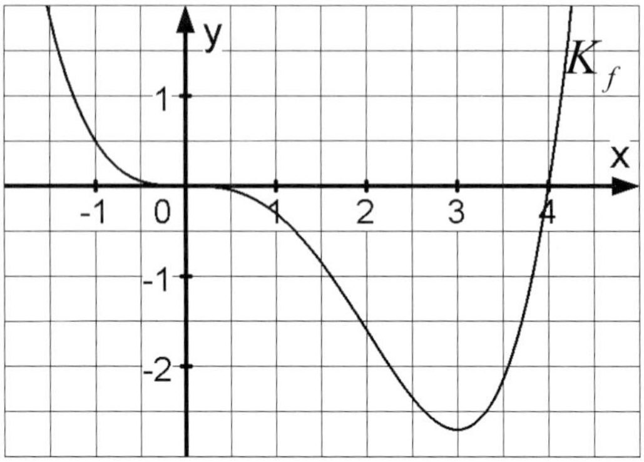


**Aufgabe 30**

Ein Computervirus verbreitet sich gemäß nachfolgender Tabelle.

| | | | | | | | | |
|---|---|---|---|---|---|---|---|---|
| $x$: Anzahl der Tage nach erstmaligem Auftritt | 0 | 1 | 2 | 3 | 4 | 5 | 6 | 7 |
| $f(x)$: Gesamte Anzahl an infizierten Computern | 1 | 3 | 8 | 27 | 88 | 198 | 699 | 2452 |

**a**) Die Funktion $f(x)$ soll den Vorgang näherungsweise beschreiben. Welcher Funktionstyp erscheint Ihnen hierfür sinnvoll?

**b**) Ermitteln Sie den zugehörigen Funktionsterm durch eine Regression mit Hilfe des GTR/CAS.

**Aufgabe 31**

Eine Funktion 4. Grades ist symmetrisch zur $y$-Achse, verläuft durch $P(0\,|\,2)$ und besitzt den Tiefpunkt $T(1\,|\,0)$. Bestimmen Sie deren Funktionsgleichung mit Hilfe der Differenzialrechnung.

**Aufgabe 32**

Eine Funktion 3. Grades verläuft durch den Punkt $P(-2\,|\,8)$ und besitzt den Wendepunkt $W(1\,|\,2)$. Die Tangente im Wendepunkt (Wendetangente) hat die Gleichung $y = 2x$. Bestimmen Sie die Funktionsgleichung mit Hilfe der Differenzialrechnung.

**Aufgabe 33**

Geben Sie die zugehörigen mathematischen Bedingungen an.

| **Beschreibungen des Schaubildes** | **Mathematische Bedingungen** |
|---|---|
| Schaubild verläuft durch $P(-2\,|\,2)$ | |
| Schaubild besitzt den Wendepunkt $W(1\,|\,-2)$ | |
| Schaubild besitzt den Sattelpunkt $S(-4\,|\,5)$ | |
| Schaubild berührt an der Stelle 2 die $x$-Achse | |
| Schaubild ist achsensymmetrisch zur $y$-Achse | |
| Schaubild besitzt an der Stelle 2 eine Steigung von 4 | |
| Schaubild schneidet das Schaubild der bekannten Funktion $g(x)$ an der Stelle 2 | |
| Schaubild verläuft an der Stelle 3 parallel zur Gerade $y=-2x+3$ | |
| Schaubild berührt an der Stelle 0 die Gerade $g(x)=-2x+3$ | |
| Schaubild verläuft an der Stelle 0 parallel zur 1. Winkelhalbierenden | |
| Schaubild besitzt an der Stelle 2 eine waagerechte Tangente | |
| Schaubild schneidet an der Stelle 2 die $x$-Achse | |

**Aufgabe 34**

Gegeben ist die Funktion $f(x)=-x^2+4$, deren Schaubild $K_f$ zwei Schnittpunkte mit der $x$-Achse besitzt.
Zwei Eckpunkte eines zur $y$-Achse symmetrischen Rechtecks befinden sich auf der $x$-Achse, zwischen diesen beiden Schnittpunkten. Die anderen beiden Eckpunkte des Rechtecks befinden sich auf dem Schaubild $K_f$.
Berechnen Sie den maximalen Umfang eines solchen Rechtecks.

**Aufgabe 35**

Nachfolgend sind 6 Extremwertaufgaben dargestellt. Hierbei gehört zu jeder eine der unten stehenden Zielfunktionen. Ordnen Sie zu.

(Der Punkt $Q$ befindet sich jeweils „irgendwo“ auf dem Schaubild $K_f$.)

**1.** Flächeninhalt eines derartigen Rechtecks mit Eckpunkt im Ursprung soll maximal werden.

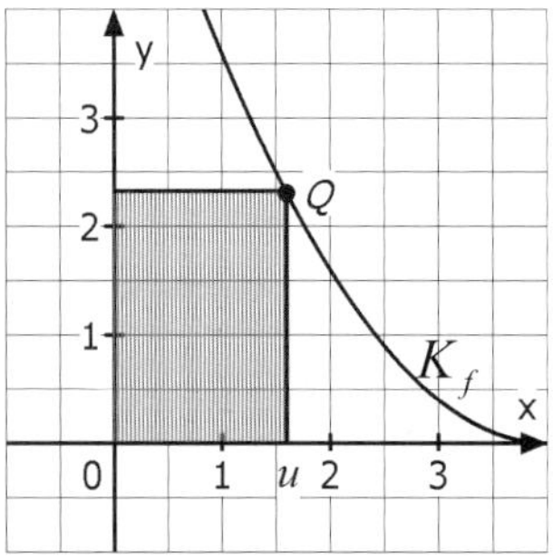


**Zielfunktion :** ___

**2.** Abstand zwischen den Punkten $P(1\,|\,0)$ und $Q$ soll maximal werden.

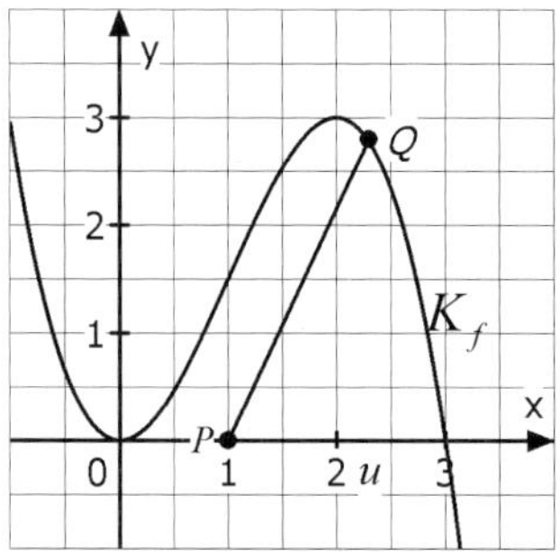


**Zielfunktion :** ___

**3.** Flächeninhalt eines derartigen Dreiecks mit Eckpunkt $P(1\,|\,0)$ soll maximal werden.

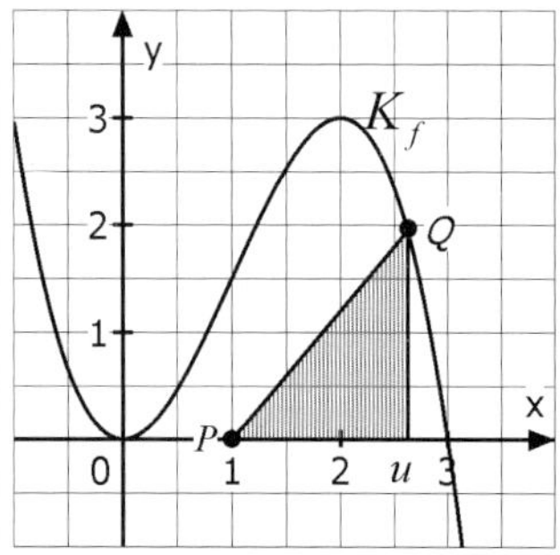


**Zielfunktion :** ___

**4.** Senkrechter Abstand zwischen den Schaubildern $K_f$ und $K_g$ soll maximal werden.

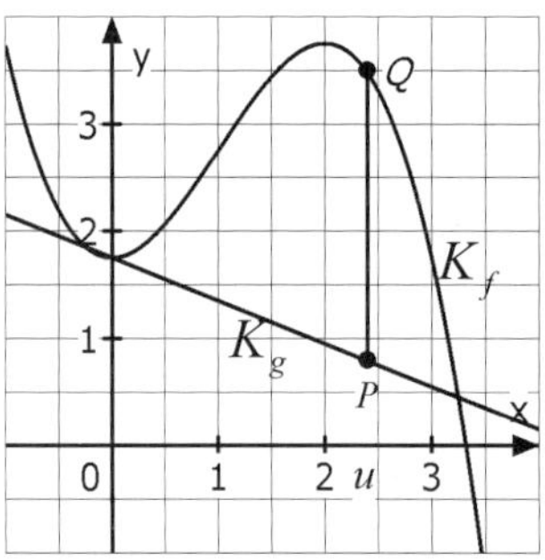


**Zielfunktion :** ___

**5.** Flächeninhalt eines derartigen Dreiecks mit Eckpunkt $P(0\,|\,1)$ soll maximal werden.

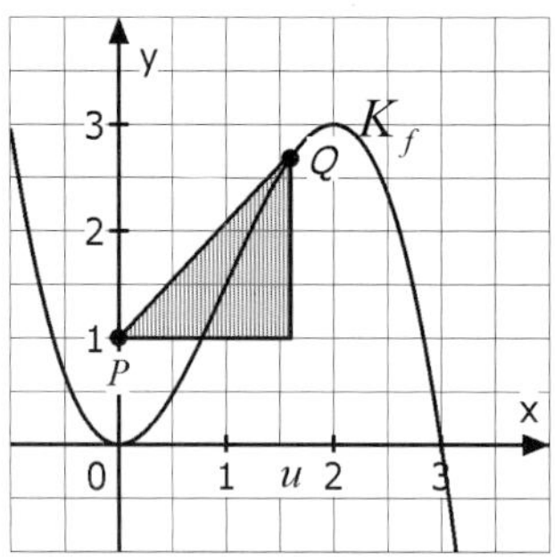


**Zielfunktion :** ___

**6.** Umfang eines derartigen Rechtecks mit Eckpunkt im Ursprung soll maximal werden.

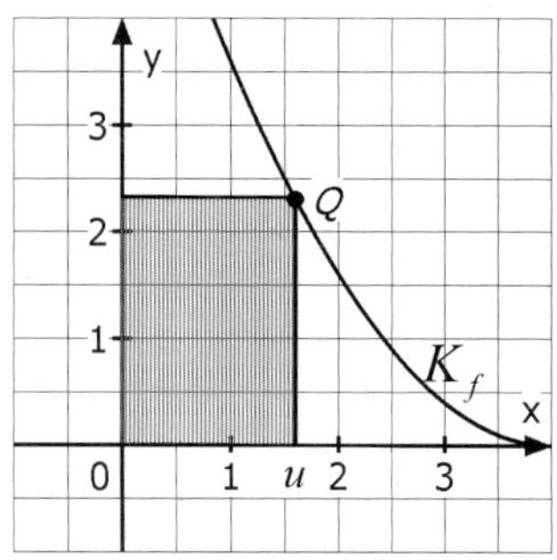


**Zielfunktion :** ___

**A:** $\frac{1}{2}\cdot(u-1)\cdot f(u) \quad (u>1)$

**B:** $f(u)-g(u)$

**C:** $\sqrt{(u-1)^2+\left(f(u)\right)^2}$

**D:** $\frac{1}{2}\cdot u\cdot\left(f(u)-1\right) \quad \left(f(u)>1\right)$

**E:** $u\cdot f(u)$

**F:** $2\cdot u+2\cdot f(u)$

# 4. Integralrechnung

**Aufgabe 36**

Bestimmen Sie jeweils die Funktionsgleichung einer Stammfunktion. Machen Sie dann eine Probe, indem Sie diese ableiten.

**a)** $f(x) = -x^3 + 1$ $F(x) =$ ____________________

**b)** $f(x) = \frac{1}{2}x^4 - x + 1$ $F(x) =$ ____________________

**c)** $f(x) = 2e^{x-3} - 4$ $F(x) =$ ____________________

**d)** $f(x) = 2e^{2x-3} - 4$ $F(x) =$ ____________________

**e)** $f(x) = \cos(4x - 4)$ $F(x) =$ ____________________

**f)** $f(x) = (1 - 4x)^4$ $F(x) =$ ____________________

**g)** $f(x) = x^2 + 2e^{2x}$ $F(x) =$ ____________________

**h)** $f(x) = \sin(3x - 5)$ $F(x) =$ ____________________

**i)** $f(x) = (3x - 2)^4$ $F(x) =$ ____________________

**j)** $f(x) = 0{,}5x^5 - 2x^3 - x$ $F(x) =$ ____________________

**k)** $f(x) = -x^3 - 2 + x$ $F(x) =$ ____________________

**l)** $f(x) = -e^{-2x} - 2x$ $F(x) =$ ____________________

**m)** $f(x) = -\sin(6x)$ $F(x) =$ ____________________

**n)** $f(x) = -2x^4 + e^x$ $F(x) =$ ____________________

**o)** $f(x) = -x^3 + 2x$ $F(x) =$ ____________________

**p)** $f_t(x) = tx^3 - tx$ $F_t(x) =$ ____________________

**q)** $f_t(x) = t^2x + 2t^2$ $F_t(x) =$ ____________________

**r)** $f_t(x) = 4e^{tx-2} + t$ $F_t(x) =$ ____________________

**s)** $f_t(x) = -\sin(1 - 2xt)$ $F_t(x) =$ ____________________

**t)** $f_t(x) = (t - 3x)^4$ $F_t(x) =$ ____________________

**u)** $f(x) = \sin(x) \cdot x^2$ $F(x) =$ ____________________

**Aufgabe 37**

Welche Stammfunktion der Funktion $f(x) = x^2 - 8x$ besitzt ein Schaubild, das durch den Punkt $P(3 \mid -31)$ verläuft?
(Hinweis: Berechnen Sie den hierzu notwendigen Wert der Integrationskonstante.)

**Aufgabe 38**

Gegeben ist die Funktion $f(x) = 2x$.

**a)** Skizzieren Sie die Schaubilder von drei zugehörigen Stammfunktionen in das nebenstehende Koordinatensystem.

**b)** Erklären Sie anhand der drei Schaubilder, weshalb diese Stammfunktionen die gleiche Ableitungsfunktion besitzen.

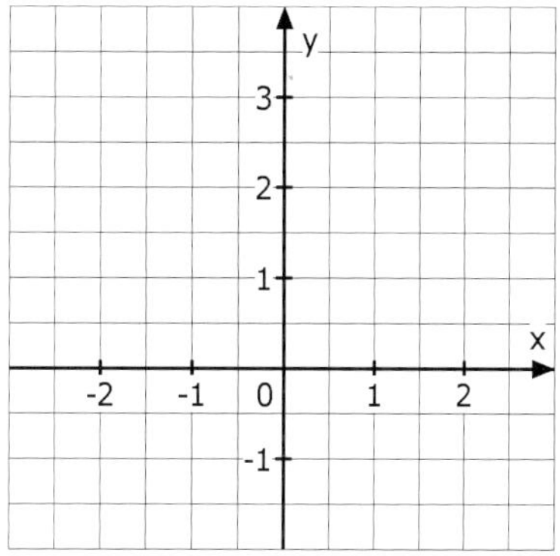


**Aufgabe 39**

In der unteren Zeile befinden sich die Schaubilder $K_f$, $K_g$ und $K_h$. In der oberen Zeile befinden sich die Schaubilder der zugehörigen Stammfunktionen. Ordnen Sie zu, indem Sie diese mit $K_F$, $K_G$ und $K_H$ beschriften.

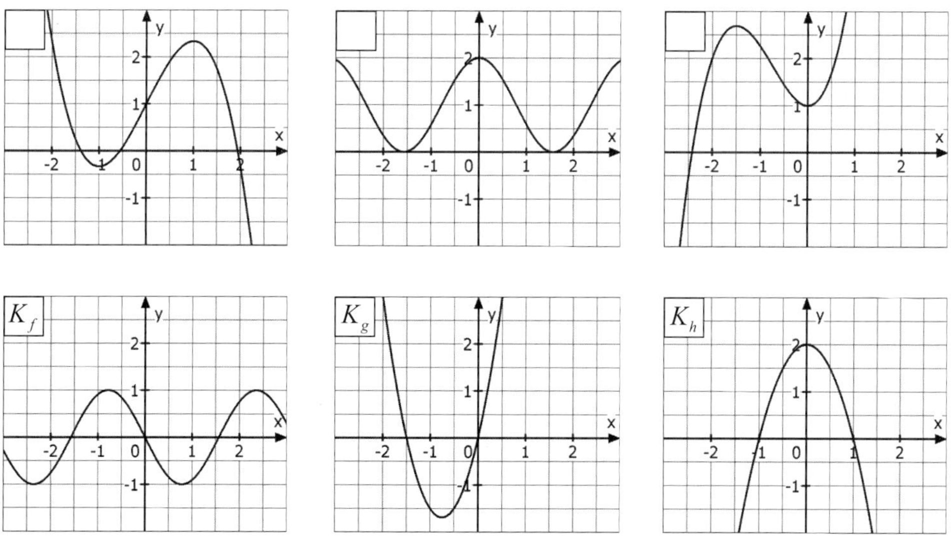


**Tipp**

*N E W*
*N E W*
*N E W*

**Aufgabe 40**

Berechnen Sie jeweils den Inhalt der schraffierten Fläche. (Ohne GTR/CAS).

**a)** $f(x)=-2x^3+4x^2$

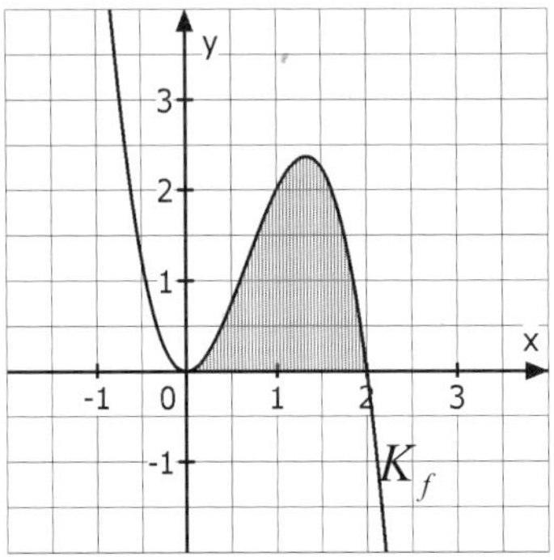


**b)** $f(x)=-2\cos\left(\frac{\pi}{3}x\right)$

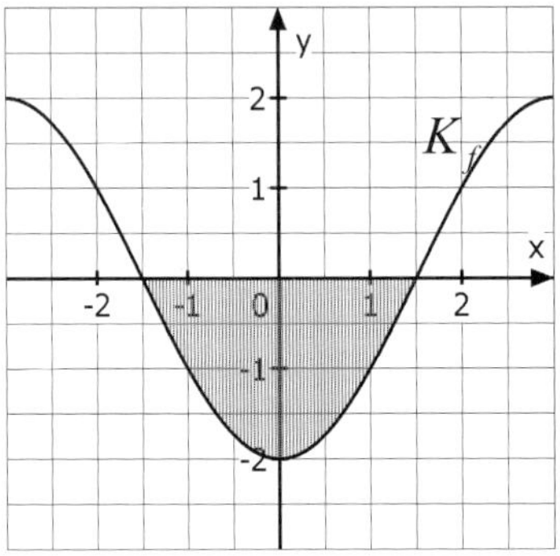


**c)** $f(x)=-e^{0,5x+1}+2$

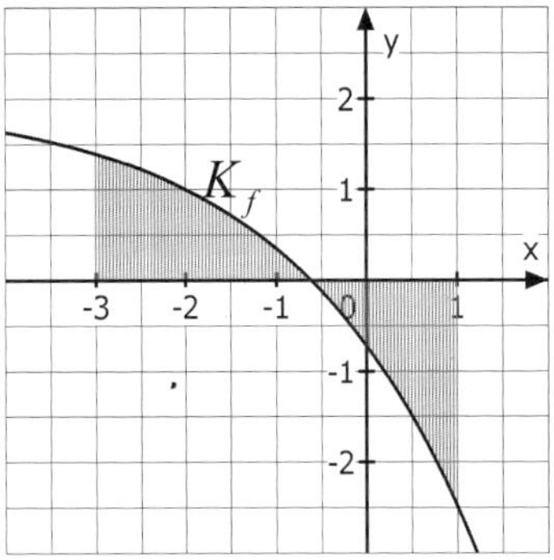


**d)** $f(x)=2x^2-5x+1;\; g(x)=0,5x^3-1,25x^2+1$

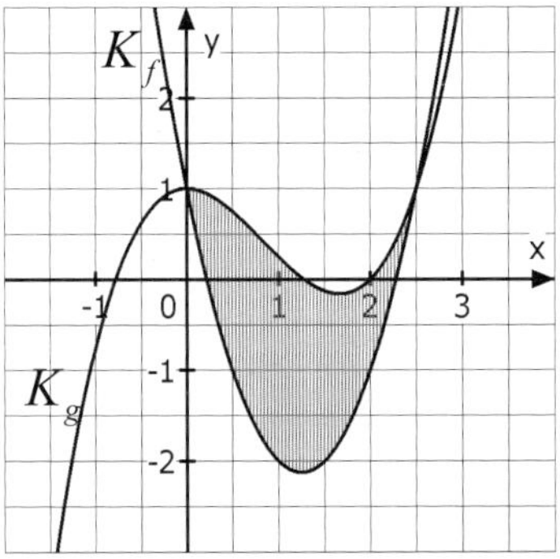


**e)** $f(x)=0,5x^3;\; g(x)=0,3x^2+1,08x$

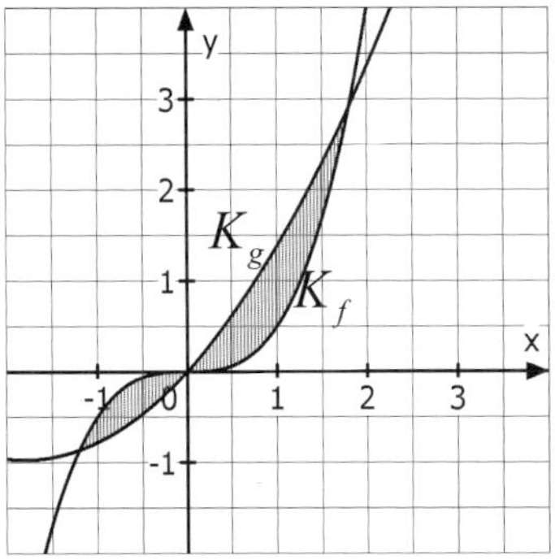

**Aufgabe 41**

Die Schaubilder der Funktionen $f(x)$ und $g(x)$ schließen drei Flächen mit den Inhalten $A_1 = 4{,}1$ FE, $A_2 = 1{,}5$ FE und $A_3 = 1{,}7$ FE ein.

Geben Sie zu jedem der nachfolgenden Flächenberechnungsansätze das zugehörige Ergebnis an. (Ohne GTR/CAS).

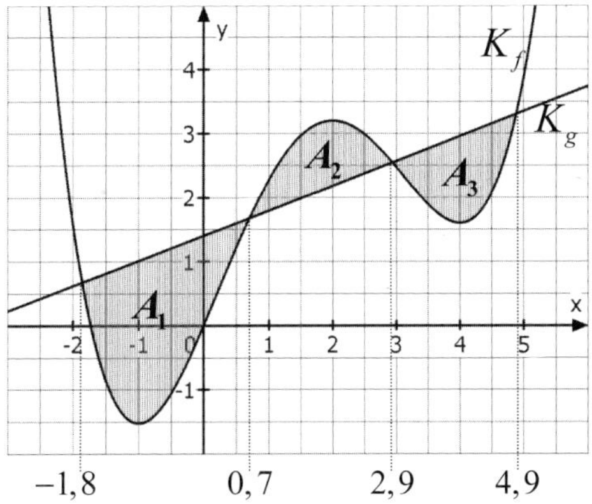


| Flächenberechnungsansatz | Ergebnis |
|---|---|
| a) $\int_{0,7}^{2,9} (f(x)-g(x))\,dx$ | ____ |
| b) $\int_{2,9}^{4,9} (f(x)-g(x))\,dx$ | ____ |
| c) $\int_{-1,8}^{2,9} (f(x)-g(x))\,dx$ | ____ |
| d) $\int_{-1,8}^{4,9} (g(x)-f(x))\,dx$ | ____ |
| e) $\int_{-1,8}^{0,7} (g(x)-f(x))\,dx + \int_{0,7}^{2,9} (f(x)-g(x))\,dx + \int_{2,9}^{4,9} (g(x)-f(x))\,dx$ | ____ |
| f) $\int_{-1,8}^{2,9} \lvert g(x)-f(x)\rvert\,dx$ | ____ |
| g) $\int_{4,9}^{2,9} (g(x)-f(x))\,dx$ | ____ |

**Von Schnittstelle zu Schnittstelle integrieren!**

Ansonsten werden positive und negative Flächeninhaltswerte zu einer **„Flächenbilanz“** verrechnet.

8 Rosner ISBN: 978-3-8120-0346-9

**Aufgabe 42**

Gegeben ist die Funktionenschar

$f_t(x) = 0,5tx^3 - 2,5tx^2 + 3,125tx$ mit $t > 0$

und drei Schaubilder hieraus.

**a**) Berechnen Sie den Inhalt der Fläche, welche das Schaubild $K_3$ zwischen $x = 0$ und $x = 2,5$ mit der $x$-Achse einschließt.

**b**) Berechnen Sie den Inhalt der Fläche, welche $K_t$ zwischen $x = 0$ und $x = 2,5$ mit der $x$-Achse einschließt, in Abhängigkeit von $t$. Kontrollieren Sie hiermit das Ergebnis aus a).

**c**) Für welchen Wert von $t$ beträgt dieser Flächeninhalt 10 FE?

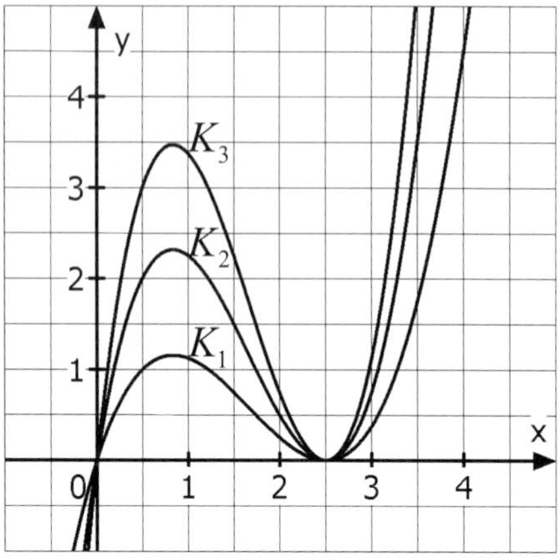


**Aufgabe 43**

Gegeben sind die Funktionen

$f(x) = e^{0,75x} + 0,5x$ und $g(x) = 0,5x$.

Berechnen Sie den Inhalt der Fläche, welche die beiden Schaubilder zwischen $x = -\infty$ und $x = 1$ einschließen.

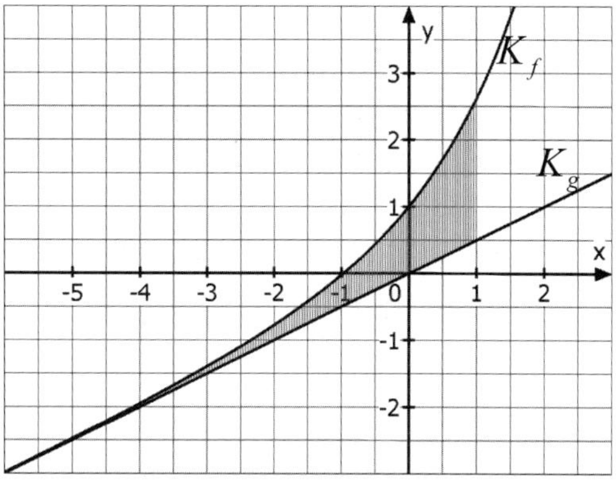


**Aufgabe 44**

Gegeben ist die Funktion $f(x) = -\frac{3}{4}x^2 + 3$.

**a**) Die markierte Fläche rotiert um die $x$-Achse. Berechnen Sie das zugehörige Rotationsvolumen.

**b**) Die markierte Fläche rotiert um die $y$-Achse. Berechnen Sie das zugehörige Rotationsvolumen.

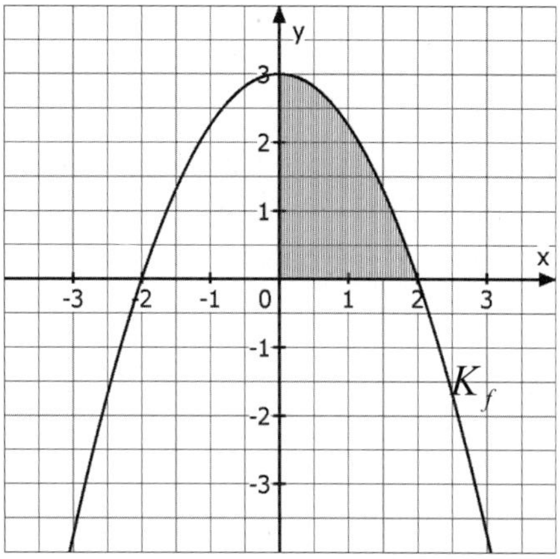

Hinzu kommt die Funktion $g(x)=\frac{7}{8}x$.

**c**) Die markierte Fläche zwischen den beiden Schaubildern rotiert um die $x$-Achse. Berechnen Sie das zugehörige Rotationsvolumen.

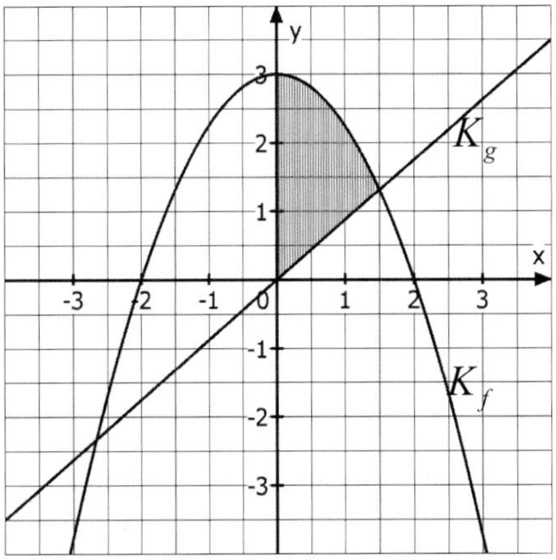


### Aufgabe 45

Gegeben ist die Funktion $f(x)=2\sin(x)$.

**a**) Berechnen Sie den Mittelwert der Funktion im Bereich $x=-1$ bis $x=2$.

**b**) In welchem Bereich besitzt der Mittelwert der Funktion den Wert 0?

☐ $x=0$ bis $x=1$ ☐ $x=0$ bis $x=\pi$

☐ $x=-\pi$ bis $x=\pi$ ☐ $x=\pi$ bis $x=2\pi$

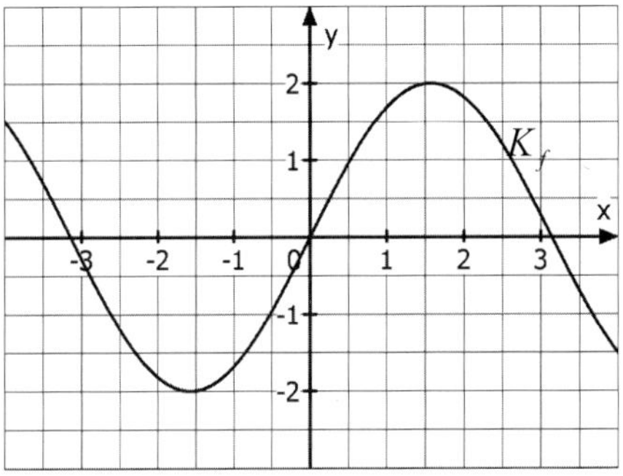


**c**) Berechnen Sie die mittlere Steigung des Schaubildes $K_f$ im Bereich $x=-1$ bis $x=2$.

**d**) In welchem Bereich besitzt die mittlere Steigung des Schaubildes $K_f$ den Wert 0?

☐ $x=0$ bis $x=1$ ☐ $x=-1$ bis $x=0$

☐ $x=0$ bis $x=\pi$ ☐ $x=1$ bis $x=\pi$

**e**) Berechnen Sie die mittlere Abweichung zwischen den Funktionen $f(x)$ und $g(x)=x$ im Bereich $x=0$ bis $x=1{,}5$.

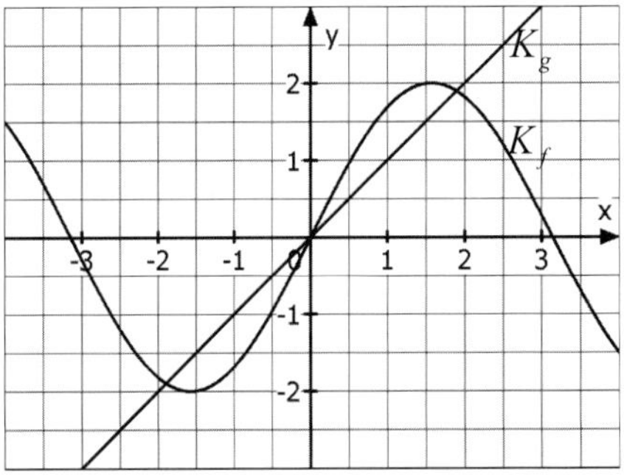

# 5. Anwendungsorientierte Aufgaben

**Aufgabe 46**

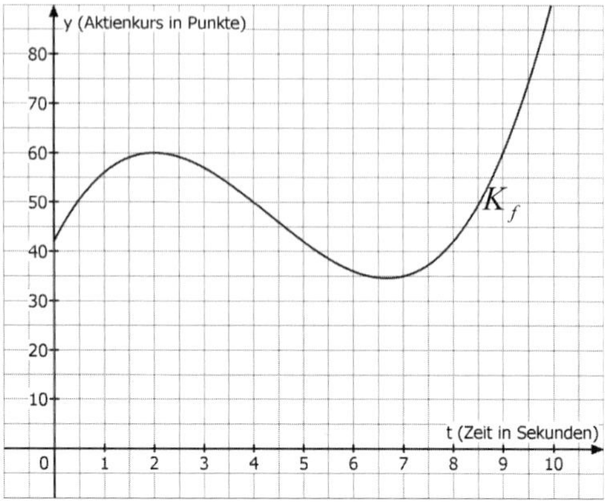


Die Funktion $f(t) = 0{,}5t^3 - 6{,}5t^2 + 20t + 42$ beschreibt den Kurs einer Aktie über einen Zeitraum von 10 Sekunden.

**a)** Welcher Aktienkurs liegt zum Zeitpunkt $t = 3$ vor?

**b)** Zu welchen Zeitpunkten liegt der Kurs bei 36 Punkten?

**c)** Wie lange liegt ein Kurs von weniger als 40 Punkten vor?

**d)** Zu welchem Zeitpunkt liegt der geringste Aktienkurs vor. Wie hoch ist dieser?

**e)** An welchem der beiden nachfolgenden Zeitpunkte nimmt der Aktienkurs stärker zu: $t = 1$ oder $t = 7{,}7$?

**f)** Zu welchem Zeitpunkt nimmt der Aktienkurs am stärksten ab?

**g)** Berechnen Sie den mittleren (durchschnittlichen) Aktienkurs im Zeitraum $t = 1$ bis $t = 7$.

**h)** Berechnen Sie die mittlere (durchschnittliche) Abnahme des Aktienkurses pro Sekunde im Zeitraum $t = 2$ bis $t = 6$.

**Aufgabe 47**

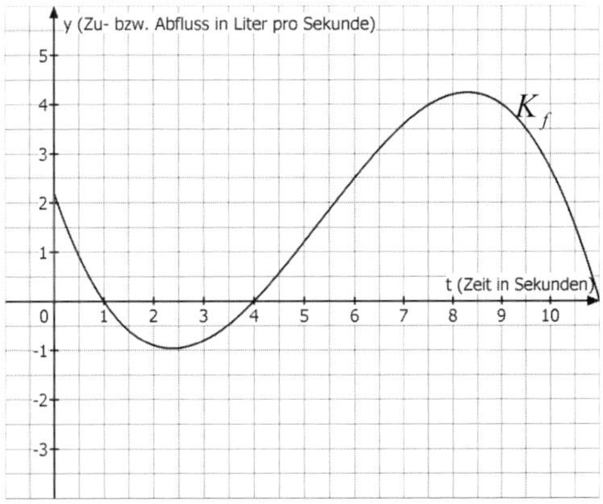


Ein kleiner Wasserspeicher ist mit einer Zuflussleitung und einer Abflussleitung versehen. Die Funktion $f(t) = -0,05t^3 + 0,8t^2 - 2,95t + 2,2$ beschreibt die momentane Zu- bzw. Abflussmenge über einen Zeitraum von 10 Sekunden. Positive $y$-Werte stehen hierbei für einen Wasserzufluss, negative $y$-Werte für einen Wasserabfluss.

**a)** Berechnen Sie $f(3)$ und $f(9)$. Interpretieren Sie die Ergebnisse.

**b)** Beschreiben Sie auf Basis des Schaubildes: Wann liegt ein Zufluss, wann ein Abfluss vor?

**c)** Zu welchen Zeitpunkten fließt genau 1 Liter pro Sekunde zu?

**d)** Zu welchem Zeitpunkt liegt der stärkste Wasserzufluss vor? Geben Sie diesen an.

**e)** Berechnen Sie den mittleren (durchschnittlichen) Wasserzufluss pro Sekunde im Zeitraum $t = 5$ bis $t = 10$.

**f)** Welche Wassermenge fließt während der Abflusszeit insgesamt ab?

**g)** Berechnen Sie $\int_2^7 (f(t))\,dt$ und interpretieren Sie das Ergebnis.

**h)** Zum Zeitpunkt $t = 3$ befinden sich 50 $l$ im Wasserspeicher. Bestimmen Sie hiermit die Gleichung der Funktion, die zu jedem Zeitpunkt den aktuellen Wasserbestand im Speicher angibt.

**i)** Lösen Sie die Teilaufgabe f) mit Hilfe der Funktion aus Teilaufgabe h) erneut.

**Aufgabe 48**

Eine Vase aus Glas wird entworfen. Diese ensteht durch Rotation der markierten Fläche um die $y$-Achse.
Die Fläche wird durch die Schaubilder der Funktionen $f(x)$ und $g(x)$ begrenzt.
Gegeben ist:

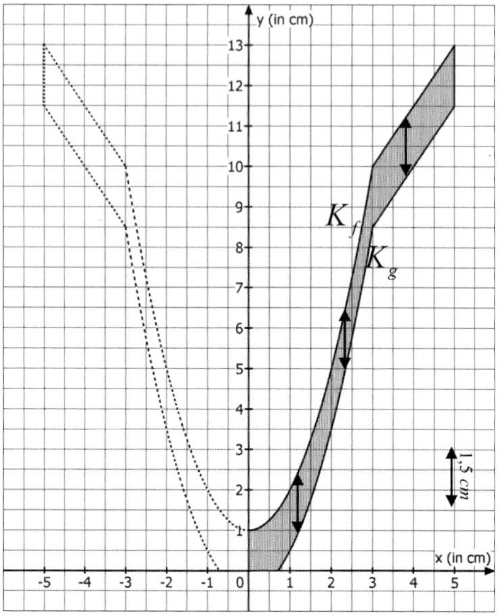


$$g(x)=\begin{cases} x^2-0,5 & \text{für } 0,71\le x<3 \\ 1,5x+4 & \text{für } 3\le x\le 5 \end{cases}$$

**a**) Vervollständigen Sie die Gleichung der Funktion $f(x)$, wenn der vertikale Abstand der beiden Schaubilder (Pfeil!) überall $1,5\ cm$ beträgt.

$$f(x)=\begin{cases} \_\_\_\_\_\_\_\_ & \text{für } \_\_\_\_\_\_\_\_ \\ \_\_\_\_\_\_\_\_ & \text{für } \_\_\_\_\_\_\_\_ \end{cases}$$

**b**) Welche Wassermenge fasst die Vase, wenn sie bis zum oberen Rand gefüllt wird?

**c**) In der Vase befinden sich nur $100\ ml$ Wasser. Wie hoch ist der Wasserstand?
(Hinweis: $1000\ cm^3 = 1000\ ml = 1\ l$)

**d**) Eine weitere Vase wird entworfen, indem eine Fläche um die $y$-Achse rotiert.
Hierbei sollen die Parabeln bei $x=2$ in den Punkten $P_1$ bzw. $P_2$ glatt, also ohne Knick, in Geraden übergehen (siehe Skizze).
Vervollständigen Sie die Gleichungen der hierzu benötigten Funktionen $f(x)$ und $g(x)$.

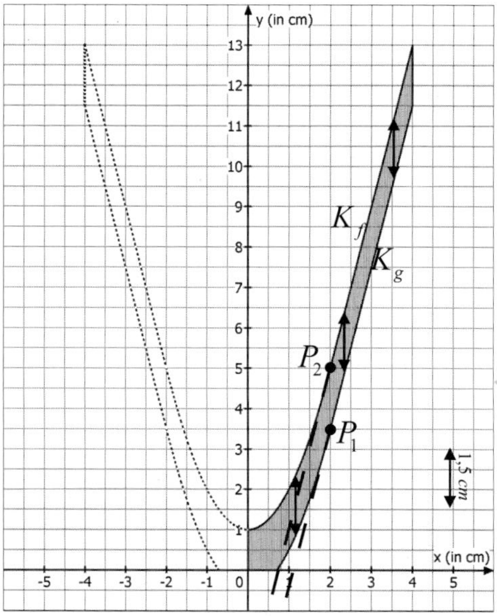


$$f(x)=\begin{cases} \_\_\_\_\_\_\_\_ & \text{für } \_\_\_\_\_\_\_\_ \\ \_\_\_\_\_\_\_\_ & \text{für } \_\_\_\_\_\_\_\_ \end{cases}$$

$$g(x)=\begin{cases} x^2-0,5 & \text{für } 0,71\le x<2 \\ \_\_\_\_\_\_\_\_ & \text{für } \_\_\_\_\_\_\_\_ \end{cases}$$

# III. Zusammenfassung zur Stochastik

## 1. Grundlagen

## 1.1 Ergebnisse, Ereignisse und Verknüpfungen

| | **Zufallsexperiment**<br>Würfel wird ein Mal geworfen | **Zufallsexperiment**<br>Münze wird 2-mal geworfen |
|---|---|---|
| **Ergebnis**<br>Ein möglicher Ausgang des Zufallsexperimentes. | z.B. 3 | z.B. *ZW* |
| **Ergebnismenge**<br>Alle möglichen Ergebnisse des Zufallsexperimentes<br>(Hilfsfrage: „*Was kann alles passieren*?") | $S=\{1;2;3;4;5;6\}$ | $S=\{(WW);(WZ);$<br>$(ZW);(ZZ)\}$ |

| | | |
|---|---|---|
| **Ereignis**<br>Ausgewählte Ergebnisse aus der Ergebnismenge, welche die „Ereignis-eigenschaft" besitzen.<br>Ein **Ereignis tritt ein**, wenn das Zufalls-experiment mit einem Ergebnis endet, welches zu dem Ereignis gehört. | Ereignis $A$:<br>*Eine gerade Zahl.*<br>$A=\{2;4;6\}$<br><br>Ereignis $B$: *Eine größere Zahl als 4.*<br>$B=\{5;6\}$ | Ereignis $A$: *Im ersten Wurf Wappen.*<br>$A=\{(WW);(WZ)\}$<br><br>Ereignis $B$: *2 - mal die gleiche Seite.*<br>$B=\{(WW);(ZZ)\}$ |
| **Gegenereignis**<br>Alle Ergebnisse aus $S$, die nicht im betrachteten Ereignis enthalten sind.<br>Also: „Alle anderen". | $\overline{A}=\{1;3;5\}$<br>$\overline{B}=\{1;2;3;4\}$ | $\overline{A}=\{(ZW);(ZZ)\}$<br>$\overline{B}=\{(WZ);(ZW)\}$ |

| | | |
|---|---|---|
| **Verknüpfung $\cup$ (oder)**<br>$A \cup B$: Alle Ergebnisse, die zum Ereignis $A$ **oder** zum Ereignis $B$ gehören.<br>Also: Alle Ergebnisse aus $A$ und $B$ zusammen, „Doppelte“ nur ein Mal. | $C=\{1;2;3\}$<br>$D=\{2;3;4;6\}$<br><br>$C \cup D=\{1;2;3;4;6\}$ | $C=\{(WW);(WZ)\}$<br>$D=\{(WZ)\}$<br><br>$C \cup D=\{(WW);(WZ)\}$ |
| **Verknüpfung $\cap$ (und)**<br>$A \cap B$: Alle Ergebnisse, die zu $A$ **und** zu $B$ gehören.<br>Also: Nur die Ergebnisse, die in beiden Ereignissen enthalten sind. | $C=\{1;2;3\}$<br>$D=\{2;3;4;6\}$<br><br>$C \cap D=\{2;3\}$ | $C=\{(WW);(WZ)\}$<br>$D=\{(WZ)\}$<br><br>$C \cap D=\{(WZ)\}$ |
| **Unvereinbare Ereignisse**<br>Zwei Ereignisse, die keine gemeinsamen Ergebnisse besitzen.<br>Wenn diese mit $\cap$ verknüpft werden, erhält man deshalb eine leere Menge. | $C=\{1;2;3\}$<br>$E=\{5;6\}$<br><br>$C \cap E=\{\ \}$ | $C=\{(WW);(WZ)\}$<br>$E=\{(ZZ)\}$<br><br>$C \cap E=\{\ \}$ |

# 2. Anlegen von Baumdiagrammen

**Keine Aufgabe ohne Baumdiagramm!**
Fehlende Baumdiagramme sind die größte Fehlerquelle in der Stochastik.

## 2.1 Einführende Beispiele

**Beispiel 1**

**Aufgabenstellung**

Eine Münze wird 3-mal geworfen.

**Darstellung im Urnenmodell**

3 Entnahmen

2 Kugeln
Beschriftung : 1 Kugel mit $W$
1 Kugel mit $Z$

Ziehen mit Zurücklegen

**Darstellung im Baumdiagramm**

3 Stufen

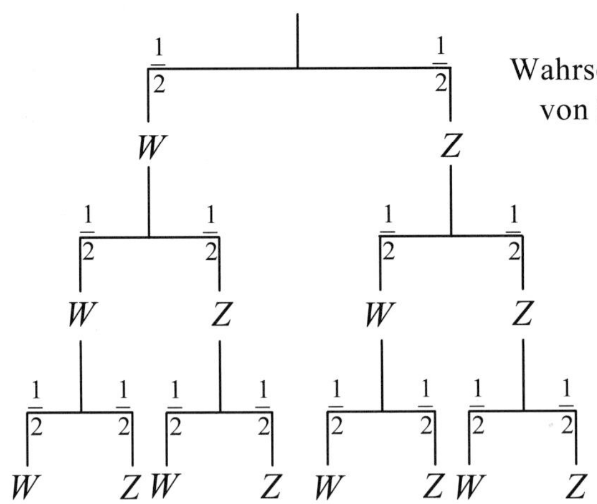


Gleiche Wahrscheinlichkeiten von Stufe zu Stufe

**Beispiel 2**

**Aufgabenstellung**

Ein Stapel von 5 Karten enthält 2 Asse. Es werden 2 Karten nacheinander abgehoben.

⇩

**Darstellung im Urnenmodell**

2 Entnahmen

5 Kugeln
Beschriftung : 2 Kugeln mit $A$
3 Kugeln mit $\overline{A}$

Ziehen ohne Zurücklegen

⇩

**Darstellung im Baumdiagramm**

2 Stufen

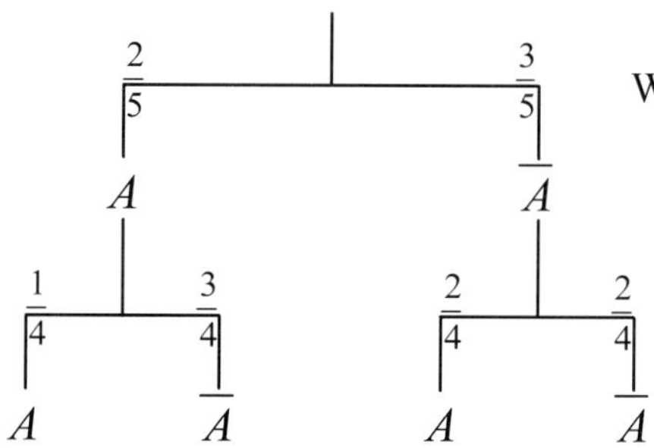


Verschiedene Wahrscheinlichkeiten von Stufe zu Stufe

## 2.2 Grundsätzliche Hinweise zu den einführenden Beispielen

### 1. Wozu dient das Urnenmodell?

Vor allem bei der Bearbeitung von schwierigen Aufgabenstellungen, die nicht direkt in Baumdiagramme überführt werden können, ist es oftmals hilfreich, zunächst ein Urnenmodell anzufertigen. Hierdurch wird der Blick auf die wesentlichen Eigenschaften der Aufgabenstellung gelenkt, unwesentliche Zusatzinformationen werden hingegen erkannt und können bewusst ausgeblendet werden.

### 2. Wie kommt man zum „richtigen" Baumdiagramm?

**Unbrauchbares Baumdiagramm zum Beispiel 2** (siehe Vorseite)

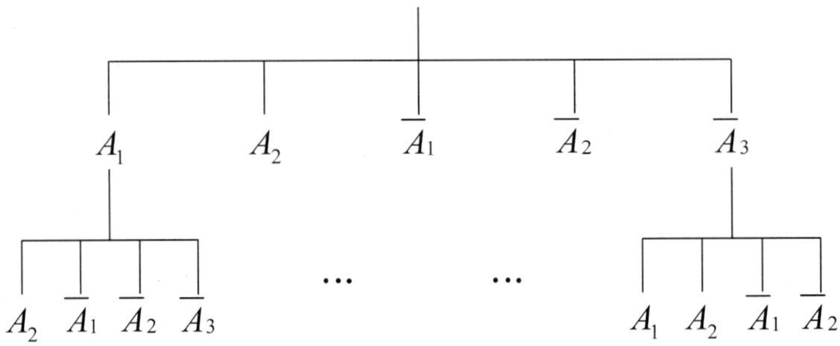


**Richtiges Baumdiagramm**

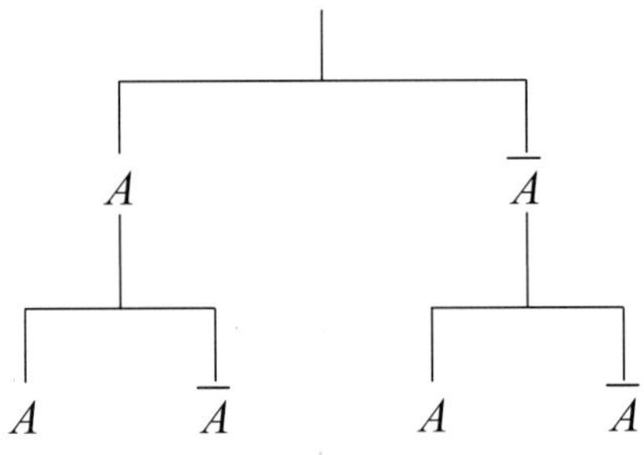


**Merkmal des richtigen Baumdiagramms**

Die Ergebnismenge (S. 122) zu diesem Zufallsexperiment lautet:

$S = \{(AA);(A\overline{A});(\overline{A}A);(\overline{A}\overline{A})\}.$

Das richtige Baumdiagramm führt stets auf genau diese Ergebnisse, indem man schlicht alle Äste abläuft.

## 3. Wie kommen die Wahrscheinlichkeiten am Baumdiagramm zustande?

**Beschreibung**

Vor dem ersten Zug befinden sich 5 Kugeln (Karten) in der Urne. Hiervon sind 2 Kugeln mit $A$ beschriftet (Asse).
Dies führt auf eine Wahrscheinlichkeit von 2 / 5 (2 günstige von 5 möglichen Ergebnissen) für $A$. Die Wahrscheinlichkeit für $\bar{A}$ beträgt dementsprechend 3 / 5 oder 60 %.
Falls im ersten Zug beispielsweise eine $A$-Kugel gezogen wird, verbleiben noch eine weitere $A$-Kugel und 3 $\bar{A}$-Kugeln in der Urne.
In diesem Fall beträgt die Wahrscheinlichkeit für $A$ 1 / 4, die Wahrscheinlichkeit für $\bar{A}$ beträgt 3 / 4.

**Baumdiagramm zum Beispiel 2**

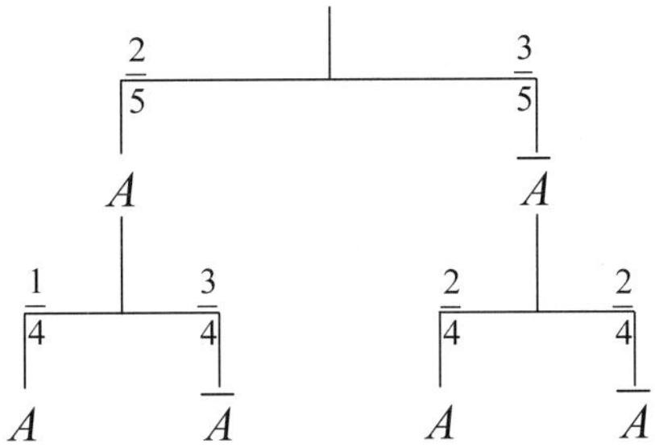


**Summe der Wahrscheinlichkeiten an jeder Verzweigung: 100 %**

**Ergebnis :** Die Wahrscheinlichkeiten entsprechen dem Verhältnis von günstigen zu möglichen Ergebnissen zu dem Zeitpunkt, an welchem gezogen wird.

## 4. Unterschied zwischen Ziehen mit Zurücklegen und Ziehen ohne Zurücklegen

| **Baumdiagramm zum Beispiel 1 (Ziehen mit Zurücklegen)** | **Baumdiagramm zum Beispiel 2 (Ziehen ohne Zurücklegen)** |
|---|---|
| 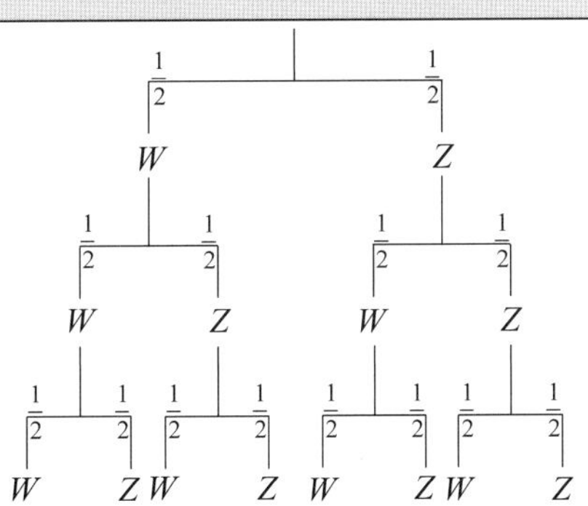 | 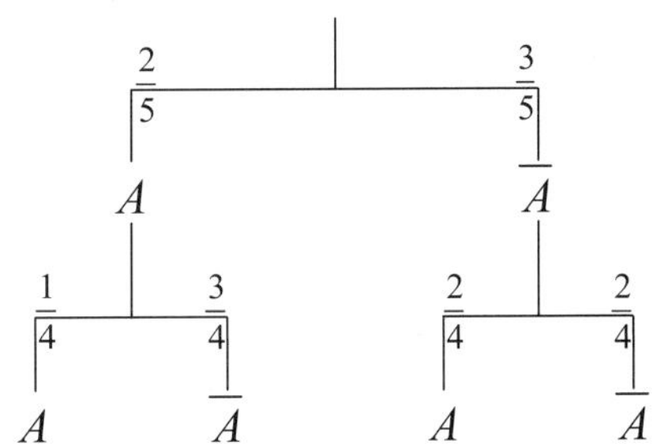 |
| **Beschreibung**<br>Gleiche Wahrscheinlichkeiten auf jeder Stufe.<br>Es finden mehrere, voneinander unabhängige, Zufallsexperimente statt. | **Beschreibung**<br>Wahrscheinlichkeiten ändern sich von Stufe zu Stufe abhängig davon:<br>1. **Wie viele** Kugeln schon gezogen wurden (Änderung im **Nenner**).<br>**2. Welche** Kugeln in den Vorstufen gezogen wurden (Änderung im **Zähler**). |
| **Gleiche Wahrscheinlichkeiten von Stufe zu Stufe** | **Verschiedene Wahrscheinlichkeiten von Stufe zu Stufe** |

9 Rosner ISBN: 978-3-8120-0346-9

## 2.3 Weitere Beispiele und Aufbau der zugehörigen Baumdiagramme

| Ziehen mit Zurücklegen | Ziehen ohne Zurücklegen |
| --- | --- |
| **Beispiel 1:** Es befinden sich immer 10 Teile in einem Karton, von denen 3 Teile stets defekt sind. Es werden 7 Kartons geöffnet.<br>**Anzahl Stufen:** 7<br>**Wahrscheinlichkeiten:** $d:\frac{3}{10};\ \bar{d}:\frac{7}{10}$ | **Beispiel 1:** Es befinden sich 10 Teile in einem Karton. 3 Teile davon sind defekt. Aus dem Karton werden 4 Teile entnommen.<br>**Anzahl Stufen:** 4<br>**Wahrscheinlichkeiten:** $d:\frac{3}{10};\ \bar{d}:\frac{7}{10}$<br>**(nur 1. Stufe)** |
| **Beispiel 2:** Ein Glücksrad mit 6 gleich großen Feldern (1 rotes Feld, 2 blaue Felder, 3 grüne Felder) wird 4-mal gedreht.<br>**Anzahl Stufen:** 4<br>**Wahrscheinlichkeiten:** $r:\frac{1}{6};\ b:\frac{2}{6};\ g:\frac{3}{6}$ | **Beispiel 2:** In einer Lostrommel befinden sich 5 Gewinnlose und 25 Nieten. Es werden 4 Lose gezogen.<br>**Anzahl Stufen:** 4<br>**Wahrscheinlichkeiten:** $G:\frac{5}{30};\ N:\frac{25}{30}$<br>**(nur 1. Stufe)** |
| **Beispiel 3:** Ein Würfel wird 3-mal geworfen. (Oder: 3 Würfel werden gleichzeitig geworfen.)<br>**Anzahl Stufen:** 3<br>**Wahrscheinlichkeiten:** $1:\frac{1}{6};\ 2:\frac{1}{6};...;6:\frac{1}{6}$ | **Beispiel 3:** Eine Rubbelkarte hat 16 Felder. Nur eines davon führt zu einem Gewinn. Ein Spieler rubbelt 3 Felder auf.<br>**Anzahl Stufen:** 3<br>**Wahrscheinlichkeiten:** $G:\frac{1}{16};\ N:\frac{15}{16}$<br>**(nur 1. Stufe)** |
| **Beispiel 4:** Die Prüfung für den Autoführerschein besteht aus 18 Fragen. Bei jeder Frage gibt es 3 Antwortmöglichkeiten, von denen eine richtig ist. Der Prüfling rät.<br>**Anzahl Stufen:** 18<br>**Wahrscheinlichkeiten:** $r:\frac{1}{3};\ f:\frac{2}{3}$ | **Beispiel 4:** Aus einem Skatkartenspiel mit jeweils 8 Karten der Farben Kreuz, Pik, Herz und Karo werden 2 Karten entnommen.<br>**Anzahl Stufen:** 2<br>**Wahrscheinlichkeiten (nur 1. Stufe):**<br>$Kr:\frac{8}{32};\ P:\frac{8}{32};\ H:\frac{8}{32};\ Ka:\frac{8}{32}$ |
| **Beispiel 5:** Ein Schütze schießt 3-mal. Er trifft mit einer Wahrscheinlichkeit von 75 %.<br>**Anzahl Stufen:** 3<br>**Wahrscheinlichkeiten:** $t:0,75;\ \bar{t}:0,25$<br>(Bei Wahrscheinlichkeitsangaben in Prozent liegt meist Ziehen mit Zurücklegen vor.) | |

## 2.4 Spezielle Baumdiagramme

### 1. Baumdiagramme für Ziehen mit Zurücklegen <u>und</u> Ziehen ohne Zurücklegen

**Beispiel**
In einer Urne befinden sich 4 rote, 3 blaue und 2 grüne Kugeln.
Es werden 2 Kugeln ohne Zurücklegen entnommen.
Falls eine rote Kugel gezogen wird, wird diese jedoch wieder zurückgelegt.

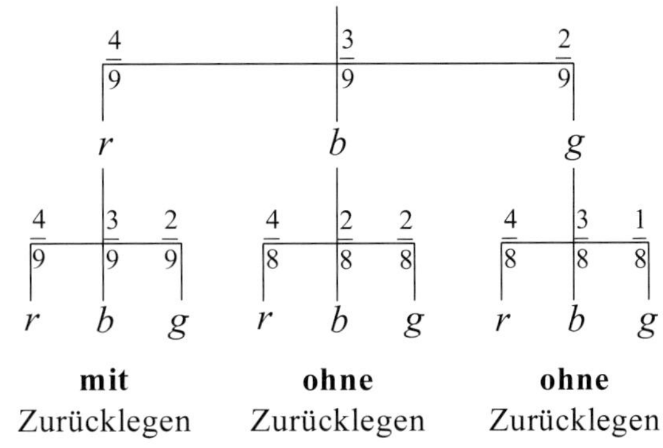


### 2. Baumdiagramme ohne feste Anzahl an Stufen

**Beispiel**
Beim Rundlauf (Mäxle) im Tischtennis stehen sich im Finale 2 Spieler gegenüber. Spieler *A* entscheidet mit einer Wahrscheinlichkeit von 60 % einen Ballwechsel für sich.
Wer zuerst 2 Ballwechsel gewonnen hat, ist Sieger.

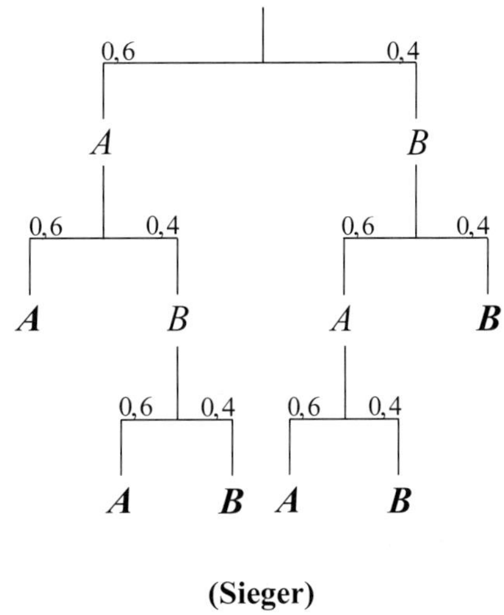

## 3. Baumdiagramme für Entnahmen aus verschiedenen Urnen

Zeitlich gesehen sind die nachfolgenden Zufallsexperimente einstufig, sie werden jedoch in einem zweistufigen Baumdiagramm dargestellt. Hierbei bilden die beiden Stufen inhaltlich **verschiedene Fragestellungen** innerhalb des Zufallsexperimentes ab und basieren deshalb auch auf **verschiedenen Urnenmodellen**.

**Beispiel 1**

In einem Paket befinden sich 11 Handys. 4 davon sind vom Hersteller $A$.
Für 70 % der Handys eines jeden Herstellers wird eine Flatrate gebucht.

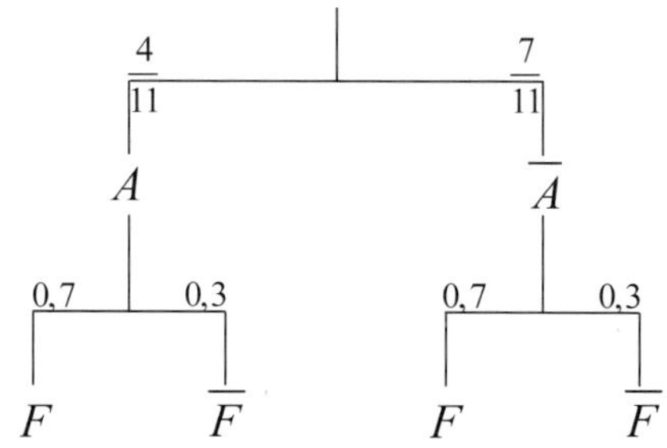


**Beispiel 2**

30 % der 100 m-Läufer sind bei einem Wettkampf gedopt ($g$).
Ein Dopingtest entlarvt gedopte Sportler mit einer Wahrscheinlichkeit von 99 %.
Jedoch erhält auch ein nicht gedopter Sportler mit einer Wahrscheinlichkeit von 4 % ein positives Dopingtestergebnis ($p$).

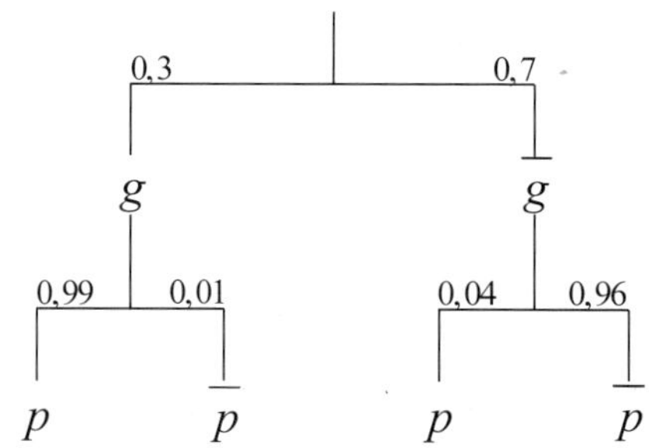

**Beispiel 3**

In einer Urne befinden sich 4 rote und 3 blaue Kugeln.
Jeweils eine rote und eine blaue Kugel sind mit dem Buchstaben „*A*“ beschriftet. Alle anderen Kugeln mit dem Buchstaben „*C*“.

**Möglichkeit 1:**

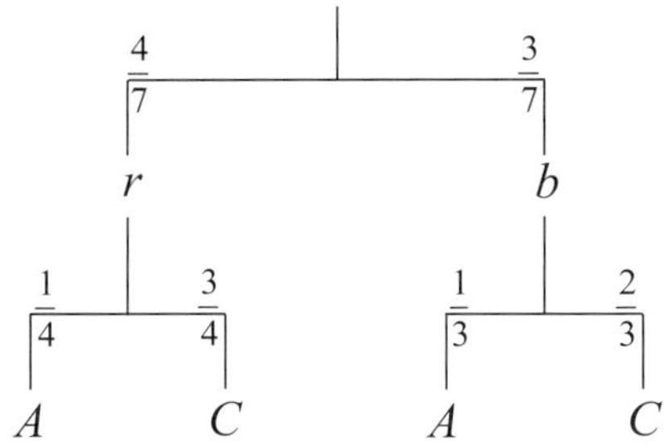


**Möglichkeit 2:**

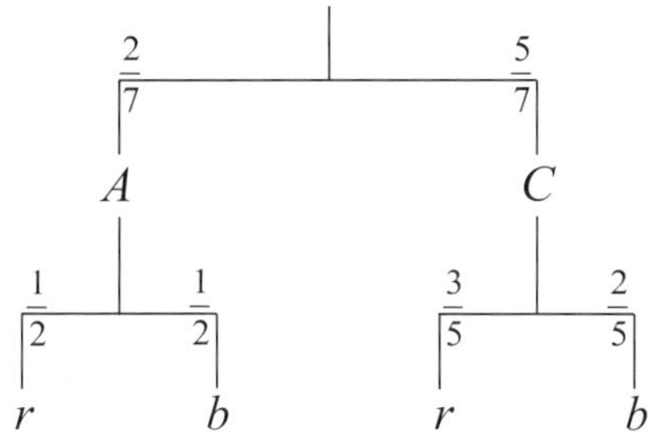


Im folgenden Beispiel werden **zwei separate** Zufallsexperimente **in einem** gemeinsamen Baumdiagramm dargestellt.

**Beispiel 4**

Zwei Glücksräder, deren Einzelsektoren alle gleich groß sind, werden gleichzeitig gedreht. Ein Glücksrad hat 7 rote und 4 blaue Felder. Das andere Glückrad hat 3 rote, 4 blaue und ein schwarzes Feld.

**Möglichkeit 1:**

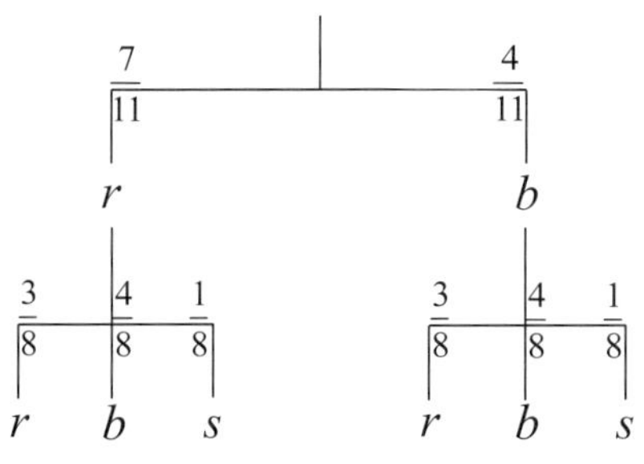


**Bemerkung:** Gedanklich schaut man zunächst auf des erste Glücksrad.

**Möglichkeit 2:**

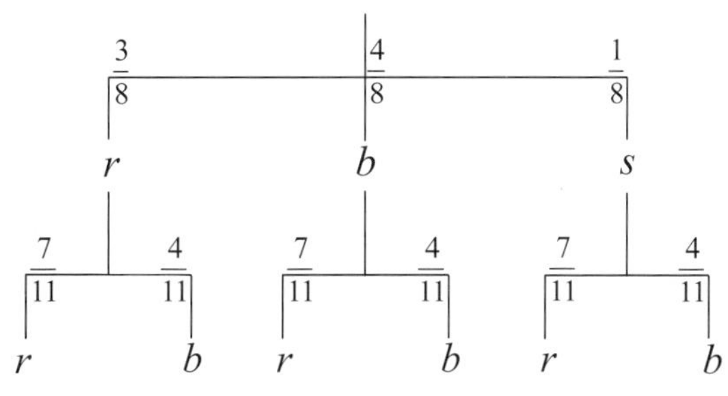


**Bemerkung:** Gedanklich schaut man zunächst auf des zweite Glücksrad.

## 2.5 Hilfsschema: Von der Aufgabe zum Baumdiagramm

**Aufgabe**

⇓

**Darstellung im Urnenmodell**

Anzahl Entnahmen?

Anzahl Kugeln? Beschriftung / Einfärbung der Kugeln?

Ziehen mit oder ohne Zurücklegen?

⇓

**Darstellung im Baumdiagramm**

Anzahl Stufen?

Gleiche oder verschiedene Wahrscheinlichkeiten von Stufe zu Stufe?

$$\text{Wahrscheinlichkeiten} = \frac{\text{günstige}}{\text{mögliche}}$$

# 3. Wahrscheinlichkeitsberechnung mit Pfadaddition und Pfadmultiplikation

## 3.1 Einführung: Pfadaddition und Pfadmultiplikation

**Beispiel**
In einer Urne befinden sich 4 rote, 3 blaue und 2 grüne Kugeln. Es werden nacheinander 2 Kugeln entnommen, wobei die erste entnommene Kugel wieder zurückgelegt wird.
Mit welcher Wahrscheinlichkeit wird 2-mal die gleiche Farbe gezogen?

**Baumdiagramm**

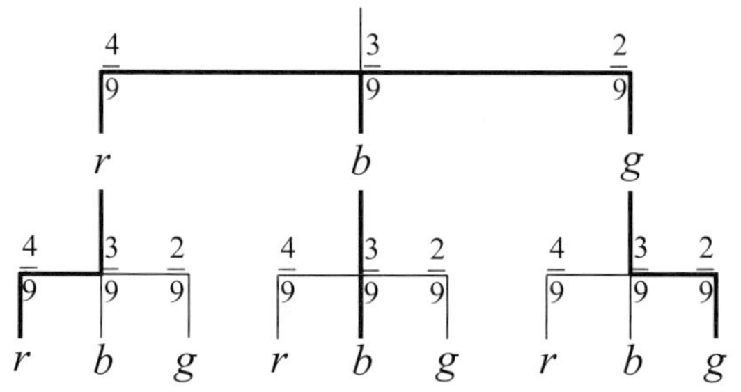


**Vorgehen**

**1.** Ereignis definieren, welches alle gefragten Ergebnisse enthält.
$A = \{(rr);(bb);(gg)\}$

**2.** Wahrscheinlichkeit des Ereignisses berechnen:

$P(A) = P(rr) + P(bb) + P(gg)$ (**Pfadaddition**: Ergebniswahrscheinlichkeiten aller zugehörigen Ergebnisse addieren)

$= \frac{4}{9} \cdot \frac{4}{9} + \frac{3}{9} \cdot \frac{3}{9} + \frac{2}{9} \cdot \frac{2}{9}$ (**Pfadmultiplikation**: Man erhält eine Ergebniswahrscheinlichkeit durch Multiplikation entlang ihres Ergebnispfades)

$= \frac{29}{81} = 0{,}358 = 35{,}8\ \%$

**Bemerkung**
Die Summe **aller** Ergebniswahrscheinlichkeiten beträgt stets 100 %:
$P(rr) + P(rb) + P(rg) + P(br) + ... + P(gg) = 1$

## 3.2 Aufgabentypen und deren Bearbeitung

Den nachfolgenden 4 Aufgabentypen liegt die gleiche Ausgangssituation und damit das gleiche Baumdiagramm zugrunde.

**Ausgangssituation (zu den Aufgabentypen 1-4)**
In einer Urne befinden sich 5 rote, 4 blaue und 3 grüne Kugeln. Es werden 3 Kugeln ohne Zurücklegen entnommen.

**Baumdiagramm**

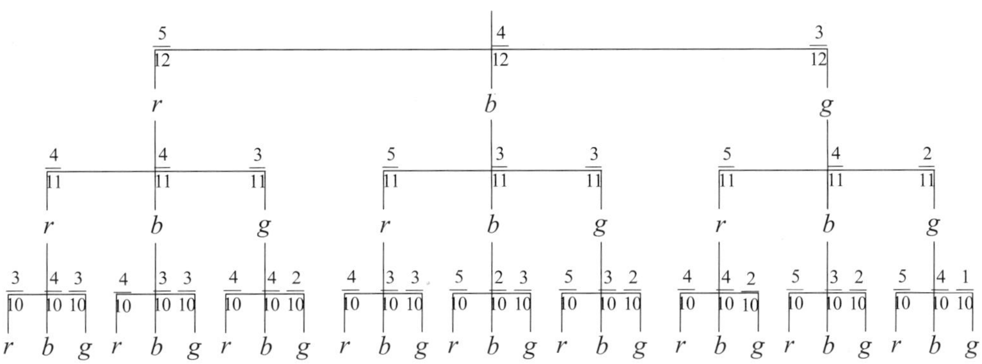


**Aufgabentyp 1 (Vorgegebene Reihenfolge, also geordnet)**

Mit welcher Wahrscheinlichkeit werden zunächst eine rote Kugel und dann 2 blaue Kugeln gezogen?

**Lösung**

$A = \{(rbb)\}$

$$\begin{aligned} P(A) &= P(rbb) \\ &= \frac{5}{12} \cdot \frac{4}{11} \cdot \frac{3}{10} \\ &= \frac{1}{22} = 0{,}045 = 4{,}5\ \% \end{aligned}$$

**Aufgabentyp 2 (Ohne vorgegebene Reihenfolge, also ungeordnet)**

Mit welcher Wahrscheinlichkeit werden (mit einem Griff) eine rote und 2 blaue Kugeln gezogen? (Zur Ausgangssituation S. 137)

**Lösung**

$A=\{(rbb);(brb);(bbr)\}$ (keine vorgegebene Reihenfolge, damit vergrößerte Ergebnismenge)

$$P(A)=P(rbb)+P(brb)+P(bbr)$$
$$=\frac{5}{12}\cdot\frac{4}{11}\cdot\frac{3}{10}+\frac{4}{12}\cdot\frac{5}{11}\cdot\frac{3}{10}+\frac{4}{12}\cdot\frac{3}{11}\cdot\frac{5}{10}$$
$$=\mathbf{3}\cdot\left(\frac{5}{12}\cdot\frac{4}{11}\cdot\frac{3}{10}\right)$$
(**3** mögliche Umordnungen, alle mit gleicher Wahrscheinlichkeit)
$$=\frac{3}{22}=0{,}136=13{,}6\ \%$$

**Bemerkung („Ziehen mit einem Griff")**

Eine häufig anzutreffende Formulierung, die auf diesen Aufgabentyp hinweist, lautet: „Die Kugeln werden mit einem Griff entnommen". Diese Formulierung beinhaltet, dass die Kugeln nacheinander, ohne Zurücklegen, entnommen werden. Darüber hinaus wird hier die Reihenfolge der gezogenen Kugeln nicht beachtet (ungeordnete Stichprobe).

**Aufgabentyp 3 (Baum verkleinern durch Zusammenlegen von Ästen)**

Mit welcher Wahrscheinlichkeit wird genau eine rote Kugel gezogen? (Zur Ausgangssituation S. 137)

**Lösung**

$A=\{(rbb);(rbg);(rgb);(rgg);(brb);$...(**viele** weitere)$\}$

**Idee:** Bei dieser Aufgabenstellung ist es nicht relevant, ob bei einem Zug eine blaue oder eine grüne Kugel gezogen wird. Es geht nur darum, ob die gezogene Kugel rot ist oder eben nicht. Deshalb können jene beiden Äste zu einem $\bar{r}$-Ast zusammengelegt werden. Hierdurch wird das Baumdiagramm kleiner.

**Verkleinertes Baumdiagramm:**

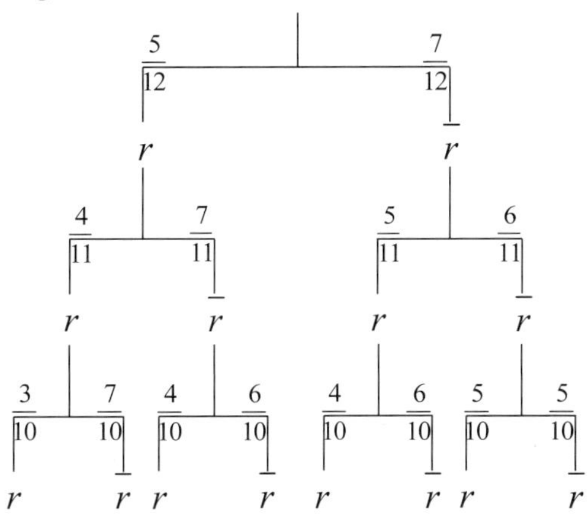


$$A=\{(r\bar{r}\bar{r});(\bar{r}r\bar{r});(\bar{r}\bar{r}r)\}$$

$$\begin{aligned}P(A)&=P(r\bar{r}\bar{r})+P(\bar{r}r\bar{r})+P(\bar{r}\bar{r}r)\\&=\frac{5}{12}\cdot\frac{7}{11}\cdot\frac{6}{10}+\frac{7}{12}\cdot\frac{5}{11}\cdot\frac{6}{10}+\frac{7}{12}\cdot\frac{6}{11}\cdot\frac{5}{10}\\&=3\cdot\left(\frac{5}{12}\cdot\frac{7}{11}\cdot\frac{6}{10}\right)\\&=\frac{21}{44}=0,477=47,7\ \%\end{aligned}$$

**Aufgabentyp 4 (Über Gegenereignis arbeiten)**

Mit welcher Wahrscheinlichkeit wird mindestens eine rote oder eine blaue Kugel gezogen? (Zur Ausgangssituation S. 137)

**Lösung**

$A = \{(rrr);(rrb);(rrg);(rbr);\ldots$(**viele** weitere)$\}$

**Idee:** Nur wenige Ergebnisse aus der Ergebnismenge gehören nicht zum Ereignis $A$. Das **Gegenereignis** ($\overline{A}$: *Nur grüne Kugeln*) (S. 122) beinhaltet damit nur ein einziges Ergebnis, wodurch dessen Wahrscheinlichkeit schnell berechnet werden kann.

$\overline{A} = \{(ggg)\}$

$$P(\overline{A}) = P(ggg) = \frac{3}{12} \cdot \frac{2}{11} \cdot \frac{1}{10} = \frac{1}{220} = 0{,}0045 = 0{,}45\ \%$$

$$\boldsymbol{P(A) = 1 - P(\overline{A})} = 1 - \frac{1}{220} = \frac{219}{220} = 0{,}9955 = 99{,}55\ \%$$

Falls die Signalwörter **„mindestens"** oder **„höchstens"** in Aufgabenstellungen enthalten sind, können diese oftmals mit dem **Gegenereignis** bearbeitet werden.

**Aufgabentyp 5 („*Wie oft muss man mindestens …?*")**

In einer Urne befinden sich 5 rote und 7 blaue Kugeln. Entnommene Kugeln werden stets wieder zurückgelegt.

Wie oft muss man mindestens ziehen, damit die Wahrscheinlichkeit, mindestens eine rote Kugel zu ziehen, größer als 90 % ist?

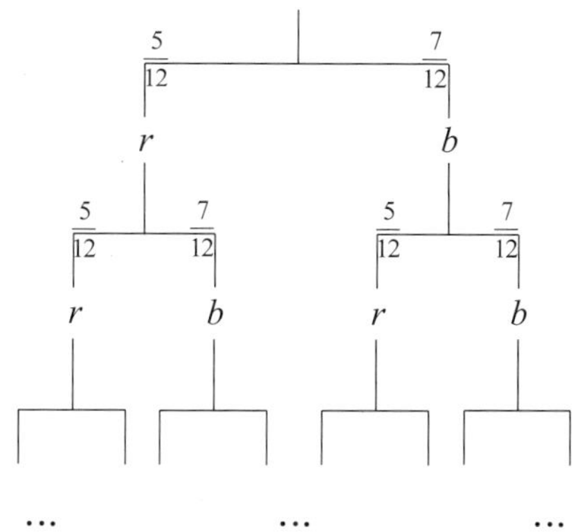

(unbekannte Anzahl an Stufen)

**Lösung**

$A=\{(rr...r);(rr...b);(rb...r);...$(**viele** weitere)$\}$

**Idee:** Nur ein Pfad am Baumdiagramm gehört nicht zum Ereignis. Das **Gegenereignis** ($\overline{A}$: *Gar keine rote Kugel*) beinhaltet damit nur ein einziges Ergebnis: $\overline{A}=\{(bb...b)\}$.

$$\begin{aligned}
P(\text{mind. ein Mal } r) &> 0{,}9 && \text{(Aufgabenstellung abschreiben)}\\
1-P(\text{kein Mal } r) &> 0{,}9 && \text{(Vorgehen über Gegenereignis)}\\
1-P(bb...b) &> 0{,}9\\
1-\left(\frac{7}{12}\right)^n &> 0{,}9 \quad |-1\\
-\left(\frac{7}{12}\right)^n &> -0{,}1 \quad |\cdot(-1) && \text{(Mult. mit neg. Zahl: } > \to < \text{ (S. 36))}\\
\left(\frac{7}{12}\right)^n &< 0{,}1 \quad |\ln(\ ) && \text{(ln( ), da Exponentialgleichung)}\\
\ln\left(\left(\frac{7}{12}\right)^n\right) &< \ln(0{,}1)\\
n\cdot\ln\left(\left(\frac{7}{12}\right)\right) &< \ln(0{,}1) && \text{(Regel: } \ln(a^b)=b\cdot\ln(a)\text{)}\\
n\cdot(-0{,}539) &< -2{,}303 \quad |:(-0{,}539) && \text{(Division durch neg. Zahl: } < \to > \text{ (S. 36))}\\
n &> 4{,}273
\end{aligned}$$

**A:** Mindestens 5-mal ziehen! (Immer Aufrunden!)

**Bemerkung:** Die obige Ungleichung $1-\left(\frac{7}{12}\right)^n > 0{,}9$ kann auch mit GTR/CAS gelöst werden (S. 34). Hierzu wird diese jedoch als **Gleichung** gelöst.

# 4. Wahrscheinlichkeitsberechnung mit Kombinatorik

## 4.1 Einführung: Kombinatorische Hilfsmittel

**Wozu dienen kombinatorische Hilfsmittel?**

Eigentlich ist das Vorgehen zur Berechnung von Wahrscheinlichkeiten doch recht einfach: Zunächst wird ein Baumdiagramm angefertigt, dann werden die Pfadaddition und Pfadmultiplikation angewendet.

Eine gewisse Schwierigkeit kommt jedoch oft hierdurch in die Problemstellungen, dass das Zufallsexperiment „vergrößert" wird, indem beispielsweise mehr Möglichkeiten pro Stufe oder mehr Stufen geschaffen werden. Oftmals ist es dann nicht mehr möglich, ein Baumdiagramm anzufertigen und aus diesem alle relevanten Ergebnisse herauszusuchen. Hier sind kombinatorische Formeln sehr zeitsparend, in manchen Fällen sogar unabdingbar.

### Kombinatorisches Hilfsmittel 1 : Fakultät $(n!)$

**Voraufgabe 1:** Wie viele Möglichkeiten gibt es eine schwarze, eine graue und eine weiße Kugel auf die 3 Plätze zu verteilen, wenn die Reihenfolge der Kugeln beachtet wird?

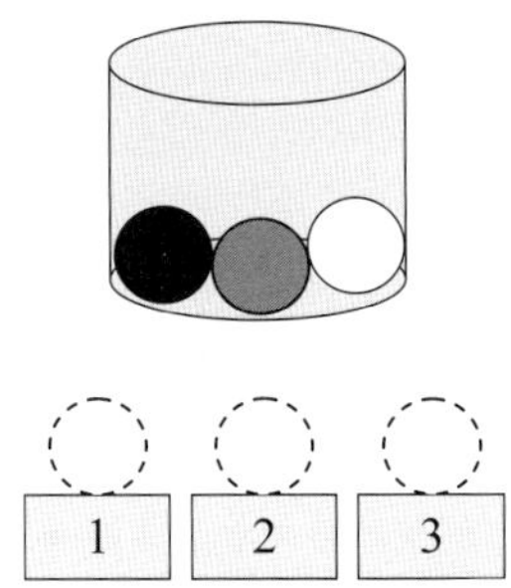


**Lösung** (ohne Herleitung)
Es gibt $3! = 3 \cdot 2 \cdot 1 = 6$ (oder mit GTR/CAS) Möglichkeiten

**Vorgehen**
$(\textbf{Anz. Kugeln insgesamt})!$ bzw. $\boldsymbol{n!}$

**Bemerkung**
Fakultät (allg.): $n! = n \cdot (n-1) \cdot (n-2) \cdot \ldots \cdot 1$

### Kombinatorisches Hilfsmittel 2 : Der Binomialkoeffizient $\binom{n}{k}$

**Voraufgabe 2:** Wie viele Möglichkeiten gibt es, 3 schwarze und 2 weiße Kugeln auf die 5 Plätze zu verteilen, wenn die Reihenfolge der Kugeln beachtet wird?

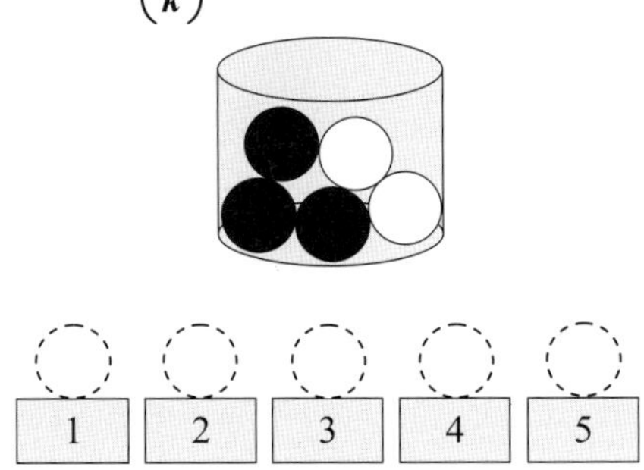


**Lösung** (ohne Herleitung)
Es gibt $\binom{5}{3} = 10$ (mit GTR/CAS) Möglichkeiten

**Vorgehen**
$\binom{\textbf{Anz. Kugeln insgesamt}}{\textbf{Anz. Kugeln Farbe 1}}$ **bzw.** $\binom{n}{k}$

**1. Bemerkung**

Binomialkoeffizient (allg.): $\binom{n}{k} = \frac{n!}{k! \cdot (n-k)!}$;

Berechnung im Beispiel:

$$\binom{5}{3} = \frac{5!}{3! \cdot (5-3)!} = \frac{5!}{3! \cdot 2!} = \frac{5 \cdot 4 \cdot 3 \cdot 2 \cdot 1}{(3 \cdot 2 \cdot 1) \cdot (2 \cdot 1)} = \frac{5 \cdot 4 \cdot \cancel{3} \cdot \cancel{2} \cdot \cancel{1}}{(\cancel{3} \cdot \cancel{2} \cdot \cancel{1}) \cdot (2 \cdot 1)} = 10$$

**2. Bemerkung**

Man könnte die obige Anzahl ebenso, ausgehend von den 2 weißen Kugeln, durch $\binom{5}{2} = \binom{\text{Anz. Kugeln insgesamt}}{\text{Anz. Kugeln Farbe 2}}$ bestimmen. Es gilt: $\binom{5}{3} = \binom{5}{2}$.

## 4.2 Aufgabentypen und deren Bearbeitung

**Übersicht: Aufgabentypen**

Alle Abituraufgaben zu diesem Thema aus den letzten Jahren können einem der nachfolgenden Aufgabentypen zugeordnet werden. Für die Zugehörigkeit zu einem Aufgabentyp sind 2 Merkmale der Aufgabenstellung entscheidend.

**1.** Wie viele **verschiedene Kugelfarben** kommen in der Urne vor?

**2.** Verlangt die Fragestellung, dass von **jeder Kugelfarbe nur eine Kugel gezogen** werden soll, oder sollen von **mindestens einer Kugelfarbe mehrere Kugeln gezogen** werden?

| | | |
|---|---|---|
| **Aufgabentyp 1** | | ***Nur eine*** *gezogene* ***Kugel*** *pro Kugelfarbe* |
| **Aufgabentyp 2** | **Aufgabentyp 3** | ***Mehr als eine*** *gezogene* ***Kugel*** *pro Kugelfarbe* |
| ***Nur 2*** *verschiedene* ***Kugelfarben*** *in der Urne* | ***Mehr als 2*** *verschiedene* ***Kugelfarben*** *in der Urne* | |

10 Rosner ISBN: 978-3-8120-0346-9

**Aufgabentyp 1**

In einer Urne befinden sich 4 rote, 3 blaue und 2 grüne Kugeln. Es werden 3 Kugeln entnommen. Mit welcher Wahrscheinlichkeit haben alle eine verschiedene Farbe?

<table>
<tr><th>Ziehen mit Zurücklegen</th><th>Ziehen ohne Zurücklegen</th></tr>
<tr><td colspan="2">Lösung<br>$A=\{(rbg);(bgr);(grb);...(\text{weitere})\}$<br>1. Teilüberlegung<br>Beispielhaft wird die Wahrscheinlichkeit von 2 Ergebnissen berechnet:</td></tr>
<tr><td>$P(rbg)=\frac{4}{9}\cdot\frac{3}{9}\cdot\frac{2}{9}=\frac{8}{243}$<br>$P(bgr)=\frac{3}{9}\cdot\frac{2}{9}\cdot\frac{4}{9}=\frac{8}{243}$</td><td>$P(rbg)=\frac{4}{9}\cdot\frac{3}{8}\cdot\frac{2}{7}=\frac{1}{21}$<br>$P(bgr)=\frac{3}{9}\cdot\frac{2}{8}\cdot\frac{4}{7}=\frac{1}{21}$</td></tr>
<tr><td colspan="2">Es wird deutlich, dass alle Ergebnisse aus $A$ die gleiche Wahrscheinlichkeit besitzen.<br>2. Teilüberlegung<br>Wie viele derartige Ergebnisse gibt es?<br>Anders gefragt: Wie viele Möglichkeiten gibt es, eine rote, eine blaue und eine grüne Kugel auf 3 Plätze zu verteilen? (vgl. Voraufgabe 1 auf S. 144)<br>Antwort: Es gibt $3!=6$ Möglichkeiten<br>Zusammen</td></tr>
<tr><td>$P(A)=3!\cdot\frac{4}{9}\cdot\frac{3}{9}\cdot\frac{2}{9}=6\cdot\frac{4}{9}\cdot\frac{3}{9}\cdot\frac{2}{9}=19{,}8\ \%$</td><td>$P(A)=3!\cdot\frac{4}{9}\cdot\frac{3}{8}\cdot\frac{2}{7}=6\cdot\frac{4}{9}\cdot\frac{3}{8}\cdot\frac{2}{7}=28{,}6\ \%$</td></tr>
<tr><td colspan="2">Formel<br>$\boldsymbol{P} = \boldsymbol{n!} \cdot \boldsymbol{P}(\textbf{ein Ergebnis})$<br>$= (\textbf{Kugeln gez.})! \cdot \boldsymbol{P}(\textbf{ein Ergebnis})$</td></tr>
</table>

**Ziehen ohne Zurücklegen**

**Alternative Lösung**
(ohne Herleitung)

$$P = \frac{\binom{\text{rote insg.}}{\text{rote gez.}} \cdot \binom{\text{blaue insg.}}{\text{blaue gez.}} \cdot \binom{\text{grüne insg.}}{\text{grüne gez.}}}{\binom{\text{Kugeln insg.}}{\text{Kugeln gez.}}}$$

$$= \frac{\binom{4}{1} \cdot \binom{3}{1} \cdot \binom{2}{1}}{\binom{9}{3}} = 28{,}6\ \%$$

(Zur Kontrolle: $4 + 3 + 2 = 9$, $1 + 1 + 1 = 3$)

**Formel**

$$\boldsymbol{P = \frac{\binom{\text{Farbe 1 insg.}}{\text{Farbe 1 gez.}} \cdot \binom{\text{Farbe 2 insg.}}{\text{Farbe 2 gez.}} \cdot \ldots}{\binom{\text{Kugeln insg.}}{\text{Kugeln gez.}}}}$$

**Verwendete Abkürzungen:** insg. – insgesamt
gez. – gezogen

**Aufgabentyp 2**

In einer Urne befinden sich 8 schwarze und 6 weiße Kugeln. Es werden 5 Kugeln entnommen. Mit welcher Wahrscheinlichkeit werden insgesamt 3 schwarze und 2 weiße Kugeln gezogen?

| **Ziehen mit Zurücklegen** | **Ziehen ohne Zurücklegen** |
|---|---|
| **Lösung** | |
| $A=\{(ssssww);(swsws);(wwsss);\ \ldots$ (**viele** weitere)$\}$ | |
| **1. Teilüberlegung**<br>Wie beim Aufgabentyp 1 besitzen alle Ergebnisse aus $A$ die gleiche Wahrscheinlichkeit. Beispielhaft wird die Wahrscheinlichkeit von einem Ergebnis berechnet: | |
| $P(sssww)=\frac{8}{14}\cdot\frac{8}{14}\cdot\frac{8}{14}\cdot\frac{6}{14}\cdot\frac{6}{14}=\left(\frac{8}{14}\right)^3\cdot\left(\frac{6}{14}\right)^2$ | $P(sssww)=\frac{8}{14}\cdot\frac{7}{13}\cdot\frac{6}{12}\cdot\frac{6}{11}\cdot\frac{5}{10}$ |
| **2. Teilüberlegung**<br>Wie viele derartige Ergebnisse gibt es?<br>Anders gefragt: Wie viele Möglichkeiten gibt es, 3 schwarze und 2 weiße Kugeln auf 5 Plätze zu verteilen? (vgl. **Voraufgabe 2** auf S. 144)<br>Antwort: Es gibt $\binom{5}{3}=10$ Möglichkeiten | |
| **Zusammen** | |
| $P(A)=\binom{5}{3}\cdot\left(\frac{8}{14}\right)^3\cdot\left(\frac{6}{14}\right)^2$<br>$=10\cdot\left(\frac{8}{14}\right)^3\cdot\left(\frac{6}{14}\right)^2=34{,}3\ \%$ | $P(A)=\binom{5}{3}\cdot\frac{8}{14}\cdot\frac{7}{13}\cdot\frac{6}{12}\cdot\frac{6}{11}\cdot\frac{5}{10}$<br>$=10\cdot\frac{8}{14}\cdot\frac{7}{13}\cdot\frac{6}{12}\cdot\frac{6}{11}\cdot\frac{5}{10}=41{,}96\ \%$ |
| **Formel (*)**<br>$P=\binom{n}{k}\cdot P(\text{ein Ergebnis})$<br>$=\binom{\text{Kugeln gez.}}{\text{Farbe 1 gez.}}\cdot\left(\frac{\text{Farbe 1 insg.}}{\text{Kugeln insg.}}\right)^{\text{Farbe 1 gez.}}\cdot\left(\frac{\text{Farbe 2 insg.}}{\text{Kugeln insg.}}\right)^{\text{Farbe 2 gez.}}$ | **Formel**<br>$P=\binom{n}{k}\cdot P(\text{ein Ergebnis})$<br>$=\binom{\text{Kugeln gez.}}{\text{Farbe 1 gez.}}\cdot P(\text{ein Ergebnis})$ |

(∗) Diese **Formel** ist auch als **Bernoulli-formel** bekannt und wird oftmals in der folgenden Form notiert:

$$\boldsymbol{P = \binom{n}{k} \cdot p^k \cdot (1-p)^{n-k}}$$

$\boldsymbol{n}$: Anzahl der Ziehungen gesamt
$\boldsymbol{k}$: Anzahl der Ziehungen von Farbe 1
$\boldsymbol{n-k}$: Anzahl der Ziehungen von Farbe 2
$\boldsymbol{p}$: Wahrscheinlichkeit für Farbe 1
$\boldsymbol{1-p}$: Wahrscheinlichkeit für Farbe 2

**Ziehen ohne Zurücklegen**

**Alternative Lösung**
(ohne Herleitung)

$$P = \frac{\binom{\text{schwarze insg.}}{\text{schwarze gez.}} \cdot \binom{\text{weiße insg.}}{\text{weiße gez.}}}{\binom{\text{Kugeln insg.}}{\text{Kugeln gez.}}}$$

$$= \frac{\binom{8}{3} \cdot \binom{6}{2}}{\binom{14}{5}} = 41{,}96\ \%$$

(Zur Kontrolle: $8 + 6 = 14$, $3 + 2 = 5$)

**Formel**

$$\boldsymbol{P = \frac{\binom{\text{Farbe 1 insg.}}{\text{Farbe 1 gez.}} \cdot \binom{\text{Farbe 2 insg.}}{\text{Farbe 2 gez.}}}{\binom{\text{Kugeln insg.}}{\text{Kugeln gez.}}}}$$

**Aufgabentyp 3**

In einer Urne befinden sich 10 rote, 9 blaue und 8 grüne Kugeln. Es werden nacheinander 5 Kugeln entnommen. Mit welcher Wahrscheinlichkeit werden insgesamt 2 rote, 2 blaue und eine grüne Kugel gezogen?

<table>
<tr><th>Ziehen mit Zurücklegen</th><th>Ziehen ohne Zurücklegen</th></tr>
<tr><td rowspan="2">Dieser Aufgabentyp ist für das Abitur nicht relevant.</td><td>Lösung<br>(ohne Herleitung)<br>$A=\{(rrbbg);(rrbgb);(rgrbb);\ldots(\textbf{viele}\text{ weitere})\}$<br>$P=\frac{\binom{\text{rote insg.}}{\text{rote gez.}}\cdot\binom{\text{blaue insg.}}{\text{blaue gez.}}\cdot\binom{\text{grüne insg.}}{\text{grüne gez.}}}{\binom{\text{Kugeln insg.}}{\text{Kugeln gez.}}}$<br>$=\frac{\binom{10}{2}\cdot\binom{9}{2}\cdot\binom{8}{1}}{\binom{27}{5}}=16{,}1\ \%$<br>$\left(\begin{array}{c}\text{Zur Kontrolle:}\\ 10+9+8=27\\ 2+2+1=5\end{array}\right)$</td></tr>
<tr><td>Formel<br>$\boldsymbol{P=\frac{\binom{\textbf{Farbe 1 insg.}}{\textbf{Farbe 1 gez.}}\cdot\binom{\textbf{Farbe 2 insg.}}{\textbf{Farbe 2 gez.}}\cdot\ \ldots}{\binom{\textbf{Kugeln insg.}}{\textbf{Kugeln gez.}}}}$</td></tr>
</table>

## Übersicht: Aufgabentypen und zugehörige kombinatorische Formeln

### Ziehen mit Zurücklegen

**Aufgabentyp 1** (***Nur eine*** *gezogene* ***Kugel*** *pro Kugelfarbe*)

$$P = (\textbf{Kugeln gez.})! \cdot P(\textbf{ein Ergebnis})$$

**Aufgabentyp 2** (***Mehr als eine*** *gezogene* ***Kugel*** *pro Kugelfarbe;* ***Nur 2*** *verschiedene* ***Kugelfarben*** *in der Urne*)

$$P = \binom{\textbf{Kugeln gez.}}{\textbf{Farbe 1 gez.}} \cdot \left(\frac{\textbf{Farbe 1 insg.}}{\textbf{Kugeln insg.}}\right)^{\textbf{Farbe 1 gez.}} \cdot \left(\frac{\textbf{Farbe 2 insg.}}{\textbf{Kugeln insg.}}\right)^{\textbf{Farbe 2 gez.}}$$

**Aufgabentyp 3** (***Mehr als eine*** *gezogene* ***Kugel*** *pro Kugelfarbe;* ***Mehr als 2*** *verschiedene* ***Kugelfarben*** *in der Urne*)

Nicht relevant

### Ziehen ohne Zurücklegen

**Aufgabentyp 1** (***Nur eine*** *gezogene* ***Kugel*** *pro Kugelfarbe*)

$$P = (\textbf{Kugeln gez.})! \cdot P(\textbf{ein Ergebnis})$$

oder

$$P = \frac{\binom{\textbf{Farbe 1 insg.}}{\textbf{Farbe 1 gez.}} \cdot \binom{\textbf{Farbe 2 insg.}}{\textbf{Farbe 2 gez.}} \cdot \ldots}{\binom{\textbf{Kugeln insg.}}{\textbf{Kugeln gez.}}}$$

**Aufgabentyp 2** (***Mehr als eine*** *gezogene* ***Kugel*** *pro Kugelfarbe;* ***Nur 2*** *verschiedene* ***Kugelfarben*** *in der Urne*)

$$P = \binom{\textbf{Kugeln gez.}}{\textbf{Farbe 1 gez.}} \cdot P(\textbf{ein Ergebnis})$$

oder

$$P = \frac{\binom{\textbf{Farbe 1 insg.}}{\textbf{Farbe 1 gez.}} \cdot \binom{\textbf{Farbe 2 insg.}}{\textbf{Farbe 2 gez.}}}{\binom{\textbf{Kugeln insg.}}{\textbf{Kugeln gez.}}}$$

**Aufgabentyp 3** (***Mehr als eine*** *gezogene* ***Kugel*** *pro Kugelfarbe;* ***Mehr als 2*** *verschiedene* ***Kugelfarben*** *in der Urne*)

$$P = \frac{\binom{\textbf{Farbe 1 insg.}}{\textbf{Farbe 1 gez.}} \cdot \binom{\textbf{Farbe 2 insg.}}{\textbf{Farbe 2 gez.}} \cdot \ldots}{\binom{\textbf{Kugeln insg.}}{\textbf{Kugeln gez.}}}$$

## 4.3 Vermischte Beispiele und zugehörige Lösungsansätze

| Beispiel | Aufgabentyp und Lösungsansatz |
|---|---|
| **Beispiel 1**<br>Ein Würfel wird 6-mal geworfen.<br>Mit welcher Wahrscheinlichkeit erscheint jede Augenzahl genau ein Mal? | - **Aufgabentyp 1**<br>- Ziehen mit Zurücklegen<br>- $P = 6! \cdot \frac{1}{6} \cdot \frac{1}{6} \cdot \frac{1}{6} \cdot \frac{1}{6} \cdot \frac{1}{6} \cdot \frac{1}{6}$ |
| **Beispiel 2**<br>Ein Bogenschütze trifft mit einer Wahrscheinlichkeit von 80 % die Scheibe. Er schießt 14-mal.<br>Mit welcher Wahrscheinlichkeit trifft er genau 10-mal? | - **Aufgabentyp 2**<br>- Ziehen mit Zurücklegen<br>- $P = \binom{14}{10} \cdot 0{,}8^{10} \cdot 0{,}2^{4}$ |
| **Beispiel 3**<br>Aus einem Skatkartenspiel mit jeweils 8 Karten der Farben Kreuz, Pik, Herz und Karo, werden 4 Karten entnommen. Entnommene Karten werden nicht zurückgelegt.<br>Mit welcher Wahrscheinlichkeit erhält man jede Farbe genau ein Mal? | - **Aufgabentyp 1**<br>- Ziehen ohne Zurücklegen<br>- $P = 4! \cdot \frac{8}{32} \cdot \frac{8}{31} \cdot \frac{8}{30} \cdot \frac{8}{29}$ oder<br>$P = \frac{\binom{8}{1} \cdot \binom{8}{1} \cdot \binom{8}{1} \cdot \binom{8}{1}}{\binom{32}{4}}$ |
| **Beispiel 4**<br>Aus einem Skatkartenspiel mit jeweils 8 Karten der Farben Kreuz, Pik, Herz und Karo, werden 8 Karten entnommen. Entnommene Karten werden nicht zurückgelegt.<br>Mit welcher Wahrscheinlichkeit erhält man jede Farbe genau 2-mal? | - **Aufgabentyp 3**<br>- Ziehen ohne Zurücklegen<br>- $P = \frac{\binom{8}{2} \cdot \binom{8}{2} \cdot \binom{8}{2} \cdot \binom{8}{2}}{\binom{32}{8}}$ |
| **Beispiel 5**<br>Ein Glücksrad mit 6 gleich großen Feldern (4 rote Felder, 2 blaue Felder) wird 20-mal gedreht.<br>Mit welcher Wahrscheinlichkeit erscheint genau 12-mal ein rotes Feld? | - **Aufgabentyp 2**<br>- Ziehen mit Zurücklegen<br>- $P = \binom{20}{12} \cdot \left(\frac{4}{6}\right)^{12} \cdot \left(\frac{2}{6}\right)^{8}$ |

| | |
|---|---|
| **Beispiel 6**<br>Eine Rubbelkarte hat 16 Felder. 3 davon führen zu einem Gewinn, 4 zu einem Trostpreis. Die restlichen Felder sind Nieten. Ein Spieler rubbelt 3 Felder auf.<br>Mit welcher Wahrscheinlichkeit erhält er genau einen Gewinn, einen Trostpreis und eine Niete? | - **Aufgabentyp 1**<br>- Ziehen ohne Zurücklegen<br>- $P = 3! \cdot \frac{3}{16} \cdot \frac{4}{15} \cdot \frac{9}{14}$ oder<br>$P = \frac{\binom{3}{1} \cdot \binom{4}{1} \cdot \binom{9}{1}}{\binom{16}{3}}$ |
| **Beispiel 7**<br>Eine Rubbelkarte hat 16 Felder. 3 davon führen zu einem Gewinn, 4 zu einem Trostpreis. Die restlichen Felder sind Nieten. Ein Spieler rubbelt 6 Felder auf.<br>Mit welcher Wahrscheinlichkeit erhält er 3 Gewinne, 2 Trostpreise und eine Niete? | - **Aufgabentyp 3**<br>- Ziehen ohne Zurücklegen<br>- $P = \frac{\binom{3}{3} \cdot \binom{4}{2} \cdot \binom{9}{1}}{\binom{16}{6}}$ |
| **Beispiel 8**<br>Es befinden sich 50 Teile in einem Karton. 6 Teile davon sind defekt. Es werden 5 Teile entnommen und kontrolliert.<br>Mit welcher Wahrscheinlichkeit sind genau 3 davon defekt? | - **Aufgabentyp 2**<br>- Ziehen ohne Zurücklegen<br>- $P = \binom{5}{3} \cdot \frac{6}{50} \cdot \frac{5}{49} \cdot \frac{4}{48} \cdot \frac{44}{47} \cdot \frac{43}{46}$ oder<br>$P = \frac{\binom{6}{3} \cdot \binom{44}{2}}{\binom{50}{5}}$ |

# 5. Bedingte Wahrscheinlichkeit, Unabhängigkeit, Vierfeldertafel

## 5.1 Bedingte Wahrscheinlichkeit $\left(\text{Formel: } P_B(A)=\dfrac{P(A\cap B)}{P(B)}\right)$

**Beispiel:** Eine Münze wird 3-mal geworfen. Berechnen Sie die Wahrscheinlichkeit dafür, dass genau ein Mal Zahl geworfen wird, wobei bekannt ist, dass im zweiten Wurf Wappen geworfen wird.

| **Vorgehen (am Beispiel)** | |
|---|---|
| **1. Erkennen, dass eine Aufgabe zur bedingten Wahrscheinlichkeit vorliegt.** | Hilfsfrage: „*Existiert **Vorwissen** über den Ausgang des Zufallsexperimentes? Können hierdurch eventuell Ergebnisse ausgeschlossen werden?*“ **Vorwissen (Bedingung)** hier: „*Im zweiten Wurf Wappen*“. Ausschließbares Ergebnis: z.B. $(zzz)$. |
| **2. Das Vorwissen als Ereignis $(B)$ darstellen und $P(B)$ berechnen.** | $B$: *Wappen im zweiten Wurf*<br>$B=\{(www);(wwz);(zww);(zwz)\}$<br>$P(B)=P(www)+P(wwz)+P(zww)+P(zwz)$<br>$=0,5\cdot 0,5\cdot 0,5+...+0,5\cdot 0,5\cdot 0,5$ (Baumdiagramm!)<br>$=0,5^3+0,5^3+0,5^3+0,5^3=0,5$ |
| **3. „Das Gesuchte“ als Ereignis $(A)$ darstellen.** | $A$: *Genau ein Mal Zahl*<br>$A=\{(wwz);(wzw);(zww)\}$ (keine Berücksichtigung des Vorwissens, also auch $(wzw)$!) |
| **4. $A\cap B$ (S. 123) bilden und $P(A\cap B)$ berechnen.** | $A\cap B=\{(wwz);(zww)\}$<br>(gesuchte Ergebnisse, die unter Berücksichtigung des Vorwissens möglich sind)<br>$P(A\cap B)=P(wwz)+P(zww)=0,5^3+0,5^3=0,25$ |
| **5. Formel $P_B(A)=\dfrac{P(A\cap B)}{P(B)}$ anwenden.** | $P_B(A)=\dfrac{P(\{(wwz);(zww)\})}{P(\{(www);(wwz);(zww);(zwz)\})}$<br>$=\dfrac{0,25}{0,5}=0,5=50\ \%$ |

**Merkformel**

$$P_{\text{Vorwissen}}(\text{gesucht})=\frac{P(\text{möglich und gesucht})}{P(\text{Vorwissen})}$$

## Zu: 1. Erkennen, dass eine Aufgabe zur bedingten Wahrscheinlichkeit vorliegt.

Die Schwierigkeit bei den Aufgaben zur bedingten Wahrscheinlichkeit besteht oftmals darin, diese überhaupt als solche zu entlarven und nicht mit „üblichen Baumaufgaben“ zu verwechseln. Hierbei muss das Merkmal solcher Aufgaben, nämlich die Existenz von Vorwissen, erkannt werden.
Es gibt mehrere alternative **grammatikalische Formulierungen**, die den Aufgabenbearbeiter über vorhandenes Vorwissen informieren sollen.

**Beispiel** (siehe Vorseite)

gesuchtes Ereignis

Berechnen Sie die Wahrscheinlichkeit dafür, dass genau ein Mal Zahl geworfen wird, **wobei bekannt ist, dass** im zweiten Wurf Wappen geworfen wird.

**grammatikalische Formulierung** — Vorwissen (Bedingung)

**Weitere grammatikalische Formulierungen für die bedingte Wahrscheinlichkeit**

Berechnen Sie die Wahrscheinlichkeit dafür, dass genau ein Mal Zahl geworfen wird, **wenn man weiß, dass** im zweiten Wurf Wappen geworfen wird.

Berechnen Sie die Wahrscheinlichkeit dafür, dass genau ein Mal Zahl geworfen wird, **falls** im zweiten Wurf Wappen geworfen wird.

Berechnen Sie die Wahrscheinlichkeit dafür, dass genau ein Mal Zahl geworfen wird, **wenn** im zweiten Wurf Wappen geworfen wird.

Im zweiten Wurf wird Wappen geworfen. **(Vorwissen in eigenem Satz.)**
Berechnen Sie die Wahrscheinlichkeit dafür, dass genau ein Mal Zahl geworfen wird.

**Achtung: Keine bedingte Wahrscheinlichkeit bei Formulierungen mit „und“**

Formulierungen mit **„und“** deuten auf eine Aufgabenstellung ohne eine bedingte Wahrscheinlichkeit hin.

**Beispiel:** Eine Münze wird 3-mal geworfen. Berechnen Sie die Wahrscheinlichkeit dafür, dass genau ein Mal Zahl **und** im zweiten Wurf Wappen geworfen wird.

**Lösung:** $P = P(wwz) + P(zww) = 0,5^3 + 0,5^3 = 0,25$

## 5.2 Unabhängigkeit (Testgleichung: $\boldsymbol{P(A \cap B) = P(A) \cdot P(B)}$)

| **Abhängige Ereignisse** | **Unabhängige Ereignisse** |
|---|---|
| **Beispiel**<br>Eine Münze wird 2-mal geworfen.<br>$A$: *Im ersten Wurf erscheint Wappen*<br>$B$: *In beiden Würfen erscheint Wappen*<br>Sind die beiden Ereignisse abhängig oder unabhängig? | **Beispiel**<br>Eine Münze wird 2-mal geworfen.<br>$A$: *Im ersten Wurf erscheint Wappen*<br>$B$: *Im zweiten Wurf erscheint Wappen*<br>Sind die beiden Ereignisse abhängig oder unabhängig? |
| **Rechnerische Lösung**<br><br>**1.** $\boldsymbol{P(A)}$ **bestimmen**<br>$A = \{(WZ);(WW)\}$<br>$P(A) = P(WZ) + P(WW) = 0{,}5 \cdot 0{,}5 + 0{,}5 \cdot 0{,}5 = 0{,}5$ (Baumdiagramm!)<br><br>**2.** $\boldsymbol{P(B)}$ **bestimmen**<br>$B = \{(WW)\}$<br>$P(B) = P(WW) = 0{,}5 \cdot 0{,}5 = 0{,}25$<br><br>**3.** $\boldsymbol{P(A \cap B)}$ **bestimmen**<br>$A \cap B = \{(WW)\}$<br>$P(A \cap B) = P(WW) = 0{,}5 \cdot 0{,}5 = 0{,}25$<br><br>**4. Test:** $\boldsymbol{P(A \cap B) = P(A) \cdot P(B)}$<br>$0{,}25 \neq 0{,}5 \cdot 0{,}25$<br>$0{,}25 \neq 0{,}125$<br>**Gleichung ist nicht erfüllt,**<br>somit sind $A$ und $B$ **abhängig!** | **Rechnerische Lösung**<br><br>**1.** $\boldsymbol{P(A)}$ **bestimmen**<br>$A = \{(WZ);(WW)\}$<br>$P(A) = P(WZ) + P(WW) = 0{,}5 \cdot 0{,}5 + 0{,}5 \cdot 0{,}5 = 0{,}5$ (Baumdiagramm!)<br><br>**2.** $\boldsymbol{P(B)}$ **bestimmen**<br>$B = \{(ZW);(WW)\}$<br>$P(B) = P(ZW) + P(WW) = 0{,}5 \cdot 0{,}5 + 0{,}5 \cdot 0{,}5 = 0{,}5$<br><br>**3.** $\boldsymbol{P(A \cap B)}$ **bestimmen**<br>$A \cap B = \{(WW)\}$<br>$P(A \cap B) = P(WW) = 0{,}5 \cdot 0{,}5 = 0{,}25$<br><br>**4. Test:** $\boldsymbol{P(A \cap B) = P(A) \cdot P(B)}$<br>$0{,}25 = 0{,}5 \cdot 0{,}5$<br>$0{,}25 = 0{,}25$<br>**Gleichung ist erfüllt,**<br>somit sind $A$ und $B$ **unabhängig!** |
| **Intuitive Lösung**<br>Wenn beispielsweise das Ereignis $A$ nicht eintritt, weil im ersten Wurf Zahl erscheint, kann das Ereignis $B$ ebenfalls nicht mehr eintreten. | **Intuitive Lösung**<br>Ob im ersten Wurf Wappen erscheint (oder nicht) steht in keinem Zusammenhang damit, dass im zweiten Wurf Wappen erscheint. |
| **Merkmal: Zusammenhang existiert** | **Merkmal: Kein Zusammenhang** |

## 5.3 Vierfeldertafel

### Grundregel: Zeilen- und Spaltenaddition

**Beispiel 1**

Über die Personen, die in einer Stadt wohnen, ist bekannt:

- 41 % der Personen sind groß;
- 45 % der Personen sind männlich;
- 6 % der Personen sind groß und weiblich.

Für eine Verlosung wird eine Person zufällig ausgewählt.

Mit welcher Wahrscheinlichkeit ist diese klein und weiblich?

| Größe \ Geschlecht | $m$ | $\overline{m}$ | |
|---|---|---|---|
| $g$ | | 0,06 | 0,41 |
| $\overline{g}$ | | | |
| | 0,45 | | 1 |

| | | | | |
|---|---|---|---|---|
| ... | + | ... | = | ... |
| + | | + | | + |
| ... | + | ... | = | ... |
| = | | = | | = |
| ... | + | ... | = | 1 |

| Größe \ Geschlecht | $m$ | $\overline{m}$ | |
|---|---|---|---|
| $g$ | 0,35 | 0,06 | 0,41 |
| $\overline{g}$ | 0,10 | **0,49** | 0,59 |
| | 0,45 | 0,55 | 1 |

**Lösung :** $P(\overline{g}\,\overline{m}) = \mathbf{0{,}49}$

### Zusatzregel bei Unabhängigkeit : *P*(außen) · *P*(außen) = *P*(innen)

**Beispiel 2**

Über die Personen, die in einer Stadt wohnen, ist bekannt:

- 41 % der Personen sind groß;
- 52 % der Personen besitzen dunkles Haar;
- **Information: Größe und Haarfarbe sind voneinander unabhängig.**

Für eine Verlosung wird eine Person zufällig ausgewählt.

Mit welcher Wahrscheinlichkeit ist diese klein und besitzt helles Haar?

| Größe \ Haarfarbe | $d$ | $\overline{d}$ | |
|---|---|---|---|
| $g$ | | | 0,41 |
| $\overline{g}$ | | | |
| | 0,52 | | 1 |

**Zusatzregel**

$P(\text{außen}) \cdot P(\text{außen}) = P(\text{innen})$

| Größe \ Haarfarbe | $d$ | $\overline{d}$ | |
|---|---|---|---|
| $g$ | 0,21 $(=0{,}41 \cdot 0{,}52)$ | 0,20 $(=0{,}41 \cdot 0{,}48)$ | 0,41 |
| $\overline{g}$ | 0,31 $(=0{,}59 \cdot 0{,}52)$ | **0,28** $(=0{,}59 \cdot 0{,}48)$ | 0,59 |
| | 0,52 | 0,48 | 1 |

**Lösung :** $P(\overline{g}\,\overline{d}) = \mathbf{0{,}28}$

## 5.4 Zusammenhänge und Vernetzung

Bei Aufgabenstellungen, bei denen 2 Merkmale, wie beispielsweise Größe und Geschlecht (Beispiel 1, S. 159), in jeweils 2 Ausprägungen vorkommen, besteht oftmals das Problem zu entscheiden, ob eine Vierfeldertafel oder ein 2-stufiger Wahrscheinlichkeitsbaum zur Bearbeitung verwendet werden soll.
Hierfür muss erkannt werden, welche **Typen von Wahrscheinlichkeitsangaben** in der Aufgabenstellung gegebenen sind und an welchen **Positionen** diese in der Vierfeldertafel bzw. im Wahrscheinlichkeitsbaum stehen.
Es sollte dann das Instrument vorgezogen werden, für welches eine ausreichende Menge an Wahrscheinlichkeitsangaben vorhanden ist.

**Zum Beispiel 1 ( S. 159)**

| *Größe* \ *Geschlecht* | $m$ | $\overline{m}$ | |
|---|---|---|---|
| $g$ | $P(gm)$ | $P(g\overline{m})$ | $P(g)$ |
| $\overline{g}$ | $P(\overline{g}m)$ | $P(\overline{g}\overline{m})$ | $P(\overline{g})$ |
| | $P(m)$ | $P(\overline{m})$ | 1 |

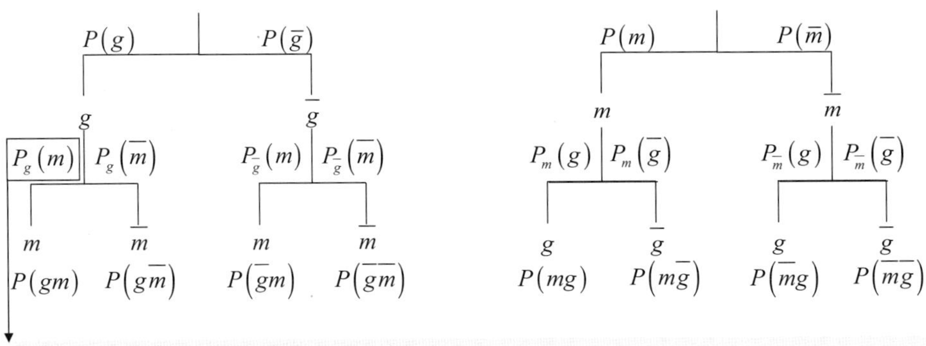


**Weshalb steht hier eine bedingte Wahrscheinlichkeit?**
Wie bisher muss in einem Baumdiagramm an dieser Stelle die Wahrscheinlichkeit stehen, dass eine Person, von der man weiß, dass sie groß ist (sonst: anderer Ast), männlich ist. Dass die Person groß ist, kann jedoch als **Vorwissen** interpretiert werden. Somit liegt eigentlich eine bedingte Wahrscheinlichkeitsangabe vor.
*Aber*: Dies hat keine Auswirkung auf den Umgang mit dem Baumdiagramm. Sie wissen nun lediglich, von welcher Art diese Wahrscheinlichkeitsangabe ist!

| Typen von Wahrscheinlichkeitsangaben | Position |
|---|---|
| **1. Typ : Eigenschaftswahrscheinlichkeit**<br>**Schreibweise :** $P(g), P(\overline{g}), P(m), P(\overline{m})$<br>**Interpretation :** z.B. $P(g) = 0,41 \rightarrow$ Zu 41 % ist die ausgewählte Person groß<br>**Merkmale :** 1. Es geht nur um eine Eigenschaft (z.B. Größe)<br>2. Angabe bezieht sich auf die gesamte Grundmenge (alle Personen) | **Vierfeldertafel :**<br>Außerhalb<br>**Baumdiagramm :**<br>Auf der ersten Stufe |
| **2. Typ : Bedingte Wahrscheinlichkeit**<br>**Schreibweise :** $P_g(m), P_g(\overline{m}), ..., P_{\overline{m}}(\overline{g})$<br>**Interpretation :** z.B. $P_g(m) = 0,854 \rightarrow$ Wenn die ausgewählte Person groß ist, ist sie zu 85,4 % männlich<br>**Merkmale :** 1. Es geht um beide Eigenschaften (Größe und Geschlecht)<br>2. Angabe bezieht nur auf einen Teil der Grundmenge (nur die großen Personen) | **Vierfeldertafel :**<br>!! Nicht vorhanden !!<br>**Baumdiagramm :**<br>Auf der zweiten Stufe |
| **3. Typ : Ergebniswahrscheinlichkeit**<br>**Schreibweise :** $P(gm), P(\overline{g}m), ..., P(\overline{mg})$<br>**Interpretation :** z.B. $P(g\overline{m}) = 0,06 \rightarrow$ Zu 6 % ist die ausgewählte Person groß und weiblich<br>**Merkmale :** 1. Es geht um beide Eigenschaften (Größe und Geschlecht)<br>2. Angabe bezieht sich auf die gesamte Grundmenge (alle Personen) | **Vierfeldertafel :**<br>In den Innenfeldern<br>**Baumdiagramm :**<br>Am Ende der Bäume („Baumblätter“) |

11 Rosner ISBN: 978-3-8120-0346-9

**Beispiel 1**

Die Schüler einer Klasse bereiten sich auf eine Klausur in Mathematik vor. Der Mathematiklehrer der Klasse weiß aus Erfahrung:

63 % der Schüler haben den Stoff verstanden;
Ein Schüler, der den Stoff verstanden hat, erreicht mit einer Wahrscheinlichkeit von 69 % ein positives Ergebnis;
Ein Schüler, der den Stoff nicht verstanden hat, erreicht hingegen nur mit einer Wahrscheinlichkeit von 28 % ein positives Ergebnis.

Ein Schüler dieser Klasse wird zufällig ausgewählt. Mit welcher Wahrscheinlichkeit erreicht er kein positives Ergebnis?

**Lösung**

**Bezeichnungen**

$v$: Schüler hat Stoff verstanden; $\overline{v}$: Schüler hat Stoff nicht verstanden
$p$: Schüler erreicht pos. Ergebnis; $\overline{p}$: Schüler erreicht kein pos. Ergebnis

**Gegebene Typen von Wahrscheinlichkeitsangaben**

$P(v) = 0,63$: Eigenschaftswahrscheinlichkeit (nur Eigenschaft „Stoff verstanden“)
$P_v(p) = 0,69$: Bed. Wahrscheinlichkeit (nur von Schülern mit „Stoff verstanden“)
$P_{\overline{v}}(p) = 0,28$: Bed. Wahrscheinlichkeit (nur von Schülern mit „Stoff nicht verstanden“)

**Besser: Baumdiagramm**

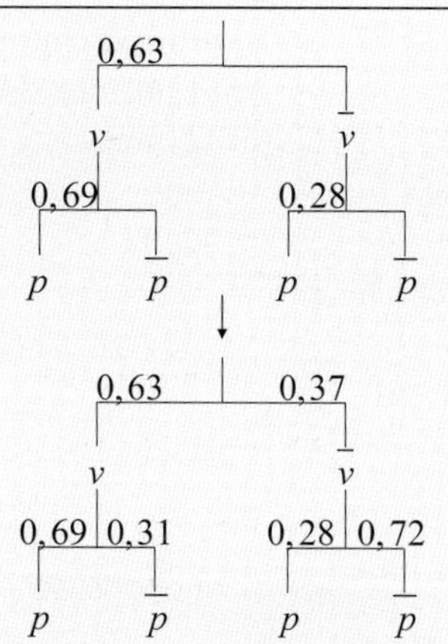


$$P(\overline{p}) = P(v\overline{p}) + P(\overline{v}\overline{p})$$
$$= 0,63 \cdot 0,31 + 0,37 \cdot 0,72$$
$$= 0,46$$

**Vierfeldertafel**

| | $p$ | $\overline{p}$ | |
|---|---|---|---|
| $v$ | | | 0,63 |
| $\overline{v}$ | | | |
| | | | 1 |

Problem: Die bedingten Wahrscheinlichkeiten können nicht verwendet werden

**Beispiel 2**

Die Schulleitung eines beruflichen Gymnasiums erhebt an einem Schultag die folgenden Daten:

40 % der Schüler kamen mit dem Auto in die Schule;
87 % der Schüler erschienen pünktlich im Unterricht;
5 % der Schüler kamen nicht mit dem Auto und erschienen unpünktlich im Unterricht.

Mit welcher Wahrscheinlichkeit trifft man an diesem Schultag zufällig auf einen Schüler, der mit dem Auto in die Schule kam und pünktlich im Unterricht erschien?

**Lösung**

**Bezeichnungen**

$a$: Schüler kam mit Auto; $\overline{a}$: Schüler kam nicht mit Auto
$p$: Schüler war pünktlich; $\overline{p}$: Schüler war unpünktlich

**Gegebene Typen von Wahrscheinlichkeitsangaben**

$P(a)=0,4$: Eigenschaftswahrscheinlichkeit (nur Eigenschaft „kam mit Auto“)
$P(p)=0,87$: Eigenschaftswahrscheinlichkeit (nur Eigenschaft „kam pünktlich“)
$P(\overline{a}\,\overline{p})=0,05$: Ergebniswahrscheinlichkeit (beide Eigenschaften; von allen Schülern)

**Baumdiagramm**

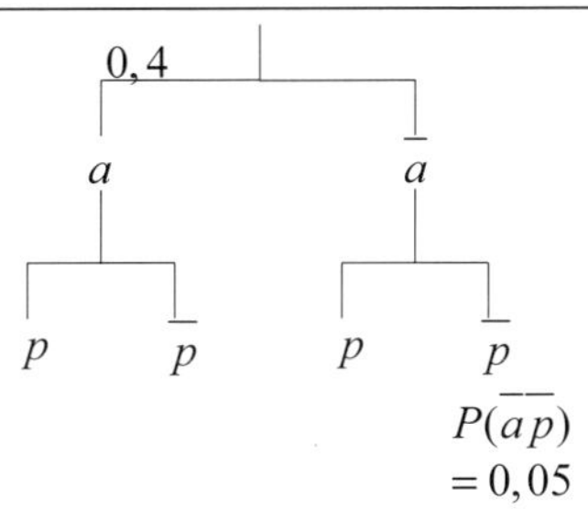


Problem: $P(p)=0,87$ kann nicht verwendet werden

**Besser : Vierfeldertafel**

| | $p$ | $\overline{p}$ | |
|---|---|---|---|
| $a$ | | | 0,40 |
| $\overline{a}$ | | 0,05 | |
| | 0,87 | | 1 |

↓

| | $p$ | $\overline{p}$ | |
|---|---|---|---|
| $a$ | **0,32** | 0,08 | 0,40 |
| $\overline{a}$ | 0,55 | 0,05 | 0,60 |
| | 0,87 | 0,13 | 1 |

$\Rightarrow P(ap)=\mathbf{0,32}$

**Spezialfall : Unabhängige Ereignisse**

**Zum Beispiel 2 (S. 159)**

In diesem Beispiel werden die beiden Eigenschaften Größe und Haarfarbe thematisiert. Die Größe einer Person hat mit ihrer Haarfarbe nichts zu tun, somit sind diese beiden Eigenschaften voneinander unabhängig.

Es gelten (Wahrscheinlichkeitsangaben sind aus der Vierfeldertabelle entnommen):

1. $P(d) = 0{,}52$
2. $P_g(d) = \dfrac{P(g \cap d)}{P(g)} = \dfrac{P(gd)}{P(g)} = \dfrac{0{,}21}{0{,}41} = 0{,}52$
3. $P_{\bar{g}}(d) = \dfrac{P(\bar{g} \cap d)}{P(\bar{g})} = \dfrac{P(\bar{g}d)}{P(\bar{g})} = \dfrac{0{,}31}{0{,}59} = 0{,}52$

Es haben also sowohl 52 % aller Personen, als auch aller großer und aller kleiner Personen, dunkles Haar. Für die Wahrscheinlichkeit, dass eine zufällig ausgewählte Person dunkles Haar besitzt, ist somit das Vorwissen, dass diese groß (oder klein) ist, völlig unerheblich. Sie beträgt stets 52 %.

**Ergebnis**

Wenn Vorwissen unerheblich ist und vernachlässigt werden kann, werden aus bedingten Wahrscheinlichkeiten jedoch Eigenschaftswahrscheinlichkeiten:

$P_{\not{x}}(d) = P_{\bar{\not{x}}}(d) = P(d)$.

## Folgen für das Baumdiagramm

| Größe \ Haarfarbe | $d$ | $\overline{d}$ | |
|---|---|---|---|
| $g$ | $P(gd)$ | $P(g\overline{d})$ | $P(g)$ |
| $\overline{g}$ | $P(\overline{g}d)$ | $P(\overline{g}\overline{d})$ | $P(\overline{g})$ |
| | $P(d)$ | $P(\overline{d})$ | 1 |

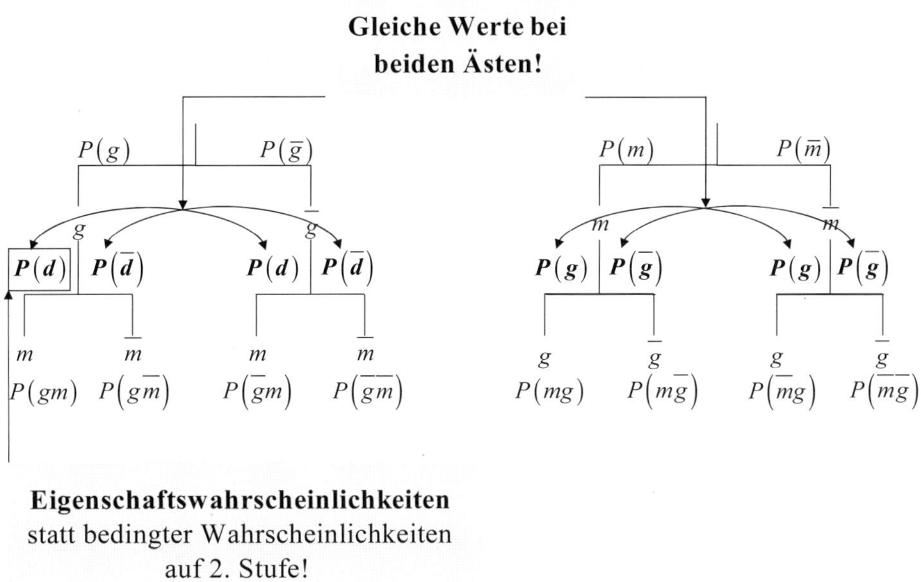

**Beispiel 3**

60 % der Bewerber eines Unternehmens sind weiblich. 21 % aller Bewerber werden eingestellt. Außerdem gibt das Unternehmen an, dass die beiden Eigenschaften Einstellungschance und Geschlecht unabhängig voneinander sind.

Ein Bewerber wird zufällig ausgewählt. Mit welcher Wahrscheinlichkeit ist er männlich und wird nicht eingestellt?

**Lösung**

**Bezeichnungen**

$w$: Bewerber ist weiblich; $\overline{w}$: Bewerber ist männlich

$e$: Bewerber wird eingestellt; $\overline{e}$: Bewerber wird nicht eingestellt

**Gegebene Typen von Wahrscheinlichkeitsangaben**

$P(w) = 0,6$: Eigenschaftswahrscheinlichkeit (nur Eigenschaft „weiblich")

$P(e) = 0,21$: Eigenschaftswahrscheinlichkeit (nur Eigenschaft „eingestellt")

**Möglich: Baumdiagramm**

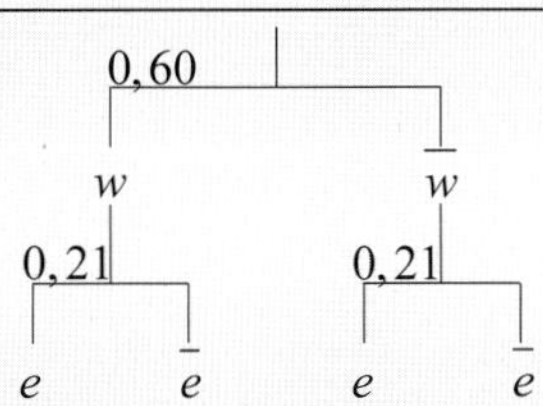


Wegen Unabhängigkeit steht $P(e) = 0,21$ auf 2. Stufe bei beiden Ästen.

↓

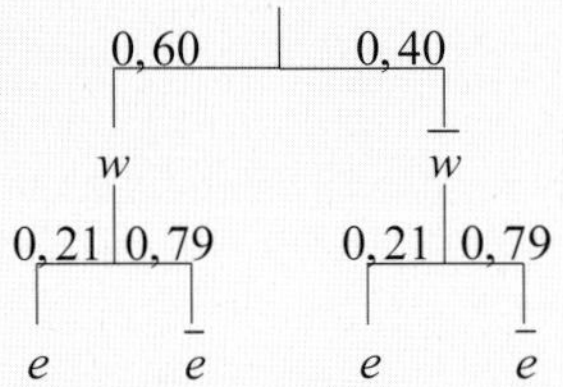


$\Rightarrow P(\overline{we}) = 0,4 \cdot 0,79 = 0,32$

**Möglich: Vierfeldertafel**

| | $e$ | $\overline{e}$ | |
|---|---|---|---|
| $w$ | | | 0,60 |
| $\overline{w}$ | | | |
| | 0,21 | | 1 |

Wegen Unabhängigkeit kann die Zusatzregel genutzt werden.

↓

| | $e$ | $\overline{e}$ | |
|---|---|---|---|
| $w$ | 0,13 $(= 0,60 \cdot 0,21)$ | 0,47 $(= 0,60 \cdot 0,79)$ | 0,60 |
| $\overline{w}$ | 0,08 $(= 0,40 \cdot 0,21)$ | **0,32** $(= 0,40 \cdot 0,79)$ | 0,40 |
| | 0,21 | 0,79 | 1 |

$\Rightarrow P(\overline{we}) = \mathbf{0,32}$

# 6. Zufallsvariable, Wahrscheinlichkeitsverteilung und Erwartungswert

## 6.1 Kernüberlegungen

**Voraufgabe:** Der Eigentümer eines Unternehmens steht vor einer Entscheidung: Er kann sein Unternehmen noch 2 Jahre weiterführen und dann stilllegen oder dieses sofort für einen Betrag von 34.000 € verkaufen.
Pro Jahr kann er mit einer Wahrscheinlichkeit von 60 % 100 Stück seines Produktes absetzen, mit einer Wahrscheinlichkeit von 40 % hingegen nur 50 Stück. Pro verkauftem Stück erwirtschaftet er einen Gewinn von 200 €.
Zu welcher Entscheidung würden Sie ihm raten?

**Lösung**

**1. Schritt: Baumdiagramm und Einführung der Zufallsvariable**

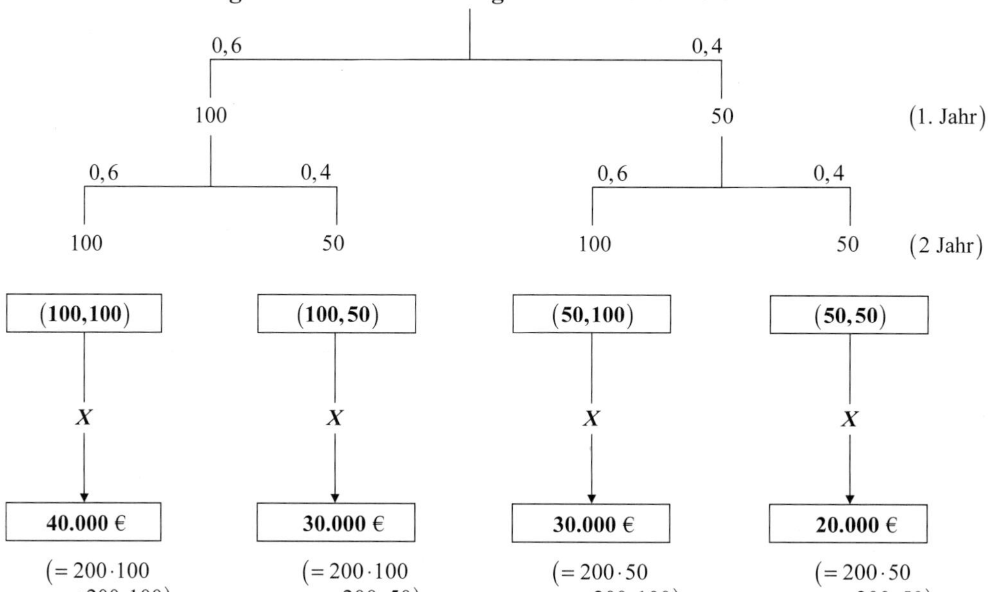


Den Eigentümer interessiert es vor allem, welche Gewinne er durch die Weiterführung des Unternehmens erwirtschaften kann. Die hierzu notwendigen Absatzergebnisse aus den beiden Jahren sind hingegen zweitrangig.
Die **Zufallsvariable** ***X*** weist deshalb jedem der 4 möglichen Absatzergebnisse den zugehörigen Gesamtgewinn zu.

(Hinweis: Der Begriff „Zufallsvariable“ ist leider etwas irreführend, da es sich hierbei nicht um eine Variable im bisherigen Sinn, sondern um eine Funktion handelt.)

### 2. Schritt: Wahrscheinlichkeitsverteilung der Zufallsvariablen

Welchen konkreten Gesamtgewinn die Fortführung des Unternehmens einbringt und ob dieser höher als 34.000 € ist, weiß der Eigentümer nicht. Er kann lediglich zu jedem der 3 möglichen Gesamtgewinne, also zu jedem möglichen Wert der Zufallsvariable, die zugehörige Wahrscheinlichkeit ermitteln. Dies nennt man eine **Wahrscheinlichkeitsverteilung** der Zufallsvariablen.

| | | | |
|---|---|---|---|
| Absatzergebnisse | $(100,100)$ | $(100,50)$; $(50,100)$ | $(50,50)$ |
| Mögliche Gesamtgewinne | **40.000** | **30.000** | **20.000** |
| Wahrscheinlichkeiten der möglichen Gesamtgewinne | $0,6 \cdot 0,6$ $=\mathbf{0,36}$ | $0,6 \cdot 0,4 + 0,4 \cdot 0,6$ $=\mathbf{0,48}$ | $0,4 \cdot 0,4$ $=\mathbf{0,16}$ |

(Die Wahrscheinlichkeit für einen möglichen Gesamtgewinn wird über die zugehörigen Absatzergebnisse ermittelt. Es gibt 2 Ergebnisse, die zu einem Gesamtgewinn von 30.000 € führen. Deren Wahrscheinlichkeiten werden addiert.)

### 3. Schritt: Erwartungswert der Zufallsvariablen

Wie kann nun rechnerisch ermittelt werden, ob die gebotenen 34.000 € mehr oder weniger Wert sind als die unsicheren (aber auch vielleicht höheren) Gewinne aus der Fortführung des Unternehmens?

Aus den möglichen Gesamtgewinnen und den zugehörigen Wahrscheinlichkeiten wird eine Vergleichszahl gebildet, die den erwarteten Wert der Unternehmensfortführung beschreibt.

Der **Erwartungswert** des Gesamtgewinnes:

$$\boldsymbol{E(X) = 40.000 \cdot 0,36 + 30.000 \cdot 0,48 + 20.000 \cdot 0,16 = 32.000\ \text{€}}$$

(Berechnung: Jeder mögliche Gesamtgewinn wird mit seiner Wahrscheinlichkeit multipliziert, anschließend wird aufaddiert.)

### 4. Schritt: Ergebnis

Es ist zu empfehlen, das Unternehmen für 34.000 € zu verkaufen. Die Fortführung bringt dem Eigentümer lediglich einen erwarteten Gesamtgewinn von 32.000 € ein.

## 6.2 Erklärende Beispiele

**Beispiel 1**

Ein Bogenschütze trifft mit einer Wahrscheinlichkeit von 80 % die Scheibe. Er schießt eine Folge aus 2 Schüssen.

Die Zufallsvariable $X$ gibt die **Anzahl der Treffer bei einer Folge** an.

**a)** Erstellen Sie für diese Zufallsvariable eine Wahrscheinlichkeitsverteilung.
**b)** Der Bogenschütze schießt viele Folgen nacheinander. Wie viele Treffer sind im Durchschnitt pro Folge zu erwarten?

**Lösung**

**a) Baumdiagramm**

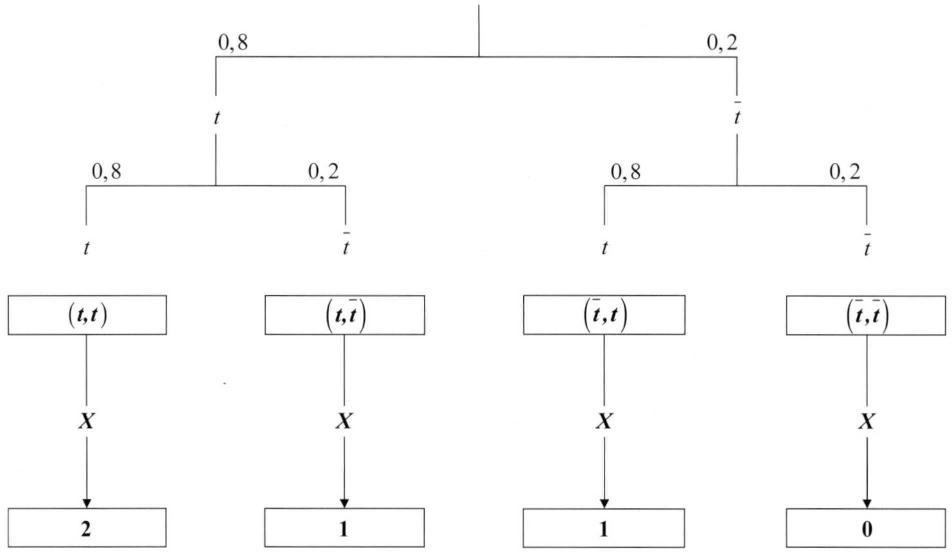

**Wahrscheinlichkeitsverteilung der Zufallsvariablen**

| **Zugehörige Ergebnisse** | $(t,t)$ | $(t,\bar{t});(\bar{t},t)$ | $(\bar{t},\bar{t})$ |
|---|---|---|---|
| $\boldsymbol{x_i}$ (Mögliche Werte der Zufallsvariablen $X$) | **2** | **1** | **0** |
| $\boldsymbol{P(X=x_i)}$ (Wahrscheinlichkeiten zu den Werten der Zufallsvariablen) | $0{,}8\cdot 0{,}8$ $=\mathbf{0{,}64}$ | $0{,}8\cdot 0{,}2+0{,}2\cdot 0{,}8$ $=\mathbf{0{,}32}$ | $0{,}2\cdot 0{,}2$ $=\mathbf{0{,}04}$ |

Alternativ: $1-0{,}64-0{,}32=\mathbf{0{,}04}$
Dies ist möglich, da die **Summe aller Wahrscheinlichkeiten** stets **1** ergeben muss.

**b) Erwartungswert der Zufallsvariablen**

$$E(X)=2\cdot 0{,}64+1\cdot 0{,}32(+0\cdot 0{,}04)=1{,}6$$

**Interpretation**

Der Bogenschütze kann durchschnittlich 1,6 Treffer pro Folge erwarten.

**Bemerkung**

Es wird deutlich, dass die konkrete Berechnung des Erwartungswertes recht einfach ist. Zudem wird diese mit Hilfe des GTR/CAS ausgeführt.
Der anspruchsvollere Teilschritt stellt hingegen die Berechnung der Wahrscheinlichkeiten für die Werte der Zufallsvariable dar. Hier werden, wie in den Kapiteln III.3 und III.4, die Wahrscheinlichkeiten von Ereignissen berechnet.

**Beispiel 2**

Ein Spieler spielt gegen einen Einsatz von 4 € folgendes Spiel:
Er würfelt ein Mal. Bei einer geraden Zahl erhält er 3 €. Bei einer ungeraden Zahl erhält er den doppelten Betrag der gewürfelten Augenzahl.

Die Zufallsvariable $\boldsymbol{X}$ gibt den **Gewinn** des Spielers an.

**a)** Erstellen Sie für diese Zufallsvariable eine Wahrscheinlichkeitsverteilung.
**b)** Ist es günstig für den Spieler, bei diesem Spiel teilzunehmen?

**Lösung**

**a) Baumdiagramm**

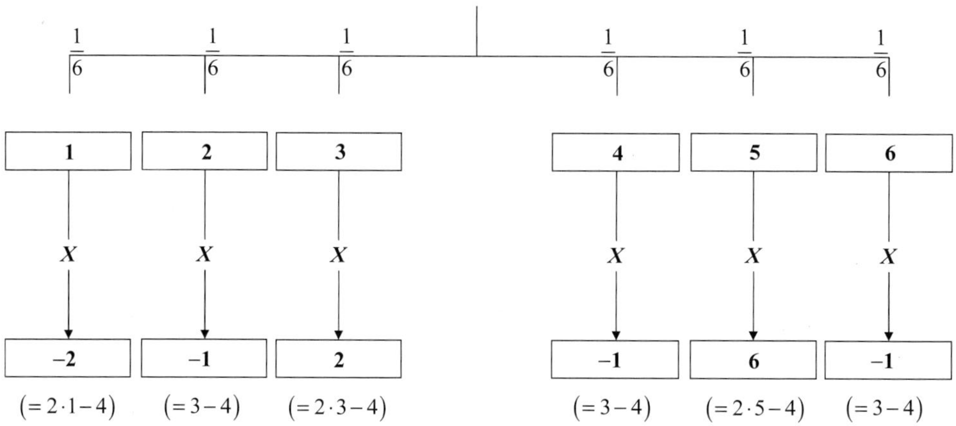


Da die Zufallsvariable den **Gewinn** des Spielers angibt, muss der **Einsatz subtrahiert** werden.

**Wahrscheinlichkeitsverteilung der Zufallsvariablen**

| **Zugehörige Ergebnisse** | $(2);(4);(6)$ | $(5)$ | $(3)$ | $(1)$ |
|---|---|---|---|---|
| $x_i$ | $\mathbf{-1}$ | $\mathbf{6}$ | $\mathbf{2}$ | $\mathbf{-2}$ |
| $P(X=x_i)$ | $\frac{1}{6}+\frac{1}{6}+\frac{1}{6}=\frac{3}{6}$ | $\frac{1}{6}$ | $\frac{1}{6}$ | $\frac{1}{6}$ |

**b) Erwartungswert der Zufallsvariablen**

$$E(X)=(-1)\cdot\frac{3}{6}+6\cdot\frac{1}{6}+2\cdot\frac{1}{6}+(-2)\cdot\frac{1}{6}=0{,}5$$

**Interpretation**

$X$ gibt den Gewinn des Spielers pro Spiel an. Somit gibt $E(X)$ den zu **erwartenden Gewinn** pro Spiel an, den der Spieler bei vielen Spielen durchschnittlich erhalten würde. Der Spieler erreicht hier durch seine Teilnahme einen erwarteten Durchschnittsgewinn von 0,5 € pro Spieldurchgang.

**Ergebnis**

Die Teilnahme am Spiel führt zu einem positiven zu erwartenden Gewinn und ist somit günstig für den Spieler.

| | $X$ **: Gewinn des Spielers** |
|---|---|
| $E(X)>0$ | günstig für Spieler bzw. ungünstig für Anbieter |
| $E(X)=0$ | faires Spiel für Spieler und Anbieter |
| $E(X)<0$ | ungünstig für Spieler bzw. günstig für Anbieter |

**Beispiel 3**

Ein Spieler spielt gegen einen Einsatz von 6,75 € folgendes Spiel:
In einer Urne befinden sich 8 schwarze und 6 weiße Kugeln. Er entnimmt nacheinander 5 Kugeln, wobei er entnommene Kugeln nicht wieder zurücklegt.
Falls der Spieler mindestens 3 schwarze Kugeln zieht, erhält er pro schwarzer Kugel 3 €. Ansonsten erhält er nichts.

Die Zufallsvariable $X$ gibt den **Auszahlungsbetrag** an, den der Spieler erhält.

**a)** Erstellen Sie für diese Zufallsvariable eine Wahrscheinlichkeitsverteilung.
**b)** Ist es günstig für den Spieler, bei diesem Spiel teilzunehmen?

**Lösung**

**a) Baumdiagramm**

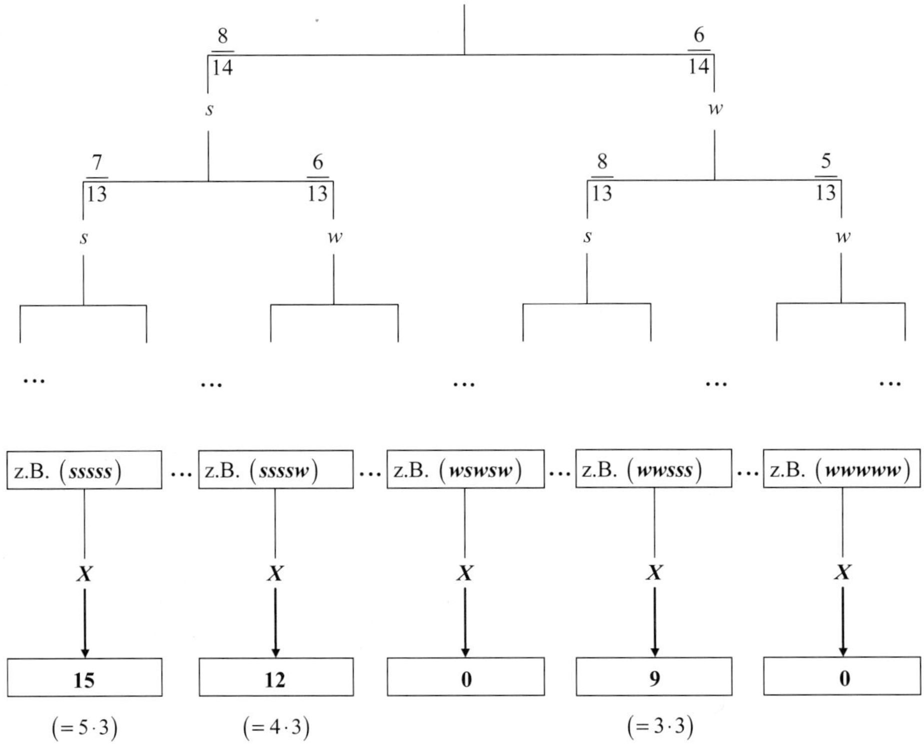


Da die Zufallsvariable den **Auszahlungsbetrag** an den Spieler angibt, darf der **Einsatz nicht subtrahiert** werden.

**Wahrscheinlichkeitsverteilung der Zufallsvariablen**

| **Zugehörige Ergebnisse** | 3 Mal $s$: $(ssww w)$; $(swsws)$; $(wwsss)$;... (**viele** weitere) | 4 Mal $s$: $(ssssw)$; $(sssws)$; $(wssss)$;... (**viele** weitere) | 5 Mal $s$: $(sssss)$ | alle sonstigen |
|---|---|---|---|---|
| $x_i$ | **9** $(=3\cdot 3)$ | **12** $(=4\cdot 3)$ | **15** $(=5\cdot 3)$ | **0** $(=0\cdot 3)$ |
| $P(X=x_i)$ | $P=\frac{\binom{8}{3}\cdot\binom{6}{2}}{\binom{14}{5}}$ $=\mathbf{0{,}42}$ | $P=\frac{\binom{8}{4}\cdot\binom{6}{1}}{\binom{14}{5}}$ $=\mathbf{0{,}21}$ | $P=\frac{\binom{8}{5}\cdot\binom{6}{0}}{\binom{14}{5}}$ $=\mathbf{0{,}03}$ | $1-0{,}42-0{,}21-0{,}03=\mathbf{0{,}34}$ |

**Bemerkung (Kombinatorische Hilfsmittel)**

Bei „größeren Zufallsexperimenten" ist es wiederum sinnvoll, Wahrscheinlichkeiten mit Hilfe der Kombinatorik zu berechnen. Hier liegt beispielsweise der **Aufgabentyp 2** (S. 148) vor.

**b) Erwartungswert der Zufallsvariablen**

$$\boldsymbol{E(X)=9\cdot 0{,}42+12\cdot 0{,}21+15\cdot 0{,}03(+0\cdot 0{,}34)=6{,}75}$$

**Interpretation**

$X$ gibt den Auszahlungsbetrag an, den der Spieler erhält. Somit gibt $\boldsymbol{E(X)}$ den zu **erwartenden Auszahlungsbetrag** pro Spiel an, den der Spieler bei vielen Spielen durchschnittlich erhalten würde.

**Ergebnis**

Die erwartete Auszahlung pro Spiel von 6,75 € entspricht dem Einsatz. Die Teilnahme am Spiel ist somit weder günstig noch ungünstig für den Spieler (und den Spielanbieter). Es handelt sich hier um ein faires Spiel.

**$X$ : Auszahlungsbetrag an Spieler**

| | |
|---|---|
| $\boldsymbol{E(X)>}$ **Einsatz** | günstig für Spieler bzw. ungünstig für Anbieter |
| $\boldsymbol{E(X)=}$ **Einsatz** | faires Spiel für Spieler und Anbieter |
| $\boldsymbol{E(X)<}$ **Einsatz** | ungünstig für Spieler bzw. günstig für Anbieter |

# IV. Lösungen zu den Basisübungen



12 Rosner ISBN: 978-3-8120-0346-9

**Aufgabe 1**

$A: \quad y=\frac{1}{2}x+3 \quad (y=0,5x+3)$

$B: \quad y=\frac{1}{4}x+1 \quad (y=0,25x+1)$

$C: \quad y=x-3 \quad (y=1x-3)$

$D: \quad y=-1,25$

$E: \quad y=-x$ (2. Winkelhalbierende)

$F: \quad x=-1,25$

**Aufgabe 2**

**Lösungsweg 1**

1. Steigung bestimmen:

$$m=\frac{y_2-y_1}{x_2-x_1}=\frac{4-(-2)}{-1-3}=\frac{6}{-4}=-1,5$$

2. Punkt $(P_1(3\,|\,-2))$ und Steigung in $y=mx+b$ einsetzen:

$$\begin{aligned} y&=mx+b\\ -2&=-1,5\cdot 3+b\\ -2&=-4,5+b\\ 2,5&=b \end{aligned}$$

$\Rightarrow$ Gesuchte Gerade: $y=-1,5x+2,5$

**Lösungsweg 2**

Beide Punkte in $y=mx+b$ einsetzen. Man erhält 2 lineare Gleichungen mit 2 Unbekannten. Dieses Lineare Gleichungssystem mit GTR/CAS lösen:

$P_1(3\,|\,-2): \quad -2=m\cdot 3+b \quad \rightarrow \quad 3m+b=-2$

$P_1(-1\,|\,4): \quad 4=m\cdot(-1)+b \quad \rightarrow -m+b=4$

GTR/CAS: $m=-1,5$; $b=2,5$

$\Rightarrow$ Gesuchte Gerade: $y=-1,5x+2,5$

**Aufgabe 3**

Zugehörige Formel: $m=\tan(\alpha)$

(GTR/CAS hierfür von Bogenmaß (*rad*) auf Grad (*deg*) stellen!)

$\alpha=37°: \quad m=\tan(37°)$

$\quad\quad m=0,75$

$m=2: \quad 2=\tan(\alpha) \quad |\tan^{-1}$

$\quad \tan^{-1}(2)=\alpha$

$\quad 63,4°=\alpha$

**Aufgabe 4**

**a)** $m_1=-2$;

Bedingung für parallel: $m_1=m_2$

$y=-2x+1 \quad (b$ egal)

**b)** $m_1=-1$;

Bedingung für parallel: $m_1=m_2$

$y=-x+1 \quad (b$ egal)

**c)** $m_1=-2$;

Bedingung für senkrecht: $m_2=\frac{-1}{m_1}=\frac{-1}{-2}=\frac{1}{2}$

$y=\frac{1}{2}x+1 \quad (b$ egal)

**d)** $m_1=1$; (1. Winkelhalbierende: $y=x$)

Bedingung für senkrecht: $m_2=\frac{-1}{m_1}=\frac{-1}{1}=-1$

$y=-x+1 \quad (b$ egal)

**Aufgabe 5**

**a)** $A$: $f_5(x)$
$B$: $f_6(x)$
$C$: $f_9(x)$
$D$: $f_7(x)$

**b)** $A$: $f_4(x)$
$B$: $f_1(x)$
$C$: $f_8(x)$
$D$: $f_7(x)$

**Aufgabe 6**

$K_f: \quad f(x)=5\cdot(x+6)\cdot(x+5)\cdot(x+4)$

$K_g: \quad f(x)=-2\cdot(x+2)\cdot x^3$

$K_h: \quad f(x)=3\cdot(x-2)\cdot(x-4)^2$

$K_i: \quad f(x)=-(x-7)^4$

**Aufgabe 7**

$A$: $f_4(x)$
$B$: $f_1(x)$
$C$: $f_9(x)$
$D$: $f_5(x)$

**Aufgabe 8**

| | Asymptote | für $x \to +\infty$ | für $x \to -\infty$ |
|---|---|---|---|
| a) | $y=-2$ | ☐ | ☒ |
| b) | $y=1$ | ☒ | ☐ |
| c) | $y=-2x-1$ | ☒ | ☐ |
| d) | $y=-x+1$ | ☐ | ☒ |
| e) | $y=tx$ (Asymptotenschar) | ☐ | ☒ |
| f) | $y=2x$ | ☒ (wegen $t<0$) | ☐ |

**Aufgabe 9**

Mit $f(x)=a\cdot\sin(b\cdot(x-c))+d$:

**a)** • $d=0$ Mittellinie auf Höhe 0 $\left(\text{oder mit } \frac{2+(-2)}{2}=\frac{0}{2}=0\right)$

• $a=1,5$ (max. Abstand von 1,5 zur Mittellinie) $\left(\text{oder mit } \frac{1,5-(-1,5)}{2}=\frac{3}{2}=1,5\right)$

• $c=-1$ Verschiebung um 1 nach links

• $b=\frac{2\pi}{p}=\frac{2\pi}{2\pi}=1$

Es kann nicht verlangt werden, dass die exakte Periodenlänge von $2\pi$ bzw. 6,28 abgelesen wird. Auch eine abgelesene Periodenlänge von bspw. 6,1 mit einem zugehörigen $b$-Wert von $b=\frac{2\pi}{6,1}=1,03$ ist „richtig".

$\Rightarrow f(x)=1,5\cdot\sin(x+1)$

Alternativ: $f(x)=1,5\cdot\cos(x-0,57)$

**b)** • $d=-1$ Mittellinie auf Höhe $-1$ $\left(\text{oder mit } \frac{0+(-2)}{2}=\frac{-2}{2}=-1\right)$

• $a=1$ (max. Abstand von 1 zur Mittellinie) $\left(\text{oder mit } \frac{0-(-2)}{2}=\frac{2}{2}=1\right)$

• $c=0$ keine Verschiebung bei sin

• $b=\frac{2\pi}{p}=\frac{2\pi}{\pi}=2$

$\Rightarrow f(x)=\sin(2x)-1$

Alternativ: $f(x)=\cos(2\cdot(x-0,8))$

**c)** • $d=1,5$ Mittellinie auf Höhe 1,5 $\left(\text{oder mit } \frac{2,5+0,5}{2}=\frac{3}{2}=1,5\right)$

• $a=1$ (max. Abstand von 1 zur Mittellinie) $\left(\text{oder mit } \frac{2,5-0,5}{2}=\frac{2}{2}=1\right)$

• $c=-0,5$ Verschiebung um 0,5 nach links

• $b=\frac{2\pi}{p}=\frac{2\pi}{2}=\pi$

$\Rightarrow f(x)=\sin(\pi\cdot(x+0,5))+1,5$

Alternativ: $f(x)=\sin(\pi\cdot(x-1,5))+1,5$

Alternativ: $f(x)=\cos(\pi\cdot x)+1,5$

**Aufgabe 10**

**a)** $f(x)=4x^4-2x^2+1$
• Symm. zur $y$-Achse
• Begründung: Nur gerade Hochzahlen

**b)** $f(x)=4x^4-2x^3+1$
• weder noch
• Begründung: Gerade und ungerade Hochzahlen

**c)** $f(x)=-x^3-2x+1$
• weder noch
• Begründung: Gerade und ungerade Hochzahlen ($1=1x^0$, somit gerade Hochzahl!)

**d)** $f(x)=-x^3-2x$
• Symm. zum Ursprung
• Begründung: Nur ungerade Hochzahlen

**e)** $f(x)=\sin(x^2)+1$
• Symm. zur $y$-Achse
• Begründung: Anhand des allg. Kriteriums, da keine ganzrationale Funktion

$f(-x)=\sin\left((-x)^2\right)+1=\underline{\sin\left(x^2\right)+1}$

$f(x)=\underline{\sin\left(x^2\right)+1}$

$\left(-f(x)=\underline{-\sin\left(x^2\right)-1}\right)$

$\Rightarrow$ Es gilt: $f(-x)=f(x)$

**f)** $f(x)=\sin(x^2)+x$
- weder noch
- Begründung: Anhand des allg. Kriteriums, da keine ganzrationale Funktion

$f(-x)=\sin\left((-x)^2\right)+(-x)=\underline{\sin\left(x^2\right)-x}$

$\left(f(x)=\underline{\sin\left(x^2\right)+x}\right)$

$\left(-f(x)=\underline{-\sin\left(x^2\right)-x}\right)$

$\Rightarrow$ Es gilt weder $f(-x)=f(x)$, noch $f(-x)=-f(x)$.

**g)** $f(x)=\sin(x^2)\cdot x$
- Symm. zum Ursprung
- Begründung: Anhand des allg. Kriteriums, da keine ganzrationale Funktion

$f(-x)=\sin\left((-x)^2\right)\cdot(-x)=\sin\left(x^2\right)\cdot(-x)=\underline{-\sin\left(x^2\right)\cdot x}$

$\left(f(x)=\underline{\sin\left(x^2\right)\cdot x}\right)$

$-f(x)=\underline{-\sin\left(x^2\right)\cdot x}$

$\Rightarrow$ Es gilt: $f(-x)=-f(x)$

**Aufgabe 11**

$D: f_t(x)=x\cdot(x-t)^2$
(3. Grad; Verlauf von *III* nach *I*;
Nullstellen $x_1=0$ und $x_{2/3}=t$)

$B: f_t(x)=t\cdot(x+1)\cdot(x-1)$
(2. Grad; Verlauf von *II* nach *I* da $t>0$
(zudem beeinflusst der Parameter
die Streckung in $y$-Richtung);
Nullstellen $x_1=1$ und $x_2=-1$)

$A: f_t(x)=t\cdot x+1$
(1. Grad; pos. Steigung da $t>0$;
$y$-Achsenabschnitt 1)

$F: f_t(x)=t\cdot(x-1)^2\cdot(x+1)^2$
(4. Grad; Verlauf von *II* nach *I*
da $t>0$ (zudem beeinflusst der Parameter
die Streckung in $y$-Richtung);
Nullstellen $x_{1/2}=1$ und $x_{3/4}=-1$)

$E: f_t(x)=x^2\cdot(x-t)$
(3. Grad; Verlauf von *III* nach *I*;
Nullstellen $x_{1/2}=0$ und $x_3=t$)

$C: f_t(x)=x\cdot(x-t)$
(2. Grad; Verlauf von *II* nach *I*;
Nullstellen $x_1=0$ und $x_2=t$)

**Aufgabe 12**

**a)** $f_t(x)=t\cdot\sin(x)$
- Eingezeichnet: $f_{-1}(x)=-\sin(x)$; $f_1(x)=\sin(x)$; $f_2(x)=2\cdot\sin(x)$
- Parameter beeinflusst Amplitude

**b)** $f_t(x)=\sin(x-t)$
- Eingezeichnet: $f_{-1}(x)=\sin(x+1)$; $f_1(x)=\sin(x-1)$; $f_2(x)=\sin(x-2)$
- Parameter verschiebt nach rechts bzw. links

**c)** $f_t(x)=e^{x-t}$
- Eingezeichnet: $f_{-1}(x)=e^{x+1}$; $f_1(x)=e^{x-1}$; $f_2(x)=e^{x-2}$
- Parameter verschiebt nach rechts bzw. links

**d)** $f_t(x)=e^x+t$
- Eingezeichnet: $f_{-1}(x)=e^x-1$; $f_1(x)=e^x+1$; $f_2(x)=e^x+2$
- Parameter verschiebt nach oben bzw. unten

**Aufgabe 13**

**a)** $f_3(x)=\frac{1}{2}x^3-\frac{1}{4}\cdot 3x^2=\frac{1}{2}x^3-\frac{3}{4}x^2$

$f_3(2)=\frac{1}{2}\cdot 2^3-\frac{3}{4}\cdot 2^2=1 \quad\Rightarrow\quad P_3(2\,|\,1)$

**b)** $f_t(2)=\frac{1}{2}\cdot 2^3-\frac{1}{4}t\cdot 2^2=4-t \quad\Rightarrow\quad P_t(2\,|\,4-t)$

Kontrolle zu a): $P_3(2\,|\,4-3)=P(2\,|\,1)$

**c)**
**Unteres Schaubild :** Nur der Punkt $P(2\,|\,1)$ ist eindeutig ablesbar und darf verwendet werden. Mit diesem wird eine Punktprobe in der allgemeinen Schargleichung durchgeführt:

$$\begin{aligned} 1 &=\frac{1}{2}\cdot 2^3-\frac{1}{4}t\cdot 2^2 \\ 1 &=4-t && |-4 \\ -3 &=-t && |\cdot(-1) \\ 3 &=t \end{aligned}$$

**Oberes Schaubild :** Die Punkte $P_1(-3\,|\,0)$, $P_2(-2\,|\,2)$ und $P_3(1\,|\,2)$ sind eindeutig ablesbar und dürfen verwendet werden.

z.B. mit $P_1(-3\,|\,0)$:

$$0=\frac{1}{2}\cdot(-3)^3-\frac{1}{4}t\cdot(-3)^2$$
$$0=-\frac{27}{2}-\frac{9}{4}t \quad |+\frac{9}{4}t$$
$$\frac{9}{4}t=-\frac{27}{2} \quad |:\frac{9}{4}$$
$$t=-6$$

(Der Punkt $P(0\,|\,0)$ liegt auf beiden Schaubildern und ist deshalb ungeeignet.)

**d)** $f_t(x)=0$

$$\frac{1}{2}x^3-\frac{1}{4}tx^2=0$$
$$x^2\cdot\left(\frac{1}{2}x-\frac{1}{4}t\right)=0$$

NPS

$$x^2=0 \quad |\sqrt{\phantom{x}} \qquad\qquad \frac{1}{2}x-\frac{1}{4}t=0 \quad |+\frac{1}{4}t$$
$$x_{1/2}=0 \qquad\qquad \frac{1}{2}x=\frac{1}{4}t \quad |:\frac{1}{2}$$
$$x_3=\frac{1}{2}t$$
$$N_{1/2}(0\,|\,0) \qquad\qquad N_3(\frac{1}{2}t\,|\,0)$$

**e)** $N_{1/2}(0\,|\,0)$ liegt stets im Ursprung.

Für welchen Wert von $t$ liegt $N_3(\frac{1}{2}t\,|\,0)$ bei $x=7$?

$$\frac{1}{2}t=7 \quad |:\frac{1}{2}$$
$$t=14$$

$$\Rightarrow f_{14}(x)=\frac{1}{2}x^3-\frac{1}{4}\cdot 14\cdot x^2=\frac{1}{2}x^3-\frac{7}{2}x^2$$

**Aufgabe 14**

**Lösungsweg 1**

**1. Schritt :** Zwei beliebige Funktionen (z.B $f_1(x)$ und $f_2(x)$) werden aus der Schar ausgewählt. Deren Schaubilder werden miteinander geschnitten (meist mit GTR/CAS):

$$f_1(x)=f_2(x)$$
$$2x^3-1x^2+(1-1)x=2x^3-2x^2+(1-2)x$$
$$2x^3-x^2=2x^3-2x^2-x \quad |-2x^3+2x^2+x$$
$$x^2+x=0$$
$$x\cdot(x+1)=0$$

NPS

$$x_1=0 \qquad\qquad x+1=0 \quad |-1$$
$$x_2=-1$$

$$f_1(0)=2\cdot 0^3-0^2=0 \qquad P_1(0\,|\,0)$$
$$f_1(-1)=2\cdot(-1)^3-(-1)^2=-2-1=-3 \qquad P_2(-1\,|\,-3)$$

**2. Schritt :** Schnittpunkte werden in die allgemeine Schargleichung $(f_t(x))$ eingesetzt, es wird also eine Punktprobe durchgeführt.
Falls diese unabhängig von $t$ erfüllt ist („$t$ fällt raus"), ist der Schnittpunkt ein gemeinsamer Punkt aller Schaubilder aus der Schar.

$P_1(0\,|\,0)$:
$$0=2\cdot 0^3-t\cdot 0^2+(1-t)\cdot 0$$
$$0=0$$

$\Rightarrow P_1(0\,|\,0)$ ist gemeinsamer Punkt aller Schaubilder der Schar.

$P_2(-1\,|\,-3)$:
$$-3=2\cdot(-1)^3-t\cdot(-1)^2+(1-t)\cdot(-1)$$
$$-3=-2-t-1+t$$
$$-3=-3$$

$\Rightarrow P_2(-1\,|\,-3)$ ist gemeinsamer Punkt aller Schaubilder der Schar.

**Lösungsweg 2**

Eine beliebige Funktion (z.B $f_1(x)$) wird aus der Schar ausgewählt und mit der allg. Schargleichung $f_t(x)$ gleichgesetzt. Falls eine Lösung dieser Gleichung unabhängig von $t$ ist („$t$ fällt raus"), liegt ein gemeinsamer Punkt vor.

$$f_1(x)=f_t(x)$$
$$2x^3-1x^2+(1-1)x=2x^3-tx^2+(1-t)x$$
$$2x^3-x^2=2x^3-tx^2+(1-t)x$$
$$-x^2+tx^2-(1-t)x=0$$
$$x\cdot(-x+tx-(1-t))=0$$

NPS

$$x_1 = 0 \qquad -x+tx-(1-t) = 0$$
$$-x+tx-1+t = 0 \qquad |+1-t$$
$$-x+tx = 1-t$$
$$x\cdot(-1+t) = 1-t \qquad |:(-1+t) \quad (t \neq 1)$$
$$x = \frac{(1-t)}{(-1+t)}$$
$$x = \frac{(1-t)}{-(1-t)} = \frac{1}{-1} = -1$$

$f_1(0) = 2\cdot 0^3 - 0^2 = 0 \quad P_1(0\,|\,0)$

$f_1(-1) = 2\cdot(-1)^3 - (-1)^2 = -2-1 = -3 \quad P_2(-1\,|\,-3)$

$P_1(0\,|\,0)$ und $P_2(-1\,|\,-3)$ sind gemeinsame Punkte aller Schaubilder der Schar.

**Lösungsweg 3**

Zwei allgemeine Funktionen aus der Schar $\left(f_{t_1}(x) \text{ und } f_{t_2}(x)\right)$ werden gleichgesetzt.

Falls eine Lösung der Gleichung unabhängig von $t_1$ und $t_2$ ist („fallen beide raus"), liegt ein gemeinsamer Punkt vor.

$$f_{t_1}(x) = f_{t_2}(x)$$
$$2x^3 - t_1x^2 + (1-t_1)x = 2x^3 - t_2x^2 + (1-t_2)x$$
$$-t_1x^2 + (1-t_1)x + t_2x^2 - (1-t_2)x = 0$$
$$x\cdot\left(-t_1x + (1-t_1) + t_2x - (1-t_2)\right) = 0$$

NPS

$$x_1 = 0 \qquad -t_1x + (1-t_1) + t_2x - (1-t_2) = 0$$
$$-t_1x + t_2x = -(1-t_1) + (1-t_2)$$
$$x\cdot(-t_1+t_2) = -1+t_1+1-t_2$$
$$x\cdot(-t_1+t_2) = t_1 - t_2 \quad |:(-t_1+t_2) \quad (t_1 \neq t_2)$$
$$x = \frac{(t_1-t_2)}{(-t_1+t_2)}$$
$$x = \frac{(t_1-t_2)}{-(t_1-t_2)}$$
$$x = \frac{1}{-1} = -1$$

$f_{t_1}(0) = 2\cdot 0^3 - t_1\cdot 0^2 + (1-t_1)\cdot 0 = 0 \quad P_1(0\,|\,0)$

$f_{t_1}(-1) = 2\cdot(-1)^3 - t_1\cdot(-1)^2 + (1-t_1)\cdot(-1)$

$= -2 - t_1 - 1 + -t_1 = -3 \quad P_2(-1\,|\,-3)$

$P_1(0\,|\,0)$ und $P_2(-1\,|\,-3)$ sind gemeinsame Punkte aller Schaubilder der Schar.

**Aufgabe 15**

**a)**

$$-x^2 = 3t^2 - 4tx \qquad |+x^2$$
$$0 = x^2 - 4tx + 3t^2$$

mit abc-Formel:

$$x_{1/2} = \frac{-(-4t) \pm \sqrt{(-4t)^2 - 4\cdot 1\cdot 3t^2}}{2\cdot 1} = \frac{4t \pm \sqrt{16t^2 - 12t^2}}{2} = \frac{4t \pm \sqrt{4t^2}}{2} = \frac{4t \pm 2t}{2}$$

$$x_1 = \frac{4t+2t}{2} = \frac{6t}{2} = 3t;$$
$$x_2 = \frac{4t-2t}{2} = \frac{2t}{2} = t$$

(Typ 3; 2. Grad)

**b)**

$$x^3 - 2tx^2 = x^2 \qquad |-x^2$$
$$x^3 - 2tx^2 - x^2 = 0$$
$$x^2 \cdot (x - 2t - 1) = 0$$

NPS

$$x^2 = 0 \quad |\sqrt{\phantom{x}} \qquad x - 2t - 1 = 0 \qquad |+2t+1$$
$$x_{1/2} = 0 \qquad x_3 = 2t+1$$

(Typ 2; 3. Grad)

**c)**

$$6x - x^4 = 4x \qquad |-4x$$
$$-x^4 + 2x = 0$$
$$x \cdot (-x^3 + 2) = 0$$

NPS

$$x_1 = 0 \qquad -x^3 + 2 = 0 \qquad |+x^3$$
$$2 = x^3 \qquad |\sqrt[3]{\phantom{x}}$$
$$x_2 = \sqrt[3]{2}$$

(Typ 2; 4. Grad)

**d)**
$$\begin{aligned} 1-e^{4x+3} &= -4 && |-1 \\ -e^{4x+3} &= -5 && |\cdot(-1) \\ e^{4x+3} &= 5 && |\ln(\ ) \\ 4x+3 &= \ln(5) && |-3 \\ 4x &= -1{,}39 && |:4 \\ x &= -0{,}35 \end{aligned}$$

(Typ 1; Exponentialgleichung)

**e)**
$$\begin{aligned} 2\cos(x)-0{,}8 &= 0 && |+0{,}8 \\ 2\cos(x) &= 0{,}8 && |:2 \\ \cos(x) &= 0{,}4 && |\cos^{-1}(\ ) \\ x &= \cos^{-1}(0{,}4) \end{aligned}$$

$x_1 = 1{,}16$
$x_2 = 2\pi - x_1 = 2\pi - 1{,}16 = 5{,}12$

alle Lösungen:
$x = 1{,}16 + k\cdot 2\pi$
und
$x = 5{,}12 + k\cdot 2\pi$
$(k = ..., -1, 0, 1, 2, ...)$

Lösungen im Bereich $[-2;8]$:
1,16;
$7{,}44\,(=1{,}16+1\cdot 2\pi)$;
5,12;
$-1{,}16\,(=5{,}12-1\cdot 2\pi)$;
(Typ 1; Kosinusgleichung)

**f)**
$$\begin{aligned} 3e^{x}(e^{x}-1) &= -e^{x} \\ 3e^{2x}-3e^{x} &= -e^{x} && |+e^{x} \\ 3e^{2x}-2e^{x} &= 0 \\ e^{x}\cdot\left(3e^{x}-2\right) &= 0 \end{aligned}$$

NPS

$e^{x} = 0 \quad |\ln(\ )$
keine Lösung

$$\begin{aligned} 3e^{x}-2 &= 0 && |+2 \\ 3e^{x} &= 2 && |:3 \\ e^{x} &= \frac{2}{3} && |\ln(\ ) \\ x &= \ln\left(\frac{2}{3}\right) \\ x &= -0{,}41 \end{aligned}$$

(Typ 2; Exponentialgleichung)

**g)**
$$\begin{aligned} \frac{3}{2}x^{4}-2 &= x^{4} && |-x^{4}+2 \\ \frac{1}{2}x^{4} &= 2 && |:\frac{1}{2} \\ x^{4} &= 4 && |\sqrt[4]{\ } \\ x_1 &= \sqrt[4]{4} \\ x_2 &= -\sqrt[4]{4} \end{aligned}$$

(Typ 1; 4. Grad)

**h)**
$$\begin{aligned} \sin(x) &= 0{,}2 && |\sin^{-1}(\ ) \\ x &= \sin^{-1}(0{,}2) \end{aligned}$$

$x_1 = 0{,}2$
$x_2 = \pi - x_1 = \pi - 0{,}2 = 2{,}94$

alle Lösungen:
$x = 0{,}2 + k\cdot 2\pi$
und
$x = 2{,}94 + k\cdot 2\pi$
$(k = ..., -1, 0, 1, 2, ...)$

Lösungen im Bereich $[-2;8]$:
0,2; 6,48; 2,94
(Typ 1; Sinusgleichung)

**i)**
$$\begin{aligned} -x^{2}+4t^{2} &= 0 && |-4t^{2} \\ -x^{2} &= -4t^{2} && |\cdot(-1) \\ x^{2} &= 4t^{2} && |\sqrt{\ } \\ x_1 &= 2t \\ x_2 &= -2t \end{aligned}$$

(Typ 1; 2.Grad)

**j)** $2e^{2x}-17e^{x}+8=0$

Substitution: $\left(e^{2x}=u^{2};\ e^{x}=u\right)$

$2u^{2}-17u+8=0$

$u_{1/2}=\dfrac{-(-17)\pm\sqrt{(-17)^{2}-4\cdot 2\cdot 8}}{2\cdot 2}$ (abc-Formel)

$=\dfrac{17\pm\sqrt{225}}{4}$

$=\dfrac{17\pm 15}{4}$

$u_{1}=\dfrac{17+15}{4}=\dfrac{32}{4}=8;\qquad u_{2}=\dfrac{17-15}{4}=\dfrac{2}{4}=0,5$

Rücksubstitution:

$e^{x}=8 \quad |\ln(\ )\qquad\qquad e^{x}=0,5 \quad |\ln(\ )$

$x_{1}=\ln(8)\qquad\qquad x_{2}=\ln(0,5)$

(Typ S; Exponentialgleichung)

**k)** $\sin^{2}(x)=2\sin(x)$

$\left(\sin(x)\right)^{2}=2\sin(x) \quad |-2\sin(x)$

$\left(\sin(x)\right)^{2}-2\sin(x)=0$

$\sin(x)\cdot\left(\sin(x)-2\right)=0$

NPS

$\sin(x)=0 \ |\sin^{-1}(\ ) \qquad\qquad \sin(x)-2=0 \quad |+2$

$x=\sin^{-1}(0) \qquad\qquad \sin(x)=2$

$x_{1}=0 \qquad\qquad$ keine Lösung

$x_{2}=\pi-0=\pi$

alle Lösungen:

$x=0+k\cdot 2\pi$

$x=\pi+k\cdot 2\pi$

$(k=\ldots,-1,0,1,2,\ldots)$

Lösungen im Bereich $[-2;8]$:

$0;\ 2\pi;\ \pi$

(Typ 2; Sinusgleichung)

**l)** $3x+2t=1-t+x \quad |-2t-x$

$2x=1-3t \quad |:2$

$x=\dfrac{1}{2}-\dfrac{3}{2}t$

(Typ 1; 1.Grad)

**m)** $2x(x^{2}-1)=0,5-2x$

$2x^{3}-2x=0,5-2x \quad |+2x$

$2x^{3}=0,5 \quad |:2$

$x^{3}=0,25 \quad |\sqrt[3]{\ }$

$x=\sqrt[3]{0,25}$

(Typ 1; 3. Grad)

**n)** $2e^{x}-1=0 \quad |+1$

$2e^{x}=1 \quad |:2$

$e^{x}=\dfrac{1}{2} \quad |\ln(\ )$

$x=\ln\left(\dfrac{1}{2}\right)$

(Typ 1; Exponentialgleichung)

**o)** $\cos(2x)-0,5=0 \quad |+0,5$

$\cos(2x)=0,5$

Substitution: $(2x=u)$

$\cos(u)=0,5 \quad |\cos^{-1}(\ )$

$u=\cos^{-1}(0,5)$

$u_{1}=1,05$

$u_{2}=2\pi-u_{1}=2\pi-1,05=5,23$

alle Lösungen:

$u=1,05+k\cdot 2\pi$

und

$u=5,23+k\cdot 2\pi$

$(k=\ldots,-1,0,1,2,\ldots)$

Rücksubstitution:

$2x=1,05+k\cdot 2\pi \quad |:2$

$x=0,53+k\cdot\pi$

und

$2x=5,23+k\cdot 2\pi \quad |:2$

$x=2,62+k\cdot\pi$

Lösungen im Bereich $[-2;8]$:

$0,53;\ 3,67;\ 6,81;\ 2,62;\ 5,76;\ -0,52$

(Typ 1S; Kosinusgleichung)

**p)** $\frac{3}{2}x = \frac{5}{2}x^2 \quad | -\frac{5}{2}x^2$

$\frac{3}{2}x - \frac{5}{2}x^2 = 0$

$x \cdot \left(\frac{3}{2} - \frac{5}{2}x\right) = 0$

NPS

$x_1 = 0 \qquad \frac{3}{2} - \frac{5}{2}x = 0 \quad | +\frac{5}{2}x$

$\frac{3}{2} = \frac{5}{2}x \quad |: \frac{5}{2}$

$\frac{3}{5} = x_2$

(Typ 2; 2.Grad)

**q)** $-tx^2 - 2t^2 = -x^4 \quad | +x^4$

$x^4 - tx^2 - 2t^2 = 0$

Substitution: $\left(x^4 = u^2;\ x^2 = u\right)$

$u^2 - tu - 2t^2 = 0$

$u_{1/2} = \frac{-(-t) \pm \sqrt{(-t)^2 - 4 \cdot 1 \cdot (-2t^2)}}{2 \cdot 1}$ (abc-Formel)

$= \frac{t \pm \sqrt{t^2 + 8t^2}}{2} = \frac{t \pm \sqrt{9t^2}}{2} = \frac{t \pm 3t}{2}$

$u_1 = \frac{t+3t}{2} = \frac{4t}{2} = 2t; \qquad u_2 = \frac{t-3t}{2} = \frac{-2t}{2} = -t$

Rücksubstitution:

$x^2 = 2t \quad | \sqrt{\ } \qquad x^2 = -t \quad | \sqrt{\ }$

$x_1 = \sqrt{2t} \qquad x_3 = \sqrt{-t}$

$x_2 = -\sqrt{2t} \qquad x_4 = -\sqrt{-t}$

(nur für $t \geq 0$) (nur für $t \leq 0$)

(Typ S; 4. Grad)

**r)** $\sin(x+1) = -0,1$

Substitution: $\left(x + 1 = u\right)$

$\sin(u) = -0,1 \quad | \sin^{-1}(\ )$

$u = \sin^{-1}(-0,1)$

$u_1 = -0,1$

$u_2 = \pi - u_1 = \pi - (-0,1) = 3,24$

alle Lösungen:

$u = -0,1 + k \cdot 2\pi$

und

$u = 3,24 + k \cdot 2\pi$

$(k = ..., -1, 0, 1, 2, ...)$

Rücksubstitution:

$x + 1 = -0,1 + k \cdot 2\pi \quad | -1$

$x = -1,1 + k \cdot 2\pi$

und

$x + 1 = 3,24 + k \cdot 2\pi \quad | -1$

$x = 2,24 + k \cdot 2\pi$

Lösungen im Bereich $[-2;8]$:

$-1,1;\ 5,18;\ 2,24$

(Typ 1S; Sinusgleichung)

**s)** $2e^{2x} - e^x = 2e^x \quad | -2e^x$

$2e^{2x} - 3e^x = 0$

$e^x \cdot \left(2e^x - 3\right) = 0$

NPS

$e^x = 0 \quad | \ln(\ ) \qquad 2e^x - 3 = 0 \quad | +3$

keine Lösung $\qquad 2e^x = 3 \quad |: 2$

$e^x = 1,5 \quad | \ln(\ )$

$x = \ln(1,5)$

(Typ 2; Exponentialgleichung)

**t)** $\cos^2(x)+\cos(x)=2 \quad |-2$

$(\cos(x))^2+\cos(x)-2=0$

Substitution: $\left((\cos(x))^2=u^2;\ \cos(x)=u\right)$

$u^2+u-2=0$

$u_{1/2}=\dfrac{-1\pm\sqrt{1^2-4\cdot1\cdot(-2)}}{2\cdot1}$ (abc-Formel)

$=\dfrac{-1\pm\sqrt{9}}{2}$

$=\dfrac{-1\pm3}{2}$

$u_1=\dfrac{-1+3}{2}=\dfrac{2}{2}=1; \qquad u_2=\dfrac{-1-3}{2}=-2$

Rücksubstitution:

$\cos(x)=1 \quad |\cos^{-1}(\ )$ $\qquad \cos(x)=-2$

$x=\cos^{-1}(1)$ $\qquad$ keine Lösung

$x_1=0$

$x_2=2\pi-0=2\pi$

alle Lösungen:

$x=0+k\cdot2\pi$

und

$x=2\pi+k\cdot2\pi$

$(k=\dots,-1,0,1,2,\dots)$

Lösungen im Bereich $[-2;8]$:

$0;\ 2\pi$

(Typ S; Kosinusgleichung)

**Aufgabe 16**

| **Nr.** | **Typ** | **Begründung (umformbar auf ...)** |
|---|---|---|
| 1 | 1; 3. Grad | $x^3=\dots$ |
| 2 | 2; 3. Grad | Alle mit mind. $x$ |
| 3 | 2; 4. Grad | Alle mit mind. $x^2$ |
| 4 | 3; 2. Grad | $\dots x^2+\dots x+\dots=0$ |
| 5 | 1; 4. Grad | $x^4=\dots$ |
| 6 | S; 4. Grad | $\dots x^4+\dots x^2+\dots=0$ |
| 7 | 1; 1. Grad | $x=\dots$ |
| 8 | S; Exponentialgl. | $\dots e^{2x}+\dots e^x+\dots=0$ |
| 9 | 2; Exponentialgl. | Alle mit mind. $e^x$ |
| 10 | 1; Exponentialgl. | $e^x=\dots$ |
| 11 | 1; Exponentialgl. | $e^{\text{„nicht nur }x\text{“}}=\dots$ |
| 12 | 2; Exponentialgl. | Alle mit mind. $e^x$ |
| 13 | 1; Sinusgl. | $\sin(x)=\dots$ |
| 14 | 1S; Sinusgl. | sin(„*nicht nur x*“) = ... |
| 15 | 2; Kosinusgl. | Alle mit mind. $\cos(x)$ |
| 16 | S; Kosinusgl. | $\dots\cos^2(x)+\dots\cos(x)+\dots=0$ |
| 17 | 1; Kosinusgl. | $\cos(x)=\dots$ |
| 18 | 2; Sinusgl. | Alle mit mind. $\sin(x)$ |
| 19 | 2; 4. Grad | Alle mit mind. $x$ |
| 20 | 1; Exponentialgl. | $e^{\text{„nicht nur }x\text{“}}=\dots$ |
| 21 | S; Exponentialgl. | $\dots e^{2x}+\dots e^x+\dots=0$ |
| 22 | 1; 1. Grad | $x=\dots$ |
| 23 | 3; 2. Grad | $\dots x^2+\dots x+\dots=0$ |
| 24 | 1S; Sinusgl. | sin(„*nicht nur x*“) = ... |
| 25 | S; Exponentialgl. | $\dots e^{2x}+\dots e^x+\dots=0$ (Subst.: $e^{4x}=u^2;\ e^{2x}=u$) |
| 26 | 2; Exponentialgl. | Alle mit mind. $e^x$ |
| 27 | S; Exponentialgl. | $\dots e^{2x}+\dots e^x+\dots=0$ |
| 28 | 3; 2. Grad | $\dots x^2+\dots x+\dots=0$ |
| 29 | 2; 4. Grad | Alle mit mind. $x^2$ |
| 30 | 1; 1. Grad | $x=\dots$ |

**Aufgabe 17**

**a)** $f'(x) = 6x^2 - 2$
**b)** $f'(x) = 4x^3 - 0{,}5$
**c)** $f'(x) = e^{2x-3} \cdot 2 = 2e^{2x-3}$
**d)** $f'(x) = -2\cos(x-3)$
**e)** $f'(x) = -\sin(2x-3) \cdot 2 = -2\sin(2x-3)$
**f)** $f'(x) = 4 \cdot (1-x^3)^3 \cdot (-3x^2) = -12x^2(1-x^3)^3$
**g)** $f'(x) = 2x + e^{2x} \cdot 2$
**h)** $f'(x) = 2 \cdot x \cdot e^{2x} + x^2 \cdot e^{2x} \cdot 2 = 2xe^{2x} + 2x^2e^{2x}$
**i)** $f'(x) = 12x^2 \cdot e^{2x} + 4x^3 \cdot e^{2x} \cdot 2$
$= 12x^2e^{2x} + 8x^3e^{2x}$
**j)** $f'(x) = 2{,}5x^4 - 6x^2 - 1$
**k)** $f'(x) = -3x^2 + 1$
**l)** $f'(x) = -e^{-2x} \cdot (-2) - 2 = 2e^{-2x} - 2$
**m)** $f'(x) = -\cos(3x^3) \cdot 9x^2$
**n)** $f'(x) = -2$
**o)** $f'(x) = -\sin(x) \cdot x^2 + \cos(x) \cdot 2x$
**p)** $f_t'(x) = 12tx^2$
**q)** $f_t'(x) = t$
**r)** $f_t'(x) = 4e^{tx-2} \cdot t = 4te^{tx-2}$
**s)** $f_t'(x) = -\cos(xt-1) \cdot t = -t\cos(xt-1)$
**t)** $f_t'(x) = 4(t-3x)^3 \cdot (-3) = -12(t-3x)^3$
**u)** $f_t'(x) = \sin(2tx) \cdot 2t$
**v)** $f_t'(x) = 16x^3 - 3tx^2$

**Aufgabe 18**

**a)** Vorgehen:
Hier kann über den Funktionstyp zugeordnet werden: Die Ableitung einer ganzrationalen Funktion 2. Grades ist eine Gerade; Die Ableitung einer trig. Funktion ist ebenfalls eine trig. Funktion; Die Ableitung einer Exponentialfunktion ist ebenfalls eine Exponentialfunktion.

Linkes Schaubild: $K_h'$

Mittleres Schaubild: $K_f'$

Rechtes Schaubild: $K_g'$

**b)** Vorgehen:
An jedem $x$-Wert, an welchem das Schaubild der Funktion eine Steigung von 0 hat (hier liegt ein Hoch-, Tief- oder Sattelpunkt), hat die zugehörige Ableitungsfunktion den $y$-Wert 0 und befindet sich also auf der $x$-Achse (Nullstelle).

Linkes Schaubild: $K_g'$
(Steigung 0/Nullstelle nur bei $x = 0$)

Mittleres Schaubild: $K_h'$
(Steigung 0/Nullstelle bei $x_1 \approx -0{,}8$, $x_2 \approx 0{,}8$)

Rechtes Schaubild: $K_f'$
(Steigung 0/Nullstelle bei $x_1 = 0$, $x_2 \approx 1{,}7$)

**Aufgabe 19**

(1. Aufgabentyp)
**a)**

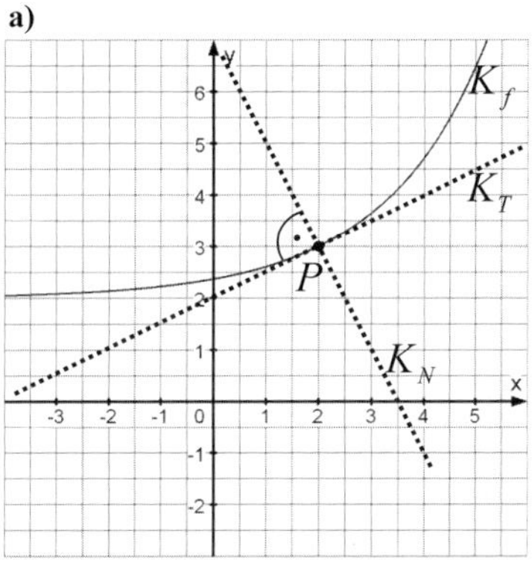


**b)**
Berechnung der Tangente:

1. $y$-Wert des Berührpunktes berechnen
$f(2) = e^{0{,}5 \cdot 2-1} + 2 = e^0 + 2 = 1 + 2 = 3 \rightarrow B(2\,|\,3)$

2. Tangentensteigung berechnen
$f'(x) = e^{0{,}5x-1} \cdot 0{,}5 = 0{,}5e^{0{,}5x-1}$
$f'(2) = 0{,}5 \cdot e^{0{,}5 \cdot 2-1} = 0{,}5 \cdot e^0 = 0{,}5 \cdot 1 = 0{,}5 \; (= m_T)$

3. Tangentengleichung berechnen
$y = m_T \cdot x + b$
$3 = 0{,}5 \cdot 2 + b$
$3 = 1 + b \quad |-1$
$2 = b$
$\Rightarrow$ Tangente: $y = 0{,}5x + 2$

Berechnung der Normale:

1. $y$-Wert des Schnittpunktes berechnen
$f(2) = e^{0,5\cdot 2-1} + 2 = e^0 + 2 = 1 + 2 = 3 \rightarrow P(2\,|\,3)$

2. Tangentensteigung berechnen
$f'(x) = e^{0,5x-1} \cdot 0,5 = 0,5e^{0,5x-1}$
$f'(2) = 0,5 \cdot e^{0,5\cdot 2-1} = 0,5 \cdot e^0 = 0,5 \cdot 1 = 0,5 \ (= m_T)$

3. Normalensteigung berechnen
(senkrecht zu $m_T$)
$m_N = -\frac{1}{m_T} = -\frac{1}{0,5} = -2$

4. Normalengleichung berechnen
$y = m_N \cdot x + b$
$3 = -2 \cdot 2 + b$
$3 = -4 + b \quad |+4$
$7 = b$
$\Rightarrow$ Normale: $y = -2x + 7$

**Aufgabe 20**

(2. Aufgabentyp)
**a)**

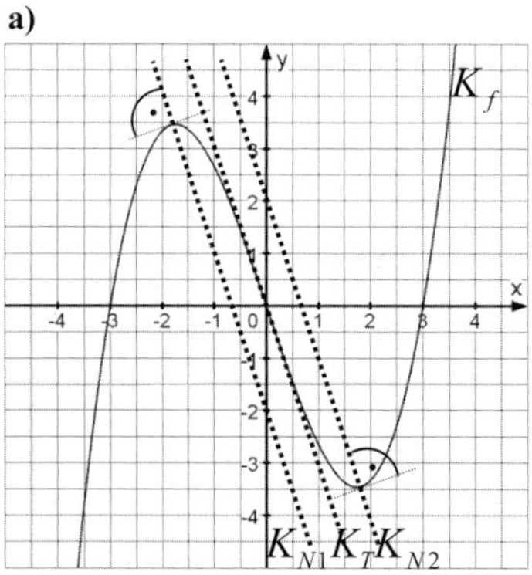


**b)**
Berechnung der Tangente:

1. $f'(x) = m_T$ liefert $x$-Wert des Berührpunktes
$f'(x) = x^2 - 3$
$f'(x) = m_T$
$x^2 - 3 = -3 \quad |+3$
$x^2 = 0 \quad |\sqrt{\ }$
$x = 0$
(*An welcher Stelle hat das Schaubild die gegebene Steigung?*)

2. $y$-Wert des Berührpunktes berechnen
$f(0) = \frac{1}{3} \cdot 0^3 - 3 \cdot 0 = 0 \rightarrow B(0\,|\,0)$

3. Tangentengleichung berechnen
$y = m_T \cdot x + b$
$0 = -3 \cdot 0 + b$
$0 = b$
$\Rightarrow$ Tangente: $y = -3x$

Berechnung der beiden Normalen:

1. Zu $m_N$ senkrechte Steigung berechnen (entspricht $m_T$)
$m_T = -\frac{1}{m_N} = -\frac{1}{-3} = \frac{1}{3}$

2. $f'(x) = m_T$ liefert $x$-Wert der Schnittpunkte
$f'(x) = x^2 - 3$
$f'(x) = m_T$
$x^2 - 3 = \frac{1}{3} \quad |+3$
$x^2 = \frac{10}{3} \quad |\sqrt{\ }$
$x_1 = 1,83$
$x_2 = -1,83$
(*An welchen Stellen besitzt das Schaubild die Steigung $\frac{1}{3}$ und ist damit senkrecht zur Normalen?*)

3. $y$-Wert der beiden Schnittpunkte berechnen

$f(1,83) = \frac{1}{3} \cdot 1,83^3 - 3 \cdot 1,83$

$= -3,45 \rightarrow P_1(1,83 \mid -3,45)$

$f(-1,83) = \frac{1}{3} \cdot (-1,83)^3 - 3 \cdot (-1,83)$

$= 3,45 \rightarrow P_2(-1,83 \mid 3,45)$

4. Normalengleichungen berechnen

$y = m_N \cdot x + b$

$-3,45 = (-3) \cdot 1,83 + b$

$-3,45 = -5,49 + b \quad \mid +5,49$

$2,04 = b$

$\Rightarrow$ 1. Normale: $y = -3x + 2,04$

$y = m_N \cdot x + b$

$3,45 = (-3) \cdot (-1,83) + b$

$3,45 = 5,49 + b \quad \mid -5,49$

$-2,04 = b$

$\Rightarrow$ 2. Normale: $y = -3x - 2,04$

**Aufgabe 21**

(3. Aufgabentyp)

**a)**

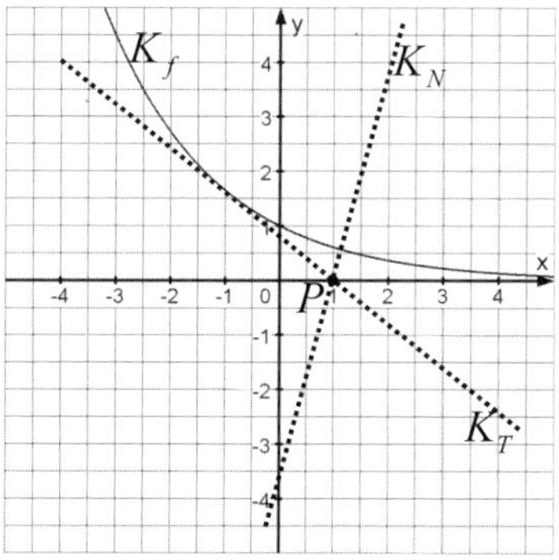


**b)**

Berechnung der Tangente:

1. Allg. Tangentengleichung notieren

$y = f'(u) \cdot (x - u) + f(u)$

2. $f(x)$ und $f'(x)$ einsetzen

$f(x) = e^{-0,5x}; f'(x) = e^{-0,5x} \cdot (-0,5) = -0,5e^{-0,5x}$

$f(u) = e^{-0,5u}; f'(u) = -0,5e^{-0,5u}$

$y = -0,5e^{-0,5u} \cdot (x - u) + e^{-0,5u}$

3. Punkt $P(1 \mid 0)$ einsetzen und Gleichung nach $u$ auflösen

$0 = -0,5e^{-0,5u} \cdot (1 - u) + e^{-0,5u}$

$0 = -0,5e^{-0,5u} + 0,5 \cdot u \cdot e^{-0,5u} + e^{-0,5u}$

$0 = e^{-0,5u} \cdot (-0,5 + 0,5u + 1)$

NPS

$e^{-0,5u} = 0 \quad \mid \ln()$ — keine Lösung

$-0,5 + 0,5u + 1 = 0$

$0,5u + 0,5 = 0 \quad \mid -0,5$

$0,5u = -0,5 \quad \mid :0,5$

$u = -1$

($x$-*Wert des Berührpunktes*)

4. $u$-Wert in Tangentengleichung aus 2. einsetzen

$u = -1$ eingesetzt:

$y = -0,5e^{-0,5 \cdot (-1)} \cdot (x - (-1)) + e^{-0,5 \cdot (-1)}$

$y = -0,82 \cdot (x + 1) + 1,65$

$y = -0,82x - 0,82 + 1,65$

$y = -0,82x + 0,83$ (Tangente)

**b)** Berechnung der Normale:

1. Allg. Normalengleichung notieren

$y = -\frac{1}{f'(u)} \cdot (x - u) + f(u)$

2. $f(x)$ und $f'(x)$ einsetzen

$f(x) = e^{-0,5x}; f'(x) = e^{-0,5x} \cdot (-0,5) = -0,5e^{-0,5x}$

$f(u) = e^{-0,5u}; f'(u) = -0,5e^{-0,5u}$

$y = -\frac{1}{-0,5e^{-0,5u}} \cdot (x - u) + e^{-0,5u}$

$y = \frac{2}{e^{-0,5u}} \cdot (x - u) + e^{-0,5u}$

3. Punkt $P(1 \mid 0)$ einsetzen und Gleichung nach $u$ auflösen

$0 = \frac{2}{e^{-0,5u}} \cdot (1 - u) + e^{-0,5u} \quad \mid \cdot e^{-0,5u}$

$0 = 2 \cdot (1 - u) + e^{-u}$

(Gleichung ist nicht „von Hand" lösbar.)

GTR/CAS (S. 34): $u = 1,16$

($x$-*Wert des Schnittpunktes*)

4. $u$-Wert in Normalengleichung aus 2. einsetzen

$u = 1,16$ eingesetzt:

$y = \frac{2}{e^{-0,5 \cdot 1,16}} \cdot (x - 1,16) + e^{-0,5 \cdot 1,16}$

$y = 3,57 \cdot (x - 1,16) + 0,56$

$y = 3,57x - 3,58$ (Normale)

**Aufgabe 22**

**a)**

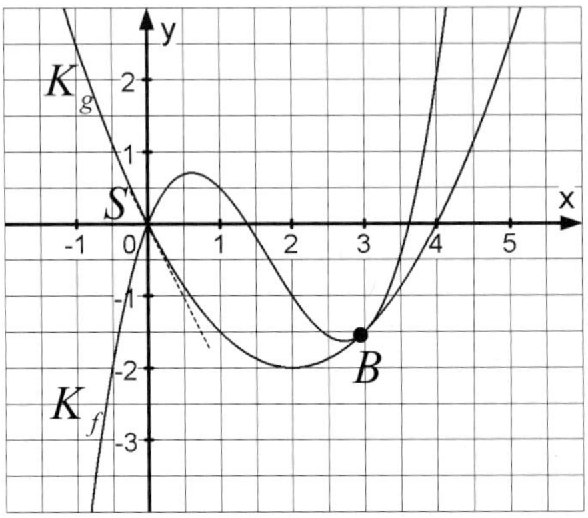


**b)**

1. Gemeinsame Punkte der Schaubilder:

$$f(x) = g(x)$$

$$0,5x^3 - 2,5x^2 + 2,5x = 0,5x^2 - 2x \quad | -0,5x^2 + 2x$$

$$0,5x^3 - 3x^2 + 4,5x = 0$$

$$x \cdot \left(0,5x^2 - 3x + 4,5\right) = 0$$

NPS

$x_1 = 0 \qquad 0,5x^2 - 3x + 4,5 = 0$

$$x_{2/3} = \frac{-(-3) \pm \sqrt{(-3)^2 - 4 \cdot 0,5 \cdot 4,5}}{2 \cdot 0,5} = \frac{3 \pm \sqrt{0}}{1} = \frac{3 \pm 0}{1} = 3$$

Bemerkung: Da bei $x = 3$ eine doppelte Schnittstelle vorliegt, liegt hier der Berührpunkt. Wie in der Aufgabenstellung verlangt, wird dies jedoch mit Hilfe der Ableitungsfunktion nachgewiesen.

2. Untersuchung der Steigungen in den gemeinsamen Punkten:

$f'(x) = 1,5x^2 - 5x + 2,5$
$g'(x) = x - 2$

Steigungen in $x = 0$:
$f'(0) = 1,5 \cdot 0^2 - 5 \cdot 0 + 2,5 = 2,5$
$g'(0) = 0 - 2 = -2$
$\Rightarrow\ f'(0) \neq g'(0)$ somit kein Berührpunkt

Steigungen in $x = 3$:
$f'(3) = 1,5 \cdot 3^2 - 5 \cdot 3 + 2,5 = 1$
$g'(3) = 3 - 2 = 1$
$\Rightarrow\ f'(3) = g'(3)$ somit Berührpunkt!

**c)**

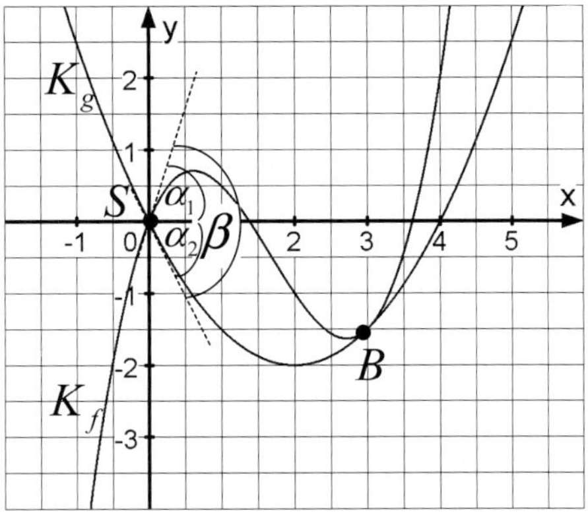


Schnittwinkel im Schnittpunkt $S(0\,|\,0)$

1. $m_1$ und $m_2$ berechnen
$f'(0) = 1,5 \cdot 0^2 - 5 \cdot 0 + 2,5 = 2,5$ (*Steigung* $K_f$)
$g'(0) = 0 - 2 = -2$ (*Steigung* $K_g$)

2. $\alpha_1$ und $\alpha_2$ berechnen
(GTR/CAS hierfür von Bogenmaß (*rad*) auf Grad (*deg*) stellen!)

$2,5 = \tan(\alpha_1) \qquad | \tan^{-1}$
$\alpha_1 = 68,2°$ (*Steigungswinkel* $K_f$)

$-2 = \tan(\alpha_2) \quad | \tan^{-1}$

$\alpha_2 = |-63,4°|$

$\alpha_2 = 63,4°$ (*Steigungswinkel* $K_g$)

3. $\beta$ berechnen

$\beta = \alpha_1 + \alpha_2 = 68,2° + 63,4° = 131,6°$

Alternativ kann auch mit der nachfolgenden Formel gearbeitet werden:

$$\gamma = \tan^{-1}\left|\frac{m_2 - m_1}{1 + m_1 \cdot m_2}\right| = \tan^{-1}\left|\frac{-2-2,5}{1+2,5\cdot(-2)}\right| = 48,4°$$

Dieser Winkel kann ebenfalls als Schnittwinkel bezeichnet werden und stellt eine gleichwertige Lösung dar.

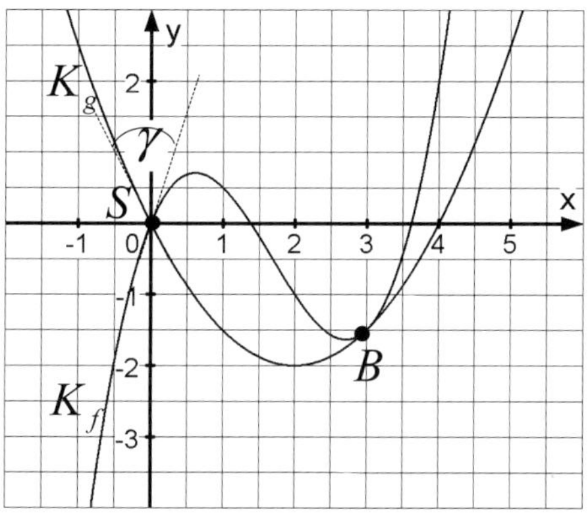


**d)** Der Schnittwinkel in einem Berührpunkt beträgt stets 0°.
Die beiden Schaubilder besitzen hier ja die gleiche Steigung.

**Aufgabe 23**

**a)** Ansatz: $0,25x^4 - 2x^3 + 4x^2 - 1 = 0$
Lösungen mit GTR/CAS:
(Gleichung ist nicht „von Hand" lösbar.)
$x_1 = -0,45;\ x_2 = 0,59;\ x_3 = 3,41;\ x_4 = 4,45$
$N_1(-0,45\,|\,0);\ N_2(0,59\,|\,0);\ N_3(3,41\,|\,0);\ N_4(4,45\,|\,0)$

**b)** Ansatz: $f(0) = 0,25\cdot 0^4 - 2\cdot 0^3 + 4\cdot 0^2 - 1$
$= -1$

$\rightarrow S_y(0\,|\,-1)$

**c)**

$f(x) = 0,25x^4 - 2x^3 + 4x^2 - 1$
$f'(x) = x^3 - 6x^2 + 8x$
$f''(x) = 3x^2 - 12x + 8$

1. Schritt:

$f'(x) = 0$
$x^3 - 6x^2 + 8x = 0$
$x \cdot (x^2 - 6x + 8) = 0$

NPS

$x_1 = 0 \quad x^2 - 6x + 8 = 0$

$$x_{2/3} = \frac{-(-6) \pm \sqrt{(-6)^2 - 4\cdot 1\cdot 8}}{2\cdot 1} = \frac{6 \pm \sqrt{36-32}}{2} = \frac{6 \pm 2}{2}$$

$$x_2 = \frac{6-2}{2} = 2;\quad x_3 = \frac{6+2}{2} = 4$$

2. Schritt:

$f''(0) = 3\cdot 0^2 - 12\cdot 0 + 8 = 8 \quad > 0 \rightarrow T$
$f''(2) = 3\cdot 2^2 - 12\cdot 2 + 8 = -4 < 0 \rightarrow H$
$f''(4) = 3\cdot 4^2 - 12\cdot 4 + 8 = 8 \quad > 0 \rightarrow T$

3. Schritt:

$f(0) = 0,25\cdot 1^4 - 2\cdot 1^3 + 4\cdot 1^2 - 1 = -1 \quad \rightarrow T(0\,|\,-1)$
$f(2) = 0,25\cdot 2^4 - 2\cdot 2^3 + 4\cdot 2^2 - 1 = 3 \quad \rightarrow H(2\,|\,3)$
$f(4) = 0,25\cdot 4^4 - 2\cdot 4^3 + 4\cdot 4^2 - 1 = -1 \quad \rightarrow T(4\,|\,-1)$

**d)**

1. Schritt:

$f''(x) = 0$
$3x^2 - 12x + 8 = 0$

$$x_{1/2} = \frac{-(-12) \pm \sqrt{(-12)^2 - 4\cdot 3\cdot 8}}{2\cdot 3} = \frac{12 \pm \sqrt{48}}{6}$$

$$x_1 = \frac{12 - \sqrt{48}}{6} = 0,85;\quad x_2 = \frac{12 + \sqrt{48}}{6} = 3,15$$

2. Schritt:

$f'''(x) = 6x - 12$
$f'''(0,85) = 6\cdot 0,85 - 12 = -6,9 \quad \neq 0 \rightarrow W$
$f'''(3,15) = 6\cdot 3,15 - 12 = 6,9 \quad \neq 0 \rightarrow W$

3. Schritt:

$f(0,85) = 0,25 \cdot 0,85^4 - 2 \cdot 0,85^3 + 4 \cdot 0,85^2 - 1$

$= 0,79 \quad \rightarrow W_1(0,85 \mid 0,79)$

$f(3,15) = 0,25 \cdot 3,15^4 - 2 \cdot 3,15^3 + 4 \cdot 3,15^2 - 1$

$= 0,79 \quad \rightarrow W_2(3,15 \mid 0,79)$

**e)** Berechnung der Wendetangente in $W_1(0,85 \mid 0,79)$: (Vorgehen: S. 41)

1. Berührpunkt: $W_1(0,85 \mid 0,79)$

2. Tangentensteigung berechnen

$f'(0,85) = 0,85^3 - 6 \cdot 0,85^2 + 8 \cdot 0,85 = 3,08 \ (= m_T)$

3. Tangentengleichung berechnen

$y = m_T \cdot x + b$

$0,79 = 3,08 \cdot 0,85 + b$

$0,79 = 2,62 + b \qquad | -2,62$

$-1,83 = b$

$\Rightarrow$ Tangente: $y = 3,08x - 1,83$

**Aufgabe 24**

**a)** Ansatz: $\frac{1}{3}x^3 - tx^2 - 3t^2x = 0$

$x \cdot \left(\frac{1}{3}x^2 - tx - 3t^2\right) = 0$

NPS

$x_1 = 0 \qquad \frac{1}{3}x^2 - tx - 3t^2 = 0$

$$x_{2/3} = \frac{-(-t) \pm \sqrt{(-t)^2 - 4 \cdot \frac{1}{3} \cdot (-3t^2)}}{2 \cdot \frac{1}{3}}$$

$$= \frac{t \pm \sqrt{t^2 + 4t^2}}{\frac{2}{3}} = \frac{t \pm \sqrt{5t^2}}{\frac{2}{3}} = \frac{t \pm 2,24t}{\frac{2}{3}}$$

$$x_2 = \frac{t - 2,24t}{\frac{2}{3}} = -1,86t;$$

$$x_3 = \frac{t + 2,24t}{\frac{2}{3}} = 4,86t$$

$\rightarrow N_1(0 \mid 0);\ N_2(-1,86t \mid 0);\ N_3(4,86t \mid 0)$

**b)** Ansatz: $f_t(0) = \frac{1}{3} \cdot 0^3 - t \cdot 0^3 - 3t^2 \cdot 0^3 = 0$

$\rightarrow S_y(0 \mid 0)$

**c)**

$f_t(x) = \frac{1}{3}x^3 - tx^2 - 3t^2x$

$f_t'(x) = x^2 - 2tx - 3t^2$

$f_t''(x) = 2x - 2t$

1. Schritt:

$f'(x) = 0$

$x^2 - 2tx - 3t^2 = 0$

$$x_{1/2} = \frac{-(-2t) \pm \sqrt{(-2t)^2 - 4 \cdot 1 \cdot (-3t^2)}}{2 \cdot 1}$$

$$= \frac{2t \pm \sqrt{4t^2 + 12t^2}}{2} = \frac{2t \pm \sqrt{16t^2}}{2}$$

$$= \frac{2t \pm 4t}{2}$$

$$x_1 = \frac{2t - 4t}{2} = \frac{-2t}{2} = -t;$$

$$x_2 = \frac{2t + 4t}{2} = \frac{6t}{2} = 3t$$

2. Schritt:

$f_t''(-t) = 2 \cdot (-t) - 2t = -2t - 2t$

$= -4t < 0 \text{ (da } t > 0) \quad \rightarrow H$

$f_t''(3t) = 2 \cdot (3t) - 2t = 6t - 2t$

$= 4t > 0 \text{ (da } t > 0) \quad \rightarrow T$

3. Schritt:

$f_t(-t) = \frac{1}{3} \cdot (-t)^3 - t \cdot (-t)^2 - 3t^2 \cdot (-t)$

$= -\frac{1}{3}t^3 - t^3 + 3t^3 = \frac{5}{3}t^3 \quad \rightarrow H\left(-t \mid \frac{5}{3}t^3\right)$

$f_t(3t) = \frac{1}{3} \cdot (3t)^3 - t \cdot (3t)^2 - 3t^2 \cdot (3t)$

$= 9t^3 - 9t^3 - 9t^3 = -9t^3 \rightarrow T\left(3t \mid -9t^3\right)$

**d)**

(1. Schritt:)

$H\left(-t \mid \frac{5}{3}t^3\right)$

2. Schritt:

$x = -t$

$y = \frac{5}{3}t^3$

3. Schritt:

$$\begin{aligned} x &= -t \qquad \mid \cdot(-1) \\ -x &= t \end{aligned}$$

4. Schritt:

$y = \frac{5}{3}t^3$

$y = \frac{5}{3}\cdot(-x)^3$

$y = -\frac{5}{3}x^3$ (Gleichung der Ortskurve)

Bemerkung: Da der Parameter $t$ laut Aufgabenstellung nur positive Werte annehmen kann, besitzen alle Hochpunkte $H(-t \mid ...)$ einen negativen $x$-Wert. Somit ist nur der Teil des Schaubildes von $y = -\frac{5}{3}x^3$ Ortskurve, welcher „links von der $y$-Achse" liegt ($x < 0$).

**e)**

1. Schritt:

$$\begin{aligned} f_t''(x) &= 0 \\ 2x - 2t &= 0 \qquad \mid +2t \\ 2x &= 2t \qquad \mid :2 \\ x &= t \end{aligned}$$

2. Schritt:

$f_t'''(x) = 2$

$f'''(t) = 2 \neq 0 \rightarrow W$

3. Schritt:

$$\begin{aligned} f_t(t) &= \frac{1}{3}\cdot t^3 - t\cdot t^2 - 3t^2\cdot t = \frac{1}{3}t^3 - t^3 - 3t^3 \\ &= -\frac{11}{3}t^3 \rightarrow \mathrm{W}\left(t \mid -\frac{11}{3}t^3\right) \end{aligned}$$

**f)**

(1. Schritt:)

$W\left(t \mid -\frac{11}{3}t^3\right)$

2. Schritt:

$x = t$

$y = -\frac{11}{3}t^3$

3. Schritt:

$x = t$

4. Schritt:

$y = -\frac{11}{3}t^3$

$y = -\frac{11}{3}x^3$ (Gleichung der Ortskurve)

Bemerkung: Da der Parameter $t$ laut Aufgabenstellung nur positive Werte annehmen kann, besitzen alle Wendepunkte $W(t \mid ...)$ einen positiven $x$-Wert. Somit ist nur der Teil des Schaubildes von $y = -\frac{11}{3}x^3$ Ortskurve, welcher „rechts von der $y$-Achse" liegt ($x > 0$).

**Aufgabe 25**

Vorgehen: Da der $x$-Wert des Sattelpunktes gegeben ist, können die Eigenschaften eines Sattelpunktes ($f'(x) = 0$ und $f''(x) = 0$ und $f'''(x) \neq 0$) schnell nachgewiesen werden:

$f(x) = \sin(x) + x$

$f'(x) = \cos(x) + 1$

$f''(x) = -\sin(x)$

$f'''(x) = -\cos(x)$

Nachweis:

$f'(\pi) = \cos(\pi) + 1 = -1 + 1 \quad = 0$

$f''(\pi) = -\sin(\pi) \quad = 0$

$f'''(\pi) = -\cos(\pi) = -(-1) = 1 \neq 0$

Somit liegt hier ein Sattelpunkt vor.

**Aufgabe 26**

Vorgehen:
- S. 54 für den Zusammenhang zwischen den Schaubildern von Funktion und Ableitung
- die ausführliche Version des Zusammenhanges enthält im Gegensatz zur *NEW NEW NEW*-Regel auch Informationen zu einem Sattelpunkt. Dies kann bei b) verwendet werden.

**a)**

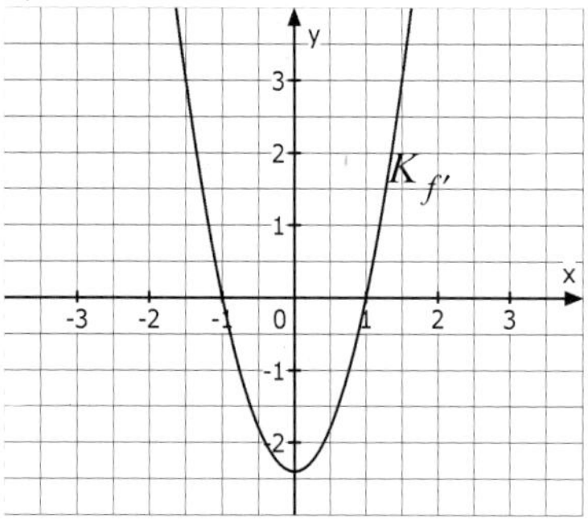


**b)**

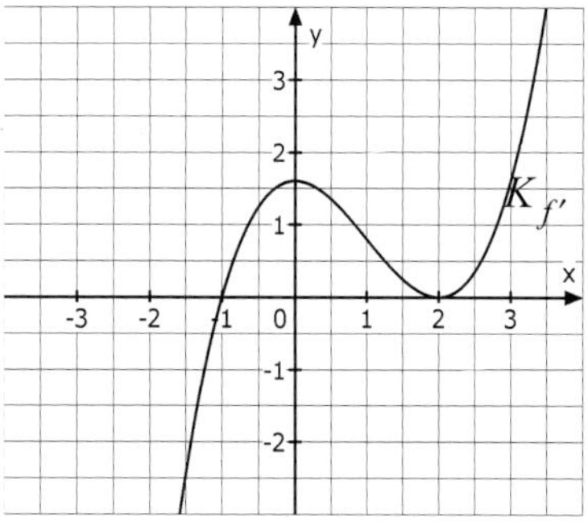


**Aufgabe 27**

**a)** wahr; das Schaubild von $f(x)$ besitzt 3 Extremstellen

**b)** wahr; $f'(x)$ ist eine Funktion 3. Grades, deren Schaubild stets genau einen Wendepunkt besitzt

**c)** falsch; das Schaubild von $f(x)$ müsste dann einen Sattelpunkt aufweisen

**d)** falsch; das Schaubild von $f(x)$ hat hier eine negative Steigung

**e)** wahr; das Schaubild von $f(x)$ hat hier eine positive Steigung

**f)** falsch; das Schaubild von $f(x)$ ist hier rechtsgekrümmt

**g)** wahr; das Schaubild von $f(x)$ ist hier linksgekrümmt

**h)** falsch; hierfür müsste das Schaubild von $f(x)$ symmetrisch zur $y$-Achse sein (S. 21)

**Aufgabe 28**

**a)** falsch; $f(x)$ ist eine Funktion 4. Grades, deren Schaubild höchstens 2 Wendepunkte besitzt; Außerdem müsste das Schaubild von $f'(x)$ dann 3 Extrempunkte besitzen

**b)** falsch; das Schaubild von $f'(x)$ müsste dann 3 einfache Nullstellen besitzen

**c)** wahr; das Schaubild von $f'(x)$ besitzt hier einen Tiefpunkt auf der $x$-Achse bzw. eine doppelte Nullstelle

**d)** falsch; das Schaubild von $f'(x)$ hat hier einen positiven $y$-Wert

**e)** wahr; das Schaubild von $f'(x)$ hat hier eine negative Steigung ($f''(x)$ gibt die Steigung von $f'(x)$ an)

**f)** richtig; das Schaubild von $f'(x)$ hat hier einen positiven $y$-Wert

**g)** falsch; hierfür müsste das Schaubild von $f'(x)$ symmetrisch zum Ursprung sein (S. 21)

**Aufgabe 29**

Ablesen: $N_{1/2/3}(0\,|\,0)$; $N_4(4\,|\,0)$; $P(-1\,|\,0{,}5)$

$f(x)=a\cdot x^3\cdot(x-4)$

Weiteren Punkt $P(-1\,|\,0{,}5)$ einsetzen:

$$\begin{aligned}0{,}5 &= a\cdot(-1)^3\cdot(-1-4)\\ 0{,}5 &= a\cdot(-1)\cdot(-5)\\ 0{,}5 &= 5a \qquad |:5\\ 0{,}1 &= a\end{aligned}$$

$\Rightarrow f(x)=0{,}1\cdot x^3\cdot(x-4)$

**Aufgabe 30**

**a)** Hier sollte eine Exponentialfunktion verwendet werden, da ein starker Wachstumsprozess mit einem (für große $x$-Werte) sehr steilen Schaubild vorliegt. Zudem ist das Kennzeichen eines exponentiellen Wachstumsprozesses anzutreffen:
Je mehr Computer schon infiziert sind ($y$-Wert), desto größer ist der Zuwachs an infizierten Computern (Steigung).

**b)** Die Eingabe der Punktkoordinaten in das Statistikmenü des GTR/CAS und die Regression mit einer Exponentialfunktion führen zu:
$f(x)=0{,}9626\cdot e^{1{,}1035\cdot x}$ bzw. $f(x)=0{,}9626\cdot 3{,}0148^x$

**Aufgabe 31**

Allg. Ansatz: $f(x)=ax^4+cx^2+e$
(nur gerade Hochzahlen, da symmetrisch zur $y$-Achse)

$$f'(x)=4ax^3+2cx$$
$$f''(x)=12ax^2+2c$$

$P(0\,|\,2)$ (*Punktprobe*): $f(0)=2$
$e=2$

$T(1\,|\,0)$ (*Punktprobe*): $f(1)=0$
$a+c+e=0$

$T(1\,|\,0)$ (*Bed.* $f'(x)=0$): $f'(1)=0$
$4a+2c=0$

LGS in GTR/CAS: $\left(\begin{array}{ccc|c}0&0&1&2\\1&1&1&0\\4&2&0&0\end{array}\right)$

Das Lösen des LGS ergibt:
$f(x)=2x^4-4x^2+2$

Bemerkung: Alternativ könnte die Symmetrieangabe aus der Aufgabenstellung so genutzt werden, dass hieraus geschlossen wird, dass das Schaubild den weiteren Tiefpunkt $T_2(-1\,|\,0)$ besitzt, was zu zwei weiteren mathematischen Bedingungen führt.
Jedoch muss dann vom Ansatz
$f(x)=ax^4+bx^3+cx^2+dx+e$ ausgegangen werden.

**Aufgabe 32**

Allg. Ansatz:
$$\begin{aligned}f(x)&=ax^3+bx^2+cx+d\\ f'(x)&=3ax^2+2bx+c\\ f''(x)&=6ax+2b\end{aligned}$$

$P(-2\,|\,8)$ (*Punktprobe*): $f(-2)=8$
$-8a+4b-2c+d=8$

$W(1\,|\,2)$ (*Punktprobe*): $f(1)=2$
$a+b+c+d=2$

$W(1\,|\,2)$ (*Bed.* $f''(x)=0$): $f''(1)=0$
$6a+2b=0$

*Steigung von 2 im W*: $f'(1)=2$
$3a+2b+c=2$

LGS in GTR/CAS: $\left(\begin{array}{cccc|c}-8&4&-2&1&8\\1&1&1&1&2\\6&2&0&0&0\\3&2&1&0&2\end{array}\right)$

Das Lösen des LGS ergibt:
$f(x)=-\frac{4}{9}x^3+\frac{4}{3}x^2+\frac{2}{3}x+\frac{4}{9}$

**Aufgabe 33**

Schaubild verläuft durch $P(-2\,|\,2)$:
$f(-2)=2$

Schaubild besitzt den Wendepunkt $W(1\,|-2)$:
$f(1)=-2$ und $f''(1)=0$

Schaubild besitzt den Sattelpunkt $S(-4\,|\,5)$:
$f(-4)=5$ und $f'(-4)=0$ und $f''(-4)=0$

Schaubild berührt an der Stelle 2 die $x$-Achse:
$f(2)=0$ und $f'(2)=0$

Schaubild ist achsensymmetrisch zur $y$-Achse:
$f(x)$ enthält nur gerade Hochzahlen

Schaubild besitzt an der Stelle 2 eine Steigung von 4:
$f'(2)=4$

Schaubild schneidet das Schaubild der bekannten Funktion $g(x)$ an der Stelle 2:
$f(2)=g(2)$

Schaubild verläuft an der Stelle 3 parallel zur Geraden $y=-2x+3$:
$f'(3)=-2$

Schaubild berührt an der Stelle 0 die Gerade $g(x)=-2x+3$:
$f(0)=3$ und $f'(0)=-2$

Schaubild verläuft an der Stelle 0 parallel zur 1. Winkelhalbierenden ($y=x$):
$f'(0)=1$

Schaubild besitzt an der Stelle 2 eine waagerechte Tangente:
$f'(2)=0$

Schaubild schneidet an der Stelle 2 die $x$-Achse:
$f(2)=0$

**Aufgabe 34**

1. Skizze machen.

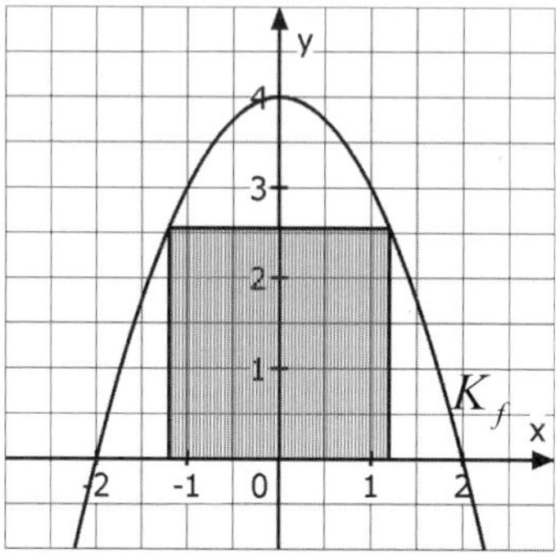


2. Koordinaten möglichst vieler relevanter Punkte (eventuell in Abhängigkeit von $u$) angeben.

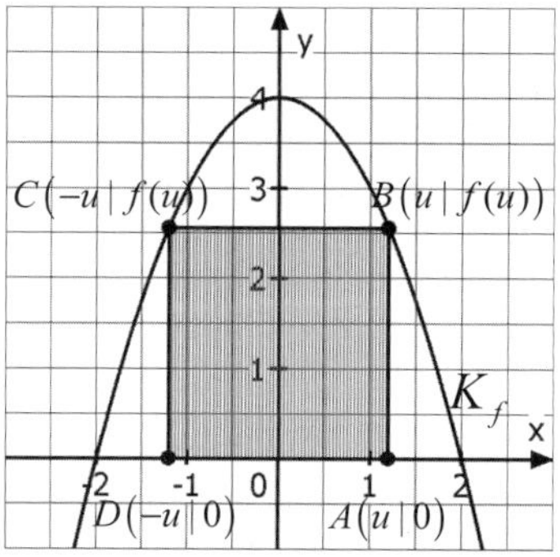


3. Allgemeine Zielfunktion bestimmen.
$U=2\cdot a+2\cdot b$

4. Benötigte Strecken $(a,\ b)$ für die Formel in die Skizze einzeichnen.

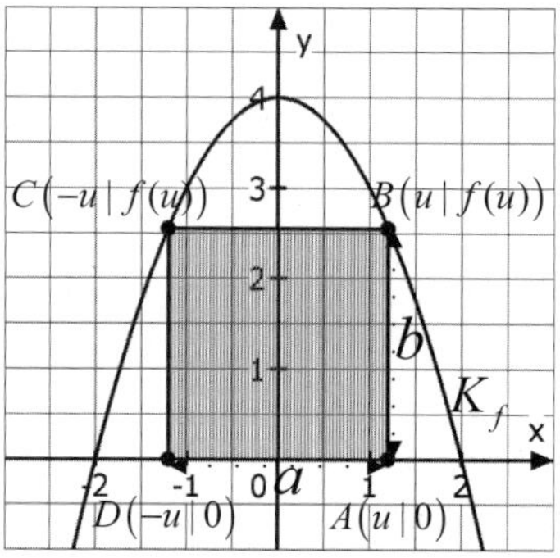

5. Streckenlängen durch die Koordinaten der Punkte aus 2. ausdrücken.

Hierbei beachten:
- horizontale Streckenlänge: $x_{\text{rechts}} - x_{\text{links}}$
- vertikale Streckenlänge: $y_{\text{oben}} - y_{\text{unten}}$

Funktionsterm aus Aufgabe einsetzen.

$$\begin{aligned} U(u) &= 2\cdot a + 2\cdot b \\ &= 2\cdot(u-(-u)) + 2\cdot(f(u)-0) \\ &= 2\cdot(u+u) + 2\cdot(-u^2+4) \\ &= 2\cdot(2u) - 2u^2 + 8 \\ &= 4u - 2u^2 + 8 \\ &= -2u^2 + 4u + 8 \text{ (Konkrete Zielfunktion)} \end{aligned}$$

6. Konkrete Zielfunktion mit GTR/CAS auf Hochpunkt untersuchen.
$U(u) = -2u^2 + 4u + 8$
(Eingabe in GTR/CAS: $f(x) = -2x^2 + 4x + 8$)
GTR/CAS: $H(1\,|\,10)$

7. Randwertuntersuchung
Die Randwerte für $u$ sind in der Aufgabenstellung nicht explizit genannt, ergeben sich aber aus der Beschreibung:
$u > 0$ (sonst verschwindet Rechtecksseite $a$)
$u < 2$ (sonst befinden sich die Eckpunkte nicht zwischen den Schnittpunkten von $K_f$ mit der $x$-Achse)

Wenn $u$ gegen 0 strebt, strebt $U(u)$ gegen 8 ($<10$!).
($u = 0$ darf nicht in die Zielfunktion eingesetzt werden, da $u > 0$ gilt.
Stattdessen: $U(0{,}0001) = 8{,}0004$)

Wenn $u$ gegen 2 strebt, strebt $U(u)$ gegen 8 ($<10$!).
($U(1{,}999) = 8{,}0004$)

8. Antwortsatz
Für $u = 1$ wird der Umfang des Rechtecks maximal. Dieser beträgt dann 10 Längeneinheiten.

**Aufgabe 35**

1. Extremwertaufgabe hat zugehörige Zielfunktion:
E: $u \cdot f(u)$
(Formel für den Flächeninhalt eines Rechtecks: $A = a \cdot b$)

2. Extremwertaufgabe hat zugehörige Zielfunktion:
C: $\sqrt{(u-1)^2 + (f(u))^2}$
(Formel für Abstand zwischen zwei Punkten: $\overline{PQ} = \sqrt{(x_2-x_1)^2 + (y_2-y_1)^2}$)

3. Extremwertaufgabe hat zugehörige Zielfunktion:
A: $\frac{1}{2}\cdot(u-1)\cdot f(u) \quad (u > 1)$
(Formel für Flächeninhalt eines rechtwinkligen Dreiecks: $A = \frac{1}{2}\cdot a \cdot b$)

4. Extremwertaufgabe hat zugehörige Zielfunktion:
B: $f(u) - g(u)$
(Formel für Abstand zwischen zwei übereinanderliegenden Punkten: $\overline{PQ} = y_{\text{oben}} - y_{\text{unten}}$)

5. Extremwertaufgabe hat zugehörige Zielfunktion:
D: $\frac{1}{2}\cdot u \cdot (f(u)-1) \quad (f(u) > 1)$
(Formel für Flächeninhalt eines rechtwinkligen Dreiecks: $A = \frac{1}{2}\cdot a \cdot b$)

6. Extremwertaufgabe hat zugehörige Zielfunktion:
F: $2\cdot u + 2\cdot f(u)$
(Formel für den Umfang eines Rechtecks: $U = 2a + 2b$)

**Aufgabe 36**

**a)** $F(x) = -\frac{1}{4}x^4 + x$

(Ebenso wäre z.B. $F(x) = -\frac{1}{4}x^4 + x + 4$ eine zugehörige Stammfunktion, da der hintere Summand beim Ableiten verschwindet.)

**b)** $F(x) = \frac{1}{10}x^5 - \frac{1}{2}x^2 + x$

**c)** $F(x) = 2e^{x-3} - 4x$

**d)** $F(x) = 2e^{2x-3} \cdot \frac{1}{2} - 4x = e^{2x-3} - 4x$

**e)** $F(x) = \sin(4x-4) \cdot \frac{1}{4} = \frac{1}{4}\sin(4x-4)$

**f)** $F(x) = \frac{1}{5} \cdot (1-4x)^5 \cdot \frac{1}{-4} = -\frac{1}{20} \cdot (1-4x)^5$

**g)** $F(x) = \frac{1}{3} \cdot x^3 + 2e^{2x} \cdot \frac{1}{2} = \frac{1}{3}x^3 + e^{2x}$

**h)** $F(x) = -\cos(3x-5) \cdot \frac{1}{3} = -\frac{1}{3}\cos(3x-5)$

**i)** $F(x) = \frac{1}{5} \cdot (3x-2)^5 \cdot \frac{1}{3} = \frac{1}{15} \cdot (3x-2)^5$

**j)** $F(x) = \frac{0,5}{6}x^6 - \frac{2}{4}x^4 - \frac{1}{2} \cdot x^2$
$= \frac{1}{12}x^6 - \frac{1}{2}x^4 - \frac{1}{2}x^2$

**k)** $F(x) = -\frac{1}{4}x^4 - 2x + \frac{1}{2}x^2$

**l)** $F(x) = -e^{-2x} \cdot \frac{1}{-2} - x^2 = \frac{1}{2}e^{-2x} - x^2$

**m)** $F(x) = \cos(6x) \cdot \frac{1}{6} = \frac{1}{6}\cos(6x)$

**n)** $F(x) = -\frac{2}{5}x^5 + e^x$

**o)** $F(x) = -\frac{1}{4}x^4 + x^2$

**p)** $F(x) = \frac{1}{4}tx^4 - \frac{1}{2}tx^2$

**q)** $F_t(x) = \frac{1}{2}t^2x^2 + 2t^2x$

**r)** $F_t(x) = 4e^{tx-2} \cdot \frac{1}{t} + tx = \frac{4}{t}e^{tx-2} + tx$

**s)** $F_t(x) = \cos(1-2xt) \cdot \frac{1}{-2t} = -\frac{1}{2t}\cos(1-2xt)$

**t)** $F_t(x) = \frac{1}{5} \cdot (t-3x)^5 \cdot \frac{1}{-3} = \frac{1}{-15} \cdot (t-3x)^5$

**u)** Kann nicht angegeben werden. Hierfür bräuchte man die Produktregel zum Aufleiten.

**Aufgabe 37**

Die allgemeine Stammfunktion von $f(x) = x^2 - 8x$ lautet $F(x) = \frac{1}{3}x^3 - \frac{8}{2}x^2 + c$.
Die Punktprobe mit $P(3\,|\,-31)$ führt zum benötigten Wert der Integrationskonstante:

$-31 = \frac{1}{3} \cdot 3^3 - \frac{8}{2} \cdot 3^2 + c$

$-31 = 9 - 36 + c$

$-4 = c \qquad \Rightarrow F(x) = \frac{1}{3}x^3 - \frac{8}{2}x^2 - 4$

**Aufgabe 38**

**a)** $F_0(x) = x^2$

$F_2(x) = x^2 + 2$

$F_{-1}(x) = x^2 - 1$

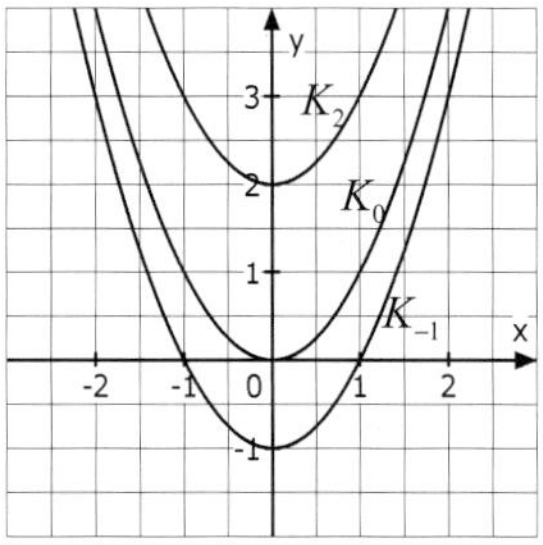


**b)** Die Integrationskonstante verschiebt die Schaubilder nur nach oben bzw. unten. An jedem $x$-Wert weisen jedoch alle Schaubilder die gleiche Steigung auf.

**Aufgabe 39**

- S. 54 für den Zusammenhang zwischen den Schaubildern der Stammfunktion $F(x)$ und der Funktion $f(x)$.
- An jedem $x$-Wert, an welchem das Schaubild von $F(x)$ einen Extrempunkt aufweist, besitzt das Schaubild von $f(x)$ eine Nullstelle.

Links: $K_H$ Mitte: $K_F$ Rechts: $K_G$

**Aufgabe 40**

**a)** $A = \int_0^2 f(x)dx = \int_0^2 \left(-2x^3 + 4x^2\right)dx$

$= \left[-\frac{2}{4}x^4 + \frac{4}{3}x^3\right]_0^2 = -\frac{2}{4} \cdot 2^4 + \frac{4}{3} \cdot 2^3 - \left(-\frac{2}{4} \cdot 0^4 + \frac{4}{3} \cdot 0\right)$

$= \frac{8}{3} - 0 = \frac{8}{3}$ FE

Ansatz mit GTR/CAS: $A=\int_0^2 (f(x))\,dx$

**b)** $A=\int_{-1,5}^{1,5}(-f(x))\,dx=\int_{-1,5}^{1,5}\left(-\left(-2\cos\left(\frac{\pi}{3}x\right)\right)\right)dx$

$\int_{-1,5}^{1,5}\left(2\cos\left(\frac{\pi}{3}x\right)\right)dx=\left[2\sin\left(\frac{\pi}{3}x\right)\cdot\frac{1}{\frac{\pi}{3}}\right]_{-1,5}^{1,5}$

$=\left[2\sin\left(\frac{\pi}{3}x\right)\cdot\frac{3}{\pi}\right]_{-1,5}^{1,5}=\left[\frac{6}{\pi}\sin\left(\frac{\pi}{3}x\right)\right]_{-1,5}^{1,5}$

$=\frac{6}{\pi}\sin\left(\frac{\pi}{3}\cdot 1,5\right)-\left(\frac{6}{\pi}\sin\left(\frac{\pi}{3}\cdot(-1,5)\right)\right)$

$=1,91-(-1,91)=3,82$ FE

Ansatz mit GTR/CAS: $A=\int_{-1,5}^{1,5}|f(x)|\,dx$

**c)** Zusammengesetzte Fläche

1. Nullstelle bestimmen

$$\begin{aligned} f(x) &= 0 \\ -e^{0,5x+1}+2 &= 0 \qquad |+e^{0,5x+1} \\ 2 &= e^{0,5x+1} \qquad |\ln(\ ) \\ \ln(2) &= 0,5x+1 \qquad |-1 \\ -0,31 &= 0,5x \qquad |:0,5 \\ -0,62 &= x \end{aligned}$$

2. Teilflächeninhalte bestimmen und 3. Gesamtflächeninhalt bestimmen

$A=A_1+A_2=\int_{-3}^{-0,62} f(x)\,dx+\int_{-0,62}^{1}-f(x)\,dx$

$=\int_{-3}^{-0,62}\left(-e^{0,5x+1}+2\right)dx+\int_{-0,62}^{1}\left(-\left(-e^{0,5x+1}+2\right)\right)dx$

$=\left[-e^{0,5x+1}\cdot\frac{1}{0,5}+2x\right]_{-3}^{-0,62}+\left[e^{0,5x+1}\cdot\frac{1}{0,5}-2x\right]_{-0,62}^{1}$

$=-e^{0,5\cdot(-0,62)+1}\cdot\frac{1}{0,5}+2\cdot(-0,62)-$

$\left(-e^{0,5\cdot(-3)+1}\cdot\frac{1}{0,5}+2\cdot(-3)\right)+e^{0,5\cdot 1+1}\cdot\frac{1}{0,5}-2\cdot 1-$

$\left(e^{0,5\cdot(-0,62)+1}\cdot\frac{1}{0,5}-2\cdot(-0,62)\right)$

$=-5,22-(-7,21)+6,96-5,22=1,99+1,74=3,73$ FE

Ansatz mit GTR/CAS: $A=\int_{-3}^{1}|f(x)|\,dx$

**d)** $A=\int_0^{2,5}(g(x)-f(x))\,dx$

$=\int_0^{2,5}\left(0,5x^3-1,25x^2+1-\left(2x^2-5x+1\right)\right)dx$

$=\int_0^{2,5}\left(0,5x^3-1,25x^2+1-2x^2+5x-1\right)dx$

$=\int_0^{2,5}\left(0,5x^3-3,25x^2+5x\right)dx$

$=\left[\frac{0,5}{4}x^4-\frac{3,25}{3}x^3+\frac{5}{2}x^2\right]_0^{2,5}$

$=\frac{0,5}{4}\cdot 2,5^4-\frac{3,25}{3}\cdot 2,5^3+\frac{5}{2}\cdot 2,5^2-$

$\left(\frac{0,5}{4}\cdot 0^4-\frac{3,25}{3}\cdot 0^3+\frac{5}{2}\cdot 0^2\right)$

$=3,58$ FE

Ansatz mit GTR/CAS:

$A=\int_0^{2,5}|f(x)-g(x)|\,dx$ oder $A=\int_0^{2,5}|g(x)-f(x)|\,dx$

**e)** Zusammengesetzte Fläche

1. Schnittstellen bestimmen

$$\begin{aligned} f(x) &= g(x) \\ 0,5x^3 &= 0,3x^2+1,08x \\ 0,5x^3-0,3x^2-1,08x &= 0 \\ x\cdot\left(0,5x^2-0,3x-1,08\right) &= 0 \end{aligned}$$

NPS

$x_1=0 \qquad 0,5x^2-0,3x-1,08=0$

$x_{2/3}=\frac{-(-0,3)\pm\sqrt{(-0,3)^2-4\cdot 0,5\cdot(-1,08)}}{2\cdot 0,5}$

$=\frac{0,3\pm\sqrt{2,25}}{1}$

$=0,3\pm 1,5$

$x_2=0,3+1,5=1,8;$

$x_3=0,3-1,5=-1,2$

2. Teilflächeninhalte bestimmen und
3. Gesamtflächeninhalt bestimmen

$A=A_1+A_2=\int_{-1,2}^{0}(f(x)-g(x))\,dx+\int_0^{1,8}(g(x)-f(x))\,dx$

$=\int_{-1,2}^{0}\left(0,5x^3-\left(0,3x^2+1,08x\right)\right)dx+$

$\int_0^{1,8}\left(0,3x^2+1,08x-\left(0,5x^3\right)\right)dx$

$= \int_{-1,2}^{0} \left(0,5x^3 - 0,3x^2 - 1,08x\right) dx +$

$\int_{0}^{1,8} \left(0,3x^2 + 1,08x - 0,5x^3\right) dx$

$= \left[\frac{0,5}{4}x^4 - \frac{0,3}{3}x^3 - \frac{1,08}{2}x^2\right]_{-1,2}^{0} +$

$\left[\frac{0,3}{3}x^3 + \frac{1,08}{2}x^2 - \frac{0,5}{4}x^4\right]_{0}^{1,8}$

$= \frac{0,5}{4}\cdot 0^4 - \frac{0,3}{3}\cdot 0^3 - \frac{1,08}{2}\cdot 0^2 -$

$\left(\frac{0,5}{4}\cdot(-1,2)^4 - \frac{0,3}{3}\cdot(-1,2)^3 - \frac{1,08}{2}\cdot(-1,2)^2\right) +$

$\frac{0,3}{3}\cdot 1,8^3 + \frac{1,08}{2}\cdot 1,8^2 - \frac{0,5}{4}\cdot 1,8^4 -$

$\left(\frac{0,3}{3}\cdot 0^3 + \frac{1,08}{2}\cdot 0^2 - \frac{0,5}{4}\cdot 0^4\right)$

$= 0 - (-0,35) + 1,02 - 0 = 0,35 + 1,02 = 1,37$ FE

Ansatz mit GTR/CAS:

$A = \int_{-1,2}^{1,8} |f(x) - g(x)|\, dx$ oder $A = \int_{-1,2}^{1,8} |g(x) - f(x)|\, dx$

**Aufgabe 41**

**a)** $\int_{0,7}^{2,9} (f(x) - g(x))\, dx = 1,5$ FE

Inhalt der Fläche $A_2$ wird berechnet.

**b)** $\int_{2,9}^{4,9} (f(x) - g(x))\, dx = -1,7$

Problem: Falsche Reihenfolge der Funktionen.

**c)** $\int_{-1,8}^{2,9} (f(x) - g(x))\, dx = -4,1 + 1,5 = -2,6$

Problem: Es wird über eine Schnittstelle hinweg-integriert.

**d)** $\int_{-1,8}^{4,9} (g(x) - f(x))\, dx = 4,1 - 1,5 + 1,7 = 4,3$ FE

Problem: Es wird über zwei Schnittstellen hinweg-integriert.

**e)** $\int_{-1,8}^{0,7} (g(x) - f(x))\, dx + \int_{0,7}^{2,9} (f(x) - g(x))\, dx$

$+ \int_{2,9}^{4,9} (g(x) - f(x))\, dx = 4,1 + 1,5 + 1,7 = 7,3$ FE

Inhalt der Fläche $A_1 + A_2 + A_3$ wird berechnet.

**f)** $\int_{-1,8}^{2,9} |g(x) - f(x)|\, dx = 4,1 + 1,5 = 5,6$ FE

Inhalt der Fläche $A_1 + A_2$ wird berechnet.

**g)** $\int_{4,9}^{2,9} (g(x) - f(x))\, dx = -1,7$

Problem: Grenzen wurden vertauscht.

**Aufgabe 42**

**a)** $f_3(x) = 0,5\cdot 3\cdot x^3 - 2,5\cdot 3\cdot x^2 + 3,125\cdot 3\cdot x$

$= 1,5x^3 - 7,5x^2 + 9,375x$

$A = \int_{0}^{2,5} f_3(x)\, dx = \int_{0}^{2,5} \left(1,5x^3 - 7,5x^2 + 9,375x\right) dx$

$= \left[\frac{1,5}{4}x^4 - \frac{7,5}{3}x^3 + \frac{9,375}{2}x^2\right]_{0}^{2,5}$

$= \frac{1,5}{4}\cdot 2,5^4 - \frac{7,5}{3}\cdot 2,5^3 + \frac{9,375}{2}\cdot 2,5^2 -$

$\left(\frac{1,5}{4}\cdot 0^4 - \frac{7,5}{3}\cdot 0^3 + \frac{9,375}{2}\cdot 0^2\right)$

$= 4,89 - 0 = 4,89$ FE

**b)**

$A(t) = \int_{0}^{2,5} f_t(x)\, dx = \int_{0}^{2,5} \left(0,5tx^3 - 2,5tx^2 + 3,125tx\right) dx$

$= \left[\frac{0,5}{4}tx^4 - \frac{2,5}{3}tx^3 + \frac{3,125}{2}tx^2\right]_{0}^{2,5}$

$= \frac{0,5}{4}t\cdot 2,5^4 - \frac{2,5}{3}t\cdot 2,5^3 + \frac{3,125}{2}t\cdot 2,5^2 -$

$\left(\frac{1,5}{4}\cdot 0^4 - \frac{7,5}{3}\cdot 0^3 + \frac{9,375}{2}\cdot 0^2\right)$

$= 1,63t - 0 = 1,63t$ FE

Kontrolle zu a):
$A(t) = 1{,}63t$
$A(3) = 1{,}63 \cdot 3 = 4{,}89$ FE

**c)** Ansatz: $A(t) = 10$
$1{,}63t = 10 \quad |:1{,}63$
$t = 6{,}13$

**Aufgabe 43**

Die linke Grenze liegt „unendlich weit links", somit liegt hier ein uneigentliches Integral (S. 69) vor.

1. Unbekannte Grenze als $b$ bezeichnen, damit Flächeninhalt $A(b)$ bestimmen

$$A(b) = \int_b^1 (f(x) - g(x))\,dx = \int_b^1 \left(e^{0,75x} + 0{,}5x - (0{,}5x)\right) dx$$
$$= \int_b^1 \left(e^{0,75x}\right) dx = \left[e^{0,75x} \cdot \frac{1}{0{,}75}\right]_b^1 = \left[\frac{4}{3} e^{0,75x}\right]_b^1$$
$$= \frac{4}{3} e^{0,75 \cdot 1} - \left(\frac{4}{3} e^{0,75 \cdot b}\right) = 2{,}82 - \frac{4}{3} e^{0,75 \cdot b}$$

2. $A(b)$ untersuchen, wenn $b$ gegen $-\infty$ strebt

$$\left(\begin{array}{l}\text{z.B. } b = -1000 \\ A(-1000) = 2{,}82 - \frac{4}{3} e^{0,75 \cdot (-1000)} \approx 2{,}82 - 0 \approx 2{,}82\end{array}\right)$$

$b \to -\infty$:
$$A(b) = 2{,}82 - \frac{4}{3} e^{0,75 \cdot b} = 2{,}82 - 0 = 2{,}82 \text{ FE}$$

**Aufgabe 44**

**a)** $V_x = \pi \cdot \int_0^2 (f(x))^2\,dx = \pi \cdot \int_0^2 \left(-\frac{3}{4}x^2 + 3\right)^2 dx$
$$= \pi \cdot \int_0^2 \left(3 - \frac{3}{4}x^2\right)^2 dx$$
$$= \pi \cdot \int_0^2 \left(9 - \frac{9}{2}x^2 + \frac{9}{16}x^4\right) dx \quad \text{(2. Binomische Formel)}$$
$$= \pi \cdot \left[9x - \frac{9}{6}x^3 + \frac{9}{80}x^5\right]_0^2$$
$$= \pi \cdot \left(9 \cdot 2 - \frac{9}{6} \cdot 2^3 + \frac{9}{80} \cdot 2^5 - \left(9 \cdot 0 - \frac{9}{6} \cdot 0^3 + \frac{9}{80} \cdot 0^5\right)\right)$$
$$= \pi \cdot \left(\frac{48}{5} - (0)\right) = 30{,}16 \text{ VE}$$

**b)** 1. Umkehrfunktion ermitteln, indem die Funktion nach $x$ aufgelöst wird

$$y = -\frac{3}{4}x^2 + 3 \quad |-3$$
$$y - 3 = -\frac{3}{4}x^2 \quad |:\left(-\frac{3}{4}\right)$$
$$-\frac{4}{3}y + 4 = x^2 \quad |\sqrt{\ }$$
$$\sqrt{-\frac{4}{3}y + 4} = x_1$$
$$\left(-\sqrt{-\frac{4}{3}y + 4} = x_2 \text{ muss nicht berücksichtigt werden.}\right)$$
$$\Rightarrow f^{-1}(y) = \sqrt{-\frac{4}{3}y + 4} \text{ (Umkehrfunktion)}$$

2. $V_y$ bestimmen

$$V_y = \pi \cdot \int_0^3 \left(f^{-1}(y)\right)^2 dy = \pi \cdot \int_0^3 \left(\sqrt{-\frac{4}{3}y + 4}\right)^2 dy$$
$$= \pi \cdot \int_0^3 \left(-\frac{4}{3}y + 4\right) dy = \pi \cdot \left[-\frac{4}{6}y^2 + 4y\right]_0^3$$
$$= \pi \cdot \left(-\frac{4}{6} \cdot 3^2 + 4 \cdot 3 - \left(-\frac{4}{6} \cdot 0^2 + 4 \cdot 0\right)\right)$$
$$= \pi \cdot 6 = 18{,}85 \text{ VE}$$

**c)** $V_x = \pi \cdot \int_0^{1,5} (f(x))^2\,dx - \pi \cdot \int_0^{1,5} (g(x))^2\,dx$
$$= \pi \cdot \int_0^{1,5} \left(-\frac{3}{4}x^2 + 3\right)^2 dx - \pi \cdot \int_0^{1,5} \left(\frac{7}{8}x\right)^2 dx$$
$$= \pi \cdot \int_0^{1,5} \left(3 - \frac{3}{4}x^2\right)^2 dx - \pi \cdot \int_0^{1,5} \left(\frac{7}{8}x\right)^2 dx$$
$$= \pi \cdot \int_0^{1,5} \left(9 - \frac{9}{2}x^2 + \frac{9}{16}x^4\right) dx - \pi \cdot \int_0^{1,5} \left(\frac{49}{64}x^2\right) dx$$
$$= \pi \cdot \left[9x - \frac{9}{6}x^3 + \frac{9}{80}x^5\right]_0^{1,5} - \pi \cdot \left[\frac{49}{192}x^3\right]_0^{1,5}$$
$$= \pi \cdot \left(9 \cdot 1{,}5 - \frac{9}{6} \cdot 1{,}5^3 + \frac{9}{80} \cdot 1{,}5^5 - \left(9 \cdot 0 - \frac{9}{6} \cdot 0^3 + \frac{9}{80} \cdot 0^5\right)\right)$$
$$- \pi \cdot \left(\frac{49}{192} \cdot 1{,}5^3 - \left(\frac{49}{192} \cdot 0^3\right)\right)$$
$$= \pi \cdot (9{,}29 - 0) - \pi \cdot (0{,}86 - 0)$$
$$= 29{,}19 - 2{,}70 = 26{,}49 \text{ VE}$$

**Aufgabe 45**

**a)** Hierzu wird der Mittelwert (S. 75) der Funktion mit Hilfe der Integralrechnung berechnet.

$$\overline{m}=\frac{1}{2-(-1)}\cdot\int_{-1}^{2}(f(x))\,dx=\frac{1}{2+1}\cdot\int_{-1}^{2}(2\sin(x))\,dx$$

$$=\frac{1}{3}\cdot[-2\cos(x)]_{-1}^{2}=\frac{1}{3}\cdot(-2\cos(2)-(-2\cos(-1)))$$

$$=\frac{1}{3}\cdot(0{,}83-(-1{,}08))=\frac{1}{3}\cdot(1{,}91)=0{,}64$$

**b)** Bereich: $x=-\pi$ bis $x=\pi$
Grund: Positive und negative $y$-Werte gleichen sich hier genau aus. Der mittlere $y$-Wert ist also 0.

**c)** $f'(x)=2\cos(x)$

**Lösungsweg 1** (S. 75)
Zur Berechnung der mittleren Steigung wird der Mittelwert der Ableitungsfunktion berechnet.

$$\text{Mittlere Steigung}=\frac{1}{2-(-1)}\cdot\int_{-1}^{2}(f'(x))\,dx$$

$$=\frac{1}{2+1}\cdot\int_{-1}^{2}(2\cos(x))\,dx=\frac{1}{3}\cdot[2\sin(x)]_{-1}^{2}$$

$$=\frac{1}{3}\cdot(2\sin(2)-(2\sin(-1)))$$

$$=\frac{1}{3}\cdot(1{,}82-(-1{,}68))=\frac{1}{3}\cdot(3{,}5)=1{,}17$$

**Lösungsweg 2** (S. 77)
Alternativ kann die Sekantensteigung berechnet werden.

$$\text{Mittlere Steigung}=\frac{y_2-y_1}{x_2-x_1}=\frac{f(2)-f(-1)}{2-(-1)}$$

$$=\frac{2\sin(2)-2\sin(-1)}{2-(-1)}=\frac{1{,}82-(-1{,}68)}{3}=1{,}17$$

**d)** Bereich: $x=0$ bis $x=\pi$
Grund: Positive und negative Steigungswerte gleichen sich hier genau aus. Die mittlere Steigung ist also 0.

**e)** $$\text{Mittlere Abweichung}=\frac{1}{1{,}5-0}\cdot\int_{0}^{1{,}5}(f(x)-g(x))\,dx$$

$$=\frac{1}{1{,}5}\cdot\int_{0}^{1{,}5}(2\sin(x)-x)\,dx=\frac{1}{1{,}5}\cdot\left[-2\cos(x)-\frac{1}{2}x^2\right]_0^{1{,}5}$$

$$=\frac{1}{1{,}5}\cdot\left(-2\cos(1{,}5)-\frac{1}{2}\cdot1{,}5^2-\left(-2\cos(0)-\frac{1}{2}\cdot0^2\right)\right)$$

$$=\frac{1}{1{,}5}\cdot(-1{,}27-(-2))=0{,}49$$

**Aufgabe 46**

**a)** $f(3)=0{,}5\cdot3^3-6{,}5\cdot3^2+20\cdot3+42=57$
Zu diesem Zeitpunkt liegt ein Kurs von 57 Punkten vor.

**b)**
$$f(t)=36$$
$$0{,}5t^3-6{,}5t^2+20t+42=36\quad|-36$$
$$0{,}5t^3-6{,}5t^2+20t+6=0$$
GTR/CAS: ($t_1=-0{,}27$); $t_2=6$; $t_3=7{,}27$
(Gleichung ist nicht „von Hand“ lösbar.)

**c)**
$$f(t)=40$$
$$0{,}5t^3-6{,}5t^2+20t+42=40\quad|-40$$
$$0{,}5t^3-6{,}5t^2+20t+2=0$$
GTR/CAS: ($t_1=-0{,}096$); $t_2=5{,}28$; $t_3=7{,}81$

Zeitraum: $7{,}81-5{,}28=2{,}53$
Über einen Zeitraum von fast $2{,}53\ s$ liegt ein Kurs von weniger als 40 Punkten vor.

**d)** Am Tiefpunkt des Schaubildes liegt der geringste Aktienkurs vor:

$$f(t)=0{,}5t^3-6{,}5t^2+20t+42$$
$$f'(t)=1{,}5t^2-13t+20$$
$$f''(t)=3t-13$$

1. Schritt:
$$f'(t)=0$$
$$1{,}5t^2-13t+20=0$$
$$t_{1/2}=\frac{-(-13)\pm\sqrt{(-13)^2-4\cdot1{,}5\cdot20}}{2\cdot1{,}5}$$
$$=\frac{13\pm\sqrt{49}}{3}=\frac{13\pm7}{3}$$

$$t_1=\frac{13+7}{3}=\frac{20}{3};$$
$$t_2=\frac{13-7}{3}=\frac{6}{3}=2$$

2. Schritt:
$$f_t''\left(\frac{20}{3}\right)=3\cdot\frac{20}{3}-13=7>0\quad\rightarrow T$$
$$\left(f_t''(2)=3\cdot2-13=-7<0\quad\rightarrow H\right)$$

3. Schritt:

$$f\left(\frac{20}{3}\right)=0{,}5\cdot\left(\frac{20}{3}\right)^3-6{,}5\cdot\left(\frac{20}{3}\right)^2+20\cdot\left(\frac{20}{3}\right)+42$$

$$=34{,}59 \quad\rightarrow T\left(\frac{20}{3}\,|\,34{,}59\right)$$

Nach $\frac{20}{3}=6{,}67\ s$ liegt der geringste Aktienkurs von 34,59 Punkten vor.

**e)** Die Zu- bzw. Abnahme des Aktienkurses wird durch die Steigung des Schaubildes dargestellt. Die Ableitungsfunktion gibt also die Änderung des Aktienkurses an.

Mit Hilfe der Ableitungsfunktion wird die Steigung an den beiden $t$-Werten verglichen.

$f'(1)=1{,}5\cdot1^2-13\cdot1+20=8{,}5$

$f'(7{,}7)=1{,}5\cdot7{,}7^2-13\cdot7{,}7+20=8{,}84$

Somit nimmt der Kurs zum Zeitpunkt $7{,}7\ s$ stärker zu.

**f)** Hierzu muss der Tiefpunkt der Ableitungsfunktion bestimmt werden.

$f'(t)=1{,}5t^2-13t+20$

$f''(t)=3t-13$ (1. Ableitung der Funktion $f'(t)$)

$f'''(t)=3$ (2. Ableitung der Funktion $f'(t)$)

1. Schritt:

$$f''(t)=0$$
$$3t-13=0 \quad |+13$$
$$3t=13 \quad |:3$$
$$t=\frac{13}{3}$$

2. Schritt:

$$f'''\left(\frac{13}{3}\right)=3>0 \quad\rightarrow T$$

3. Schritt: (zusätzlich)

$$f'\left(\frac{13}{3}\right)=1{,}5\cdot\left(\frac{13}{3}\right)^2-13\cdot\left(\frac{13}{3}\right)+20$$

$$=-\frac{49}{6}$$

$$\rightarrow T\left(\frac{13}{3}\,|\,-\frac{49}{6}\right) \text{ bzw. } T(4{,}33\,|\,-8{,}17)$$

Zum Zeitpunkt 4,33 s nimmt der Kurs am stärksten ab. (Hier liegt der Wendepunkt der Funktion $f(t)$ vor.)

**g)** Hierzu wird der Mittelwert (S. 75) der Funktion mit Hilfe der Integralrechnung berechnet.

$$\overline{m}=\frac{1}{7-1}\cdot\int_1^7(f(t))\,dt$$

$$=\frac{1}{6}\cdot\int_1^7\left(0{,}5t^3-6{,}5t^2+20t+42\right)dt$$

$$=\frac{1}{6}\cdot\left[\frac{0{,}5}{4}t^4-\frac{6{,}5}{3}t^3+\frac{20}{2}t^2+42t\right]_1^7$$

$$=\frac{1}{6}\cdot\left(\frac{0{,}5}{4}\cdot7^4-\frac{6{,}5}{3}\cdot7^3+\frac{20}{2}\cdot7^2+42\cdot7-\right.$$
$$\left.\left(\frac{0{,}5}{4}\cdot1^4-\frac{6{,}5}{3}\cdot1^3+\frac{20}{2}\cdot1^2+42\cdot1\right)\right)$$

$$=\frac{1}{6}\cdot(340{,}96-49{,}96)=48{,}5$$

Der mittlere Kurs in diesem Zeitraum beträgt 48,5 Punkte.

**h)** Die Ableitungsfunktion gibt die Änderung des Aktienkurses an.

**Lösungsweg 1 :**

Zur Berechnung der mittleren Abnahme wird der Mittelwert der Ableitungsfunktion berechnet.

$$\overline{m}=\frac{1}{6-2}\cdot\int_2^6(f'(t))\,dt$$

$$=\frac{1}{4}\cdot\int_2^6\left(1{,}5t^2-13t+20\right)dt$$

$$=\frac{1}{4}\cdot\left[\frac{1{,}5}{3}t^3-\frac{13}{2}t^2+20t\right]_2^6$$

$$=\frac{1}{4}\cdot\left(\frac{1{,}5}{3}\cdot6^3-\frac{13}{2}\cdot6^2+20\cdot6-\right.$$
$$\left.\left(\frac{1{,}5}{3}\cdot2^3-\frac{13}{2}\cdot2^2+20\cdot2\right)\right)$$

$$=\frac{1}{4}\cdot(-6-18)=\frac{1}{4}\cdot(-24)=-6$$

Die durchschnittliche Abnahme der Kurses in diesem Zeitraum beträgt 6 Punkte pro Sekunde.

**Lösungsweg 2 :**

Die mittlere Abnahme (Steigung) des Schaubildes kann auch über die Sekantensteigung (S. 75) berechnet werden:

$$\overline{m}=\frac{f(b)-f(a)}{b-a}=\frac{f(6)-f(2)}{6-2}=\frac{36-60}{4}=\frac{-24}{4}=-6$$

**Aufgabe 47**

**a)** $f(3) = -0,05 \cdot 3^3 + 0,8 \cdot 3^2 - 2,95 \cdot 3 + 2,2 = -0,8$
Zu diesem Zeitpunkt liegt ein Abfluss von 0,8 Liter pro Sekunde vor.

$f(9) = -0,05 \cdot 9^3 + 0,8 \cdot 9^2 - 2,95 \cdot 9 + 2,2 = 4$
Zu diesem Zeitpunkt liegt ein Zufluss von 4 Liter pro Sekunde vor.

**b)** - Zufluss bis zum Zeitpunkt 1 *s*
- Dann Abfluss bis zum Zeitpunkt 4 *s*
- Dann Zufluss bis zum Zeitpunkt 11 *s*

**c)** $f(t) = 1$

$-0,05t^3 + 0,8t^2 - 2,95t + 2,2 = 1 \quad |-1$

$-0,05t^3 + 0,8t^2 - 2,95t + 1,2 = 0$

GTR/CAS: $t_1 = 0,46;\ t_2 = 4,85;\ t_3 = 10,69$
(Gleichung ist nicht „von Hand" lösbar.)
Zu diesem Zeitpunkten liegt ein Abfluss von 1 Liter pro Sekunde vor.

**d)** Der stärkste Wasserzufluss liegt am Hochpunkt des Schaubildes vor.

$f(t) = -0,05t^3 + 0,8t^2 - 2,95t + 2,2$

$f'(t) = -0,15t^2 + 1,6t - 2,95$

$f''(t) = -0,3t + 1,6$

1. Schritt:

$f'(t) = 0$

$-0,15t^2 + 1,6t - 2,95 = 0$

$$t_{1/2} = \frac{-1,6 \pm \sqrt{1,6^2 - 4 \cdot (-0,15) \cdot (-2,95)}}{2 \cdot (-0,15)}$$

$$= \frac{-1,6 \pm \sqrt{0,79}}{-0,3} = \frac{-1,6 \pm 0,89}{-0,3}$$

$$t_1 = \frac{-1,6 + 0,89}{-0,3} = 2,37;$$

$$t_2 = \frac{-1,6 - 0,89}{-0,3} = 8,3$$

2. Schritt:

$(f''(2,37) = -0,3 \cdot 2,37 + 1,6 = 0,89 > 0 \ \rightarrow T)$

$f''(8,3) = -0,3 \cdot 8,3 + 1,6 = -0,89 < 0 \ \rightarrow H$

3. Schritt:

$f(8,3)$

$= -0,05 \cdot 8,3^3 + 0,8 \cdot 8,3^2 - 2,95 \cdot 8,3 + 2,2$

$= 4,24 \quad \rightarrow H(8,3 \,|\, 4,24)$

Nach 8,3 Sekunden liegt der stärkste Wasserzufluss von 4,24 Liter pro Sekunde vor.

**e)** Hierzu wird der Mittelwert (S. 75) der Funktion mit Hilfe der Integralrechnung berechnet.

$$\overline{m} = \frac{1}{10-5} \cdot \int_5^{10} (f(t))\,dt$$

$$= \frac{1}{5} \cdot \int_5^{10} \left(-0,05t^3 + 0,8t^2 - 2,95t + 2,2\right) dt$$

$$= \frac{1}{5} \cdot \left[-\frac{0,05}{4}t^4 + \frac{0,8}{3}t^3 - \frac{2,95}{2}t^2 + 2,2t\right]_5^{10}$$

$$= \frac{1}{5} \cdot \left(-\frac{0,05}{4} \cdot 10^4 + \frac{0,8}{3} \cdot 10^3 - \frac{2,95}{2} \cdot 10^2 + 2,2 \cdot 10 - \left(-\frac{0,05}{4} \cdot 5^4 + \frac{0,8}{3} \cdot 5^3 - \frac{2,95}{2} \cdot 5^2 + 2,2 \cdot 5\right)\right)$$

$$= \frac{1}{5} \cdot \left(16,17 - (-0,35)\right) = \frac{1}{5} \cdot 16,52 = 3,3$$

Der mittlere Wasserzufluss beträgt also 3,3 Liter pro Sekunde.

**f)** Zwischen der 1. und der 4. Sekunde fließt Wasser ab. Der Inhalt der Fläche zwischen dem Schaubild und der *x*-Achse im Abflusszeitraum gibt den gesamten Wasserabfluss an.

$$\int_1^4 (-f(t))\,dt$$

$$= \int_1^4 \left(-\left(-0,05t^3 + 0,8t^2 - 2,95t + 2,2\right)\right) dt$$

$$= \int_1^4 \left(0,05t^3 - 0,8t^2 + 2,95t - 2,2\right) dt$$

$$= \left[\frac{0,05}{4}t^4 - \frac{0,8}{3}t^3 + \frac{2,95}{2}t^2 - 2,2t\right]_1^4$$

$$= \left(\frac{0,05}{4} \cdot 4^4 - \frac{0,8}{3} \cdot 4^3 + \frac{2,95}{2} \cdot 4^2 - 2,2 \cdot 4 - \left(\frac{0,05}{4} \cdot 1^4 - \frac{0,8}{3} \cdot 1^3 + \frac{2,95}{2} \cdot 1^2 - 2,2 \cdot 1\right)\right)$$

$$= 0,93 - (-0,98) = 1,91$$

Es sind also insgesamt 1,91 Liter abgeflossen.

**g)** $\int_2^7 (f(t))\,dt$

$$= \int_2^7 \left(-0,05t^3 + 0,8t^2 - 2,95t + 2,2\right) dt$$

$$= \left[-\frac{0,05}{4}t^4 + \frac{0,8}{3}t^3 - \frac{2,95}{2}t^2 + 2,2t\right]_2^7$$

$$= \left(-\frac{0,05}{4} \cdot 7^4 + \frac{0,8}{3} \cdot 7^3 - \frac{2,95}{2} \cdot 7^2 + 2,2 \cdot 7 - \left(-\frac{0,05}{4} \cdot 2^4 + \frac{0,8}{3} \cdot 2^3 - \frac{2,95}{2} \cdot 2^2 + 2,2 \cdot 2\right)\right)$$

$= 4{,}58 - 0{,}43 = 4{,}15$

Interpretation:
Da über die Nullstelle des Schaubildes „hinwegintegriert" wird, wird der negative Flächeninhalt im Abflusszeitraum mit dem positiven Flächeninhalt im Zuflusszeitraum verrechnet.
Der Zufluss überwiegt um 4,15 Liter. Die Wassermenge im Speicher ist also nach 7 Sekunden um 4,15 Liter größer als nach 2 Sekunden.

**h)** Die gesuchte Funktion ist die Stammfunktion von $f(t)$. Über diese ist bekannt, dass ihr Schaubild durch den Punkt $P(3\,|\,50)$ verläuft. Hierdurch wird der Wert der Integrationskonstante berechnet.

$$F(t) = -\frac{0{,}05}{4}t^4 + \frac{0{,}8}{3}t^3 - \frac{2{,}95}{2}t^2 + 2{,}2t + c$$
$$= -\frac{1}{80}t^4 + \frac{4}{15}t^3 - \frac{59}{40}t^2 + 2{,}2t + c$$

Punktprobe mit $P(3\,|\,50)$:

$$50 = -\frac{1}{80}\cdot 3^4 + \frac{4}{15}\cdot 3^3 - \frac{59}{40}\cdot 3^2 + 2{,}2\cdot 3 + c$$
$$50 = -\frac{39}{80} + c \qquad \left|+\frac{39}{80}\right.$$
$$\frac{4039}{80} = c \quad \text{(entspricht auch dem Anfangsbestand)}$$
$$\Rightarrow F(t) = -\frac{1}{80}t^4 + \frac{4}{15}t^3 - \frac{59}{40}t^2 + 2{,}2t + \frac{4039}{80}$$

**i)** Da $F(t)$ zu jedem Zeitpunkt den aktuellen Wasserbestand angibt, werden einfach der Wasserstand zum Beginn und zum Ende des Abflusszeitraumes verglichen.

$$F(1) = -\frac{1}{80}\cdot 1^4 + \frac{4}{15}\cdot 1^3 - \frac{59}{40}\cdot 1^2 + 2{,}2\cdot 1 + \frac{4039}{80}$$
$$= 51{,}467\ l$$
$$F(4) = -\frac{1}{80}\cdot 4^4 + \frac{4}{15}\cdot 4^3 - \frac{59}{40}\cdot 4^2 + 2{,}2\cdot 4 + \frac{4039}{80}$$
$$= 49{,}554 l$$

Abfluss insgesamt: $51{,}467\ l - 49{,}554\ l = 1{,}913\ l$

**Aufgabe 48**

**a)** $f(x) = \begin{cases} x^2 + 1 & \text{für } 0 \le x < 3 \\ 1{,}5x + 5{,}5 & \text{für } 3 \le x \le 5 \end{cases}$

Man erhält das Schaubild $K_f$, indem man das Schaubild $K_g$ um 1,5 nach oben verschiebt.
Hierzu wird zu jeder der beiden Teilfunktionen von $g(x)$ jeweils 1,5 addiert.
Aus dem Schaubild ist zudem ersichtlich, dass der Definitionsbereich der Parabel bei $f(x)$ schon bei $x = 0$ beginnt.

**b)** Vorgehen: Es wird das Volumen des Rotationskörpers berechnet, wenn die Fläche zwischen $K_f$ und der $y$-Achse um die $y$-Achse rotiert.

1. Beide Umkehrfunktionen von $f(x)$ ermitteln, indem die Teilfunktionen nach $x$ aufgelöst werden.

Parabel:

$$y = x^2 + 1 \qquad |-1$$
$$y - 1 = x^2 \qquad |\sqrt{\ }$$
$$\sqrt{y-1} = x_1$$
$$\left(-\sqrt{y-1} = x_2 \text{ muss nicht berücksichtigt werden.}\right)$$
$$\Rightarrow f^{-1}(y) = \sqrt{y-1} \text{ (Umkehrfunktion)}$$

Gerade:

$$y = 1{,}5x + 5{,}5 \qquad |-5{,}5$$
$$y - 5{,}5 = 1{,}5x \qquad |:1{,}5$$
$$\frac{2}{3}y - \frac{11}{3} = x$$
$$\Rightarrow f^{-1}(y) = \frac{2}{3}y - \frac{11}{3} \text{ (Umkehrfunktion)}$$

2. $V_y$ bestimmen

Parabel:

$$V_y = \pi\cdot\int_1^{10}\left(f^{-1}(y)\right)^2 dy = \pi\cdot\int_1^{10}\left(\sqrt{y-1}\right)^2 dy$$
$$= \pi\cdot\int_1^{10}(y-1)\,dy = \pi\cdot\left[\frac{1}{2}y^2 - y\right]_1^{10}$$
$$= \pi\cdot\left(\frac{1}{2}\cdot 10^2 - 10 - \left(\frac{1}{2}\cdot 1^2 - 1\right)\right)$$
$$= \pi\cdot 40{,}5 = 127{,}23\ cm^3 = 127{,}23\ ml = 0{,}12723\ l$$

Gerade:

$$V_y = \pi \cdot \int_{10}^{13} \left(f^{-1}(y)\right)^2 dy = \pi \cdot \int_{10}^{13} \left(\frac{2}{3}y - \frac{11}{3}\right)^2 dy$$
$$= \pi \cdot \int_{10}^{13} \left(\frac{4}{9}y^2 - 2 \cdot \frac{2}{3}y \cdot \frac{11}{3} + \frac{121}{9}\right) dy$$
$$= \pi \cdot \int_{10}^{13} \left(\frac{4}{9}y^2 - \frac{44}{9}y + \frac{121}{9}\right) dy$$
$$= \pi \cdot \left[\frac{4}{27}y^3 - \frac{44}{18}y^2 + \frac{121}{9}y\right]_{10}^{13}$$
$$= \pi \cdot \left(\frac{4}{27} \cdot 13^3 - \frac{44}{18} \cdot 13^2 + \frac{121}{9} \cdot 13 - \left(\frac{4}{27} \cdot 10^3 - \frac{44}{18} \cdot 10^2 + \frac{121}{9} \cdot 10\right)\right)$$
$$= \pi \cdot \left(\frac{2353}{27} - \frac{1030}{27}\right) = \pi \cdot \left(\frac{1323}{27}\right)$$
$$= 153{,}94\ cm^3 = 153{,}94\ ml = 0{,}15394\ l$$

Gesamtes Volumen der Vase:
$127{,}23\ ml + 153{,}94\ ml = 281{,}17\ ml = 0{,}28117\ l$

**c)** Gemäß der Voraufgabe muss der Wasserstand weniger als 10 *cm* betragen. Somit muss nur die Parabel betrachtet werden.

$$\pi \cdot \int_1^h \left(\sqrt{y-1}\right)^2 dy = 100$$
$$\pi \cdot \int_1^h (y-1)\, dy = 100$$
$$\pi \cdot \left[\frac{1}{2}y^2 - y\right]_1^h = 100$$
$$\pi \cdot \left(\frac{1}{2} \cdot h^2 - h - \left(\frac{1}{2} \cdot 1^2 - 1\right)\right) = 100$$
$$\pi \cdot \left(\frac{1}{2} \cdot h^2 - h + 0{,}5\right) = 100 \quad |:\pi$$
$$\frac{1}{2} \cdot h^2 - h + 0{,}5 = \frac{100}{\pi} \quad \left|-\frac{100}{\pi}\right.$$
$$\frac{1}{2}h^2 - h - 31{,}33 = 0$$

GTR/CAS: $(h_1 = -6{,}98)$; $h_2 = 8{,}98$
Der Wasserstand beträgt somit 8,98 *cm*.

**d)** Die Parabel der Funktion $g(x)$ soll im Punkt $P_1$ glatt, also ohne Knick, in eine Gerade übergehen. Diese Gerade muss in diesem Punkt somit genau die Steigung besitzen, welche die Parabel hier aufweist.

Berechnung der Steigung der Parabel in $x = 2$:
$g'(x) = 2x$
$g'(2) = 2 \cdot 2 = 4$

Aufstellen der Geraden, die durch $P_1(2\,|\,3{,}5)$ verläuft und die Steigung $m = 4$ besitzt:

$$y = m \cdot x + b$$
$$3{,}5 = 4 \cdot 2 + b$$
$$3{,}5 = 8 + b \quad |-8$$
$$-4{,}5 = b$$
$$\Rightarrow y = 4x - 4{,}5$$

$$g(x) = \begin{cases} x^2 - 0{,}5 & \text{für } 0{,}71 \le x < 2 \\ 4x - 4{,}5 & \text{für } 2 \le x \le 4 \end{cases}$$

Man erhält das Schaubild $K_f$, indem man das Schaubild $K_g$ um 1,5 nach oben verschiebt. Hierzu wird zu jeder der beiden Teilfunktionen von $g(x)$ jeweils 1,5 addiert.
Aus dem Schaubild ist zudem ersichtlich, dass der Definitionsbereich der Parabel bei $f(x)$ schon bei $x = 0$ beginnt.

$$f(x) = \begin{cases} x^2 + 1 & \text{für } 0 \le x < 2 \\ 4x - 3 & \text{für } 2 \le x \le 4 \end{cases}$$